제3판

건강가정론

제 3 판

Healthy Family Theory

건강가정론

유영준 · 이성희 · 김민경 · 조금랑 · 홍우정 · 오봉욱 공저

동문사

제3판 머리말

한국 사회에서 가족은 가족구성원 개인의 일상에 어떤 조직이나 집단보다 중대한 영향을 미치는 체계이다. 특히 가족중심주의가 강한 한국 사회에서 개인의 행복이나 삶의 질에 가족만큼 긴밀하게 연결되어 있는 것이 있을까 생각하게 된다. 우리 사회가 경험하고 있는 심각한 사회문제들도 가족과 연관된 것이 많다. 가족을 둘러싼 사회환경은 급격하게 변화하고 있으며, 우리 사회가 어떤 모습으로 변모해 가고 있는지를 파악하기 위해서는 현재 우리 시대의 가족이 어떻게 변모하고 있는가를 확인해 보면 알 수 있게 된다.

무엇보다 우리 사회는 가족구성원의 돌봄 공백을 심각하게 경험하고 있다. 돌봄은 전통적으로 가족이 수행해야 하는 중요한 역할 중의 하나였다. 확대가족의 경우 돌봄의 과제가 사회문제로 제시될 필요도 없었다. 그러나 지금의 우리 곁에 있는 아동들과 어르신들의 돌봄 문제를 생각해 보자. 복지제도의 발전으로 각종 사회서비스와 가족을 지원하는 제도들이 새롭게 구축되고 있음에도 불구하고 여전히 많은 가족들은 아동과 노인의 돌봄 문제를 고민한다.

무상보육, 아동수당이나 부모급여 등 각종 수당 지급, 방과후 학교와 초등 돌봄 교실 확대, 아이돌봄사업 등 아동의 돌봄과 관련된 사회복지 서비스와 정책들은 날이 갈수록 늘어나고 있다. 노인 돌봄도 노인장기요양보험제도의 신실과 요양보호사 제도가 있다고 해서 해결되는 것은 아닌 듯 보인다. 여기에 장애인들의 돌봄도 중요한 사회문제 중의 하나로 자리 잡고 있다. 특히, 가족 내에서 양육하기 어려운 발달장애아동의 경우 활동지원서비스와 장애인 주간활동서비스가 제공되고 있어도 여전히 이들의 돌봄 문제의 해결은 요원해 보이고, 24시간 돌봄을 추진하고 있다.

돌봄의 문제와 함께 사회문제로 등장하고 있는 가족의 변화는 1인가구의 확대와 각종 지원체계의 사각지대에 있는 사회적 고립세대이다. 2019년도를 전·후로 이미 국내 1인가구의 비율은 30%를 넘었으며, 1인가구가 아니라 하더라도 복지 사각지대에 있는 사회적 고립세대들이 겪는 생활고 이야기는 심심찮게 뉴스 기사로 접하게 된다. 사회적 고립세대들의 연령은 점차 낮아져 60대 이후의 어르신들이 아니라 50대 중년들이 차지하는 비중이 점차 확대되고 있는 실정이다. 심각한 것은 가족과 관련된 사회문제들이 돌봄과 사회적 고립과 연결되어 있을 뿐만 아니라 주거문제, 교육문제, 노동문제, 다문화문제와 무관하지 않다는 점이다.

다시 원점으로 돌아가 건강가정이란 무엇인지 되돌아보자. 건강가정기본법에서 건강가정이라 함은 '가족구성원의 욕구가 충족되고 인간다운 삶이 보장되는 가정'을 말한다. 또한, 건강가정사업은 '건강가정을 저해하는 문제의 발생을 예방하고 해결하기 위한 조치와 가족의 부양·양육·보호·교육 등의 가정기능을 강화하기 위한 사업'을 지칭하는 것으로 되어 있다.

건강가정이 우리 사회가 지향해야 할 비전을 제시하고 있다면, 우리는 이제 무엇을 변화시키기 위해서 노력해야 할까? 지금까지 우리의 성과를 되짚어 보고, 개선해 가야 할 것이 무엇인지 성찰해야 할 시기라고 생각해 본다.

우리 사회가 경험하는 다양한 변화가 가족을 통해 드러난다고 보았을 때, 가족을 치유하고 지원하는 것은 우리 사회의 문제를 해결하는 방법 중의 하나라고 생각된다. 그중 가족서비스 제공기관인 건강가정·다문화가족지원센터, 건강가정지원센터, 다문화가족지원센터 등의 명칭 사용에 있어서 혼란이 되었다. 건강가정·다문화가족지원센터는 「건강가정기본법」 제35조에 따른 '건강가정지원센터'와 「다문화가족지원법」 제12조에 따른 '다문화가족지원센터'의 기능을 통합해 운영하는 곳으로, 지역 내 모든 가족이 이용할 수 있는 통합적 서비스를 제공함에도, '건강가정·다문화가족지원센터'라는 명칭 때문에 특정 가족만 이용할 수 있는 곳으로 잘못 알려지는 경우가 있어서 여성가족부(장관 정영애)는 가족서비스 제공기관인 '건강가정·다문화가족지원센터'의 명칭을 '가족센터'로 변경한다고 2021년 10월 13

일 밝혔다.

2018년 건강가정론 초판이 나온 지 5년이란 시간이 지났고, 이제 3판을 내게 되었다. 이 교재가 현장의 목소리를 담아내고, 새로운 사회변화와 함께 가족의 변화를 지향해야 할 지점을 고민하는 이들에게 조금이나마 도움이 되었으면 한다. 앞으로 우리 사회의 가족이 어떻게 변모해 나갈 것인지 예측하기는 쉽지 않으나 그럼에도 불구하고, 우리 사회에 있는 다양한 가족들을 지원하고 국가와 사회의 역할을 찾고 고민하는 데 도움이 되기를 바라본다.

2023년 3월

저자 일동

차례

PART 02 가족관계와 다양한 가족의 건강성

PART 03 건강가정을 위한 제도적 접근

Part 01

건강가정의 이해

Chapter 01

현대사회의 가족과 가족의 위기

학습목표

- 가족의 개념과 기능을 이해할 수 있다.
- 현대사회에서 변화하는 가족의 특성을 이해할 수 있다.
- 우리 사회 가족의 위기에 대한 생각을 정리할 수 있다.

가족은 사회를 이루는 가장 기본적인 제도로서 인류 역사상 가장 오랫동안 지속되어 온 제도이다. 가족은 시대와 사회에 따라 변화되는 특성을 갖게 되는 역동성을 지닌다. 특히, 산업혁명 이후 급속하게 진전된 산업화와 그에 수반된 도시화는 전통적인 가족제도를 더 이상 유지할 수 없게 만들었으며, 새로운 사회질서에 쉽게 적응하기 어렵게 한다. 이러한 시점 때문에 '가족이 아직도 중요하고 필요한가?'라는 본질적 문제에 직면하기도 한다.

제1장에서는 가족에 대한 기초적 이해를 위한 가족의 개념과 기능, 사회 변화에 따른 가족의 변화와 가족의 위기 등을 살펴본다.

1. 가족의 개념과 기능

가족은 개인과 사회의 중간에 위치하면서 사회에서는 하나의 기본적인 사회단위 및 집단이다. 개인의 측면에서는 인간의 생활환경 중 근접환경으로 개인의 성장·발달에 영향을 미치는 1차적 집단체계이다. 현대사회로 진행하면서 여러 가지 환경 변화가 가족에게도 영향을 미쳐 가족의 역할과 기능이 달라지고 가족에게 부여하는 개념도 변화하고 있다. 따라서 가족의 기초적 이해를 위한 가족의 개념과 기능들을 살펴보도록 한다.

1) 가족의 개념

가족의 사전적 정의(새우리말큰사전, 2000)는 '어버이와 자식, 형제자매, 부부 등 혈연과 혼인관계 등에 의해 한 집안을 이룬 사람들의 집단이나 그 성원'이다. 또는 '부부를 중핵으로 그 근친인 혈연자가 주거를 같이하는 생활공동체'로 정의된다(두산백과사전, 2008). 전통적 관점의 연구자들의 정의에서는 주로 공동 거주, 자녀의 존재 그리고 사회적으로 인정되는 부부의 성적 관계와 경제력 협력을 공통적으로 강조한다. 그러나 오늘날의 가족은 사회 변화에 따라 한부모가족, 무자녀가족, 다문화가족 등의 다양한 형태가 등장함에 따라 가족에 대한 정의가 달라지고 있다(〈표 1-1〉 참조).

표 1-1 가족의 정의

구분	학자	가족의 정의
사전적 정의	새우리말큰사전(2007) 두산백과사전(2008)	• 부부, 부모, 자녀, 형제 등 혈연에 의해 맺어지며 생활을 함께하는 공동체 또는 그 성원
고전적 정의	머독 (Murdock, 1949)	• 가족은 공동의 거주, 경제적 협동, 생산(재생산)의 특징을 갖는 집단으로 사회적으로 인정받는 성관계를 유지하고 있는 최소한 두 명의 성인 남녀와 한 명 이상의 자녀로 이루어진 사회집단

구분	학자	가족의 정의
	레비스트로스 (Levi-Strauss, 1969)	• 가족은 결혼에 의해 형성되고, 부부와 그들에 의해 출생한 자녀로 구성되며 법적 유대, 경제적, 종교적 그리고 그 외 다른 권리와 의무, 성적 권리와 금지, 다양한 심리적 감정을 공유하는 집단
현대적 정의	기든스 (Giddens, 1992)	• 가족은 정서적이고 물질적인 지지에 기반을 둔 두 명 또는 그 이상의 사람들이 기대를 갖고 그들의 삶의 유형과 관계없이 상호 책임감과 친밀감, 계속적인 보호를 주고받는 구성체
	세이버트와 윌레트 (Seibert & Willetts, 2000)	• 동거를 통해 정서적 지지를 유지하거나 법적 또는 생물학적 결합에 의해 빈번한 접촉을 유지하는 적어도 두 명 이상의 개인

출처: 이성희 외(2021). 가족복지론.

가족에 대한 고전적 정의는 현대의 모든 가족을 포함하지 못한다. 어떤 가족은 다른 가족보다 정상적이고 우월한 것으로 여기게 함으로써 가족에 대한 열등의식을 초래하기도 한다. 따라서 사회 변화에 따라 발생하는 다양한 가족을 편견 없이 바르게 이해하기 위해서 가족에 대한 열린 정의가 필요하며, 법적·생물학적 유대를 강조하고 있는 '가족(the family)'이라는 고정된 시각에서 점차 '가족들(families)'이라는 개념으로 재구성되어야 한다.

기든스(Giddens, 1992)의 정의는 이러한 경향을 반영하면서 혈연, 동거, 경제적 협력 등의 요인보다 가족원 간의 정서적 유대와 관계성에 기반을 둔 가족정체성을 강조한다. 세이버트와 윌레트(Seibert & Willetts, 2000)는 가족은 동거형태이든, 생물학적 결합체이든 간에 정서적인 지지와 빈번한 접촉을 개념화하면서 상호작용을 강조한다. 슐츠(Schulz, 1977)는 '가족이란 한 복잡한 변수로서 생물학적 요구에 기인하는 보편적 구조도 아니며 종교적 또는 문화적 신조에 기반을 둔 보편적 규범의 이념일 수도 없다. 가족이 사회적 필요성에 기인하는 정도만큼 이것은 우리를 기성문화에 적응시키는 한편, 무엇이 바람직한 가족인가에 대해 우리에게 변화하는 개념을 부여한다'라고 지적하였다(이성희 외, 2021 재인용).

국내 학자 유영주 외(2008)도 '가족은 부부와 그들의 자녀로 구성되는 기본적인 사회집단으로서 이들은 이익 관계를 초월한 애정적인 혈연집단이며, 같은 장소에서 기거하고 취사하는 동거동재 집단이고 그 가족만의 고유한 가풍을 갖는 문화집단이다. 양육과 사회화를 통해 인격 형성이 이루어지는 인간발달의 근원적 집단임과 동시에 사회 변동과 함께 변화하며, 그러한 변화에 대해 역동적으로 적응할 수 있는 사회제도의 하나이다'라고 하면서 가족의 개념이 정적인 대상이 아닌 가변성을 지니고 있음을 분명히 한다. 또한, 가족을 '인간의 본질적 특성인 개체성과 반개체성, 즉 개인으로서의 나와 관계로서의 나의 욕구를 충족시킬 수 있는 상호작용하는 생활공동체적 집단'으로 보고 현대의 가족은 인간의 본질적 특성인 개인성과 공동체성의 욕구를 충족시킬 수 있는 상호작용적 체계임을 강조하면서 가족의 개념을 폭넓게 정의하였다.

월시(Walsh, 1998)는 현대사회에서 빠르게 변화하는 가족을 이해하고 정의하기 위한 기준을 다음과 같이 제시하였다.

첫째, 가족을 정의할 때 '가족구성원에 누구를 포함시키고 있는가?'이다. 제도와 혈통중심의 가족, 사회적으로 이상화되어 온 가족원이 아니라 당사자가 실제 누구를 가족원에 포함시키고 있느냐이다.

둘째, 가족을 정의하는 데 있어서 '누가 더 의미 있는 사람인가?'에 대한 파악이다. 현대사회에서는 자녀와 동거하지 않는 노인이나 독거 성인 또는 아동의 경우에 애완동물이 다른 구성원보다 가족이라는 의미를 더 가질 수도 있다.

셋째, '그 가족을 통해서 수행되는 역할과 관계의 의미가 무엇인지 파악하는 것'이다.

이렇듯이 가족의 개념은 정적인 구조가 아닌 가족을 정의하는 사람들의 인식과 경험을 중시하는 동적인 개념으로 보고 있으며, 그 범위(spectrum)가 점차 넓어지고 있다.

2) 가족의 기능

(1) 가족기능의 개념

가족의 기능은 가족이 수행하는 역할, 행위로서의 가족행동으로, 그 행동의 결과가 가족원의 욕구 충족과 사회의 유지 존속에 영향을 미치는 측면과 관련된 개념이다. 가족이란 개인과 사회의 중간에 위치한 체계로서 전체 사회의 측면에서는 하위체계로 기능하며, 개인의 측면에서는 상위체계로 기능하는 양면적인 특성을 가지고 있다. 즉, 가족의 기능은 개인적인 측면에서 수행되는 역할과 사회에 대해 수행해야 하는 대내적·대외적 역할 모두를 가진다.

일반적으로 가족의 기능은 가족만의 고유기능, 가족이 유지되기 위한 기초기능, 이로 인해 나타나는 부차적(파생적) 기능으로 나뉜다. 이는 다시 대내적·대외적 기능을 가지면서 내적으로는 구성원의 욕구 충족 등에 기여하며, 외적으로는 사회 안정 등에 기여하는 역할을 수행한다. 각각의 차원에서 대내외적인 기능의 측면은 〈표 1-2〉와 같다.

표 1-2 가족기능의 유형과 상관관계

차원	• (가족구성원 개개인에 대한) 대내적 기능	• (사회 전체에 대한) 대외적 기능
고유기능	• 성/애정	• 성적 통제
	• 생식/양육	• 종족 보존(자손의 재생산), 사회구성원의 충족
기초기능	• 생산(고용 충족/수입 획득)	• 노동력 제공, 분업에 참여
	• 소비(기본적·문화적 욕구 충족, 부양)	• 생활보장, 경제 질서의 유지
부차적 기능 (파생기능)	• 교육(개인의 사회화)	• 문화 전달 • 사회의 안정화
	• 보호	
	• 휴식	
	• 오락	
	• 종교	

출처: 유영주 외(2008); 이성희 외(2021). 가족복지론.

구드(Goode, 1982; 정현숙 외, 2001 재인용)는 사람들이 왜 가족 안에서 사는지에 대한 혜택을 보면, 가족이 다른 사회집단과 구별되는 기능을 파악할 수 있다고 하였다. 가족은 가족원들에게 첫째, 인간관계의 영속성을 제공한다. 둘째, 물리적 근접성과 자원을 제공한다. 셋째, 오랜 기간에 걸쳐 친밀한 관계를 제공한다. 넷째, 경제적 단위로서 경제적 효율성을 높인다는 것이다. 이러한 점에서 가족이라는 제도는 어느 사회집단보다 인간의 기본 욕구를 충족시켜 줌으로써 현대사회에서 가족이 가지고 있는 여러 문제점에도 불구하고 지속되고 있다. 즉, 가족은 가족원이라는 이름으로 자원을 공유하며 친밀성과 지속성을 제공함으로써 이득이 창출되는 제도이다. 물론, 모든 가족이 이러한 장점을 제공하지는 않지만, 대부분의 문화권에서 가족은 상호 간 의무와 애정에 근거한 집단으로 어느 사회제도보다 우리의 욕구를 충족시켜 줄 잠재력을 가지고 있는 것으로 평가된다.

(2) 현대사회에서 가족의 기능

학자들마다 가족의 기능을 다양하게 분류하고 있지만, 일반적으로 현대사회에서 가족이 수행하고 있는 기능은 다음과 같다.

① 성적 욕구의 충족 기능

사회에 따라서 성적 욕구를 충족시키는 방법과 통제의 정도에 차이가 있지만, 어느 사회나 남녀의 성관계를 무조건 허용하지는 않는다. 대부분의 사회에서는 남녀 간 사랑을 바탕으로 혼인이라는 제도를 통해 개인적으로 성적 욕구를 충족하고, 사회적으로는 성행위를 통제 · 규제한다.

② 자녀 출산의 기능

우리 사회에서는 법적 · 제도적 결합체인 부부간의 성관계를 통한 자녀 출산을 비교적 전형적인 방법으로 인정한다. 부부간 성관계의 결과로 자녀를 출산하는 생식의 기능은 가족의 고유하고 중요한 기능으로, 사회구성원을 재생산하여 사회를 존속시키며 나아가 인간이라는 종을 유지하는 중요한 역할을 한다.

③ 자녀 양육 및 사회화의 기능

가족은 자녀 출산이라는 재생산활동을 통해 단순히 사회구성원을 보충하는 데 그치지 않고, 자녀가 스스로 독립할 수 있을 때까지 보호와 양육의 역할을 담당한다. 자녀들은 가정생활을 통해 인격을 형성하고 사회에 적응하고 바람직한 인간으로 성장하도록 필요한 지식과 기능을 익히며, 그 사회에서 통용되는 문화에 적응할 수 있도록 훈련을 받는다.

④ 생산 및 소비의 기능

과거 전통사회에서의 가족은 생산과 소비의 기능을 함께 수행했지만, 현대사회는 고도의 산업화와 상품의 대량생산으로 인해 생산단위로서 가족의 기능은 축소되었다. 대신 가족구성원은 산업사회에 노동력을 제공하고 그 대가로 임금을 받으며 이것으로 필요한 물자를 구매하는 소비기능이 확대되었다.

⑤ 보호 및 정서적 안식처로서의 기능

가족은 질병과 위협으로부터 가족원과 재산을 보호해 준다. 예전에는 더위·추위 등 사나운 기후와 맹수로부터 개인을 보호했으며, 오늘날에는 외부환경의 위험으로부터 보호해 준다. 특히, 가족은 노약자나 장애인에 대한 중요한 보호기능과 함께 가족원의 심신 긴장이나 피로 등을 회복시켜 주는 휴식과 정서적 안식처로서의 중요한 기능을 한다.

⑥ 오락 및 여가의 기능

가족이 단위가 되어 여가를 즐길 때 부모와 자녀가 한자리에 모이게 되어 교육적 의미도 수반될 수 있다. 가족원이 함께 모여 시간을 보내는 그 자체로 마음이 열리고 대화를 하므로 가족이 지니는 오락 및 여가 기능의 의의가 있다.

⑦ 종교의 기능

가족의 종교적 기능은 종교적 의례나 형식만 의미하는 것이 아니다. 매일의 생활에 감사하고 삶의 진리를 깨달으며, 인간 능력의 한계를 겸허하게 인정하고 기도하는 자세로 살아가는 생활태도를 말한다.

가족의 기능은 시간적 조건과 지역, 문화적 배경에 따라 다르게 나타날 뿐만 아니라 개인차와 생활환경에 따라 달라진다. 이러한 기능들이 어떻게 수행되느냐에 따라 가족의 질적 수준 또한 달라진다. 산업사회의 가족은 전통사회에서 가졌던 많은 기능이 사회화되어 이전보다 줄어든 기능을 수행하지만, 현대사회에 이르러 본질적인 애정의 기능과 안식처로서의 기능은 더욱 강조되고 있다. 특히, 정보사회에서 대면적 인간관계가 제한되면서 가족이 가지는 정서적 유대감, 가족으로서의 정체감, 애정·지지받는 느낌 등의 정서적 욕구를 충족시키는 역할과 기능은 강조·강화되고 있다.

학습 TIP 가족 관련 용어

- 가정과 가족: 가정은 가족이 생활하는 생활공동체라는 공간적 의미를 포함하며, 가족은 인간들의 집단이고 가정은 인간이 생활을 영위하는 장소로 구분함.
- 가구: 주거를 같이하는 자 또는 독신으로 주거를 가지고 단독생활을 하는 자를 포함하는 것으로, 결혼관계나 혈연관계를 고려하는 것이 아닌 경제적 협력과 주거 공간을 함께하는 단위로 주로 인구조사의 단위임.
- 친족: 시간의 경과에 따라 가족이 확대되고 누적되어 생기는 집단으로 민법에는 배우자, 8촌 이내의 혈족, 4촌 이내의 인척으로 규정함.
- 집: 가장 광범위하게 사용되는 용어로 가족구성원, 그 구성원이 생활하는 거주지나 건물, 생활공동체로서의 가족이나 기타 동족, 친족까지 포함하면서 과거에서 현재로 연결되는 것뿐만 아니라 미래까지 포함하는 관념적 개념, 초인간적·초시간적 개념체계로서 모든 가족행동에 큰 영향력을 행사함.

2. 현대사회의 가족

'가족이 무엇이라고 생각하느냐?'라고 질문하면, '따뜻한 안식처', '내가 쉴 보금자리', '최후의 보루' 등 늘 정형화되고 변화되지 않는 동일한 실체로 가족을 보는 경향이 있다. 그러나 가족은 서로 사랑하지만 가장 큰 상처를 주고받는 2가지 얼굴을 갖고 있으며, 사회환경과 끊임없이 역동적인 상호작용 관계를 가짐으로써 지속적으로 또는 급격한 변화를 다양하게 보여주고 있다. 현대사회에서 나타나는 가족의 변화를 살펴보도록 한다.

1) 가족구조의 변화

(1) 인구구조의 변화

인구구조는 인구집단의 성별, 연령별 구성을 보여주는 것으로 우리나라는 1960년대 이전까지 출생률이 높은 전형적인 피라미드형 인구구조를 보였다. 1960년대 이후에는 점차 종형 인구구조로 변화되고 있다. 저출생·고령화의 영향으로 유소년인구는 급감하고, 고령인구는 계속 증가하고 있다. 2017년은 인구구조 변동의 중요한 분기점이 되는 해로, 생산가능인구(15~64세)가 감소하고 노인인구(65세 이상)가 유소년인구(0~14세)보다 많아지는 첫해였다.

연령계층별 인구구성비를 보면, 유소년인구(0~14세)가 1960년 42.3%에서 2010년에는 16.2%, 2020년은 13.2%로 감소했지만, 노인인구(65세 이상)는 2.9%, 11%, 15.7%로 증가하였다. 노인인구가 차지하는 비율이 20% 이상인 경우 초고령사회라고 하는데 2026년이면 초고령사회로 접어들 것으로 본다. 2030년에는 노인인구가 약 24%대이며, 2060년에는 약 40%대로 증가하고 유소년인구는 전체 인구의 약 10%대로 추정하고 있다(〈그림 1-1〉 참조).

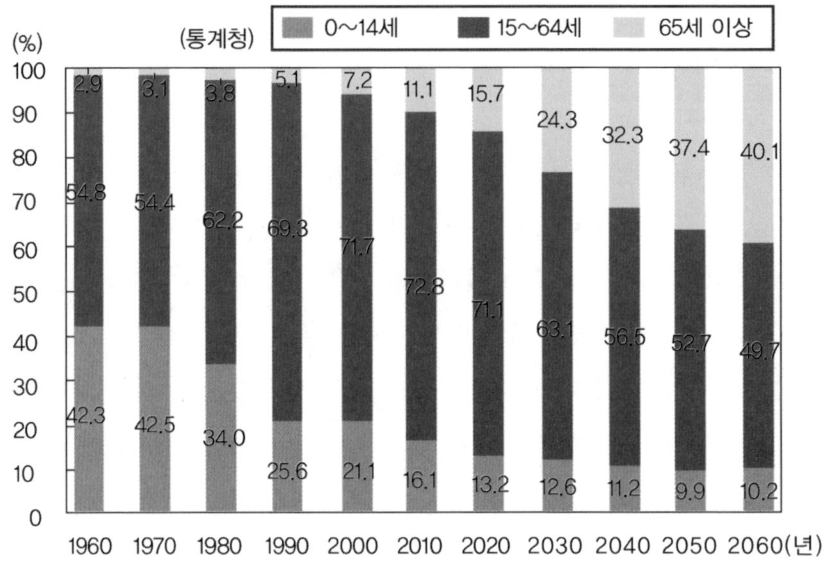

그림 1-1 연령계층별 인구구성비

출처: 통계청(2021). 사회통계국 인구추계 2020-2060.

우리나라의 전체 인구 평균연령을 보면, '20년 42.7세, '30년에는 48.1세, '40년은 51.9세, '50년은 인구 평균연령을 54.8세로 예상한다(고용노동부자료, 2022년). 인구의 고령화가 지속적으로 진행되고 있다는 것이다.

이와 함께 더욱 심각한 것은 국내 인구 자연감소 현상이 2019년 11월부터 계속 이어졌다는 점이다. 특히 2022년 1월부터 11월까지 누계 자연감소는 10만 7004명으로 2021년 연간 자연감소 5만 7118명의 두 배 수준에 육박했다. 연간 자연감소는 2020년 처음 나타나(-3만 2611명) 2022년까지 3년째 지속되고 있다(〈그림 1-2〉 참조). 이는 오미크론 확산에 따른 고령자 사망 급증 등으로 자연감소가 급격하게 커진 모습이다(노컷뉴스. 2023.01.26.일 자). 즉, 인구의 고령화와 함께 총인구 자연감소 현상이 동시에 나타나고 있는 것이다.

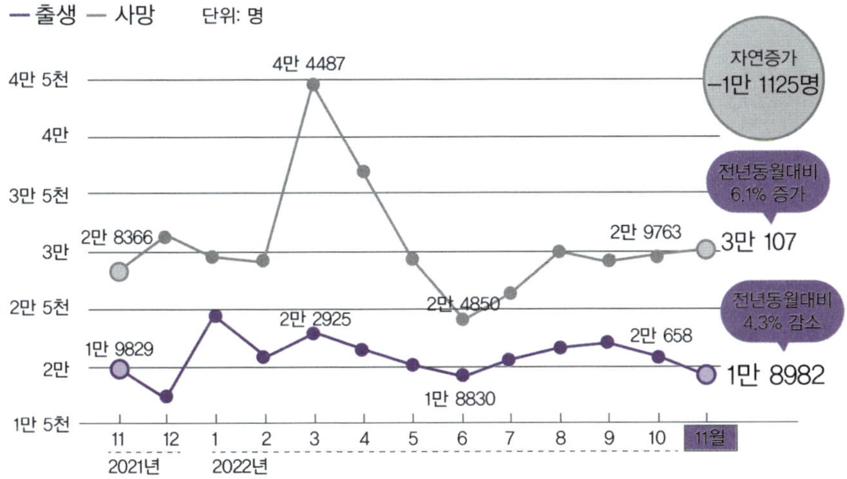

그림 1-2 **전국 출생 · 사망자 수 추이**

출처: 노컷뉴스. 2023.01.26.일 자.

(2) 가족구조의 축소화와 단순화

인구주택 총조사(2021)에 의하면, 2000년 3.12명, 2005년 2.88명, 2010년 2.69, 2015년 2.53명, 2020년 2.52명으로 점차 감소하고 있다. 가장 주된 가구 유형을 살펴보면, 1990~2005년에는 3~4인 가구였으나 2010년에는 2인 가구(24.6%)가, 2015년, 2020년에는 1인가구(27.2%, 31.7%)가 가장 주된 가구 유형으로 1인가구 증가가 큰 특징으로 나타나고 있다(〈그림 1-3〉 참조).

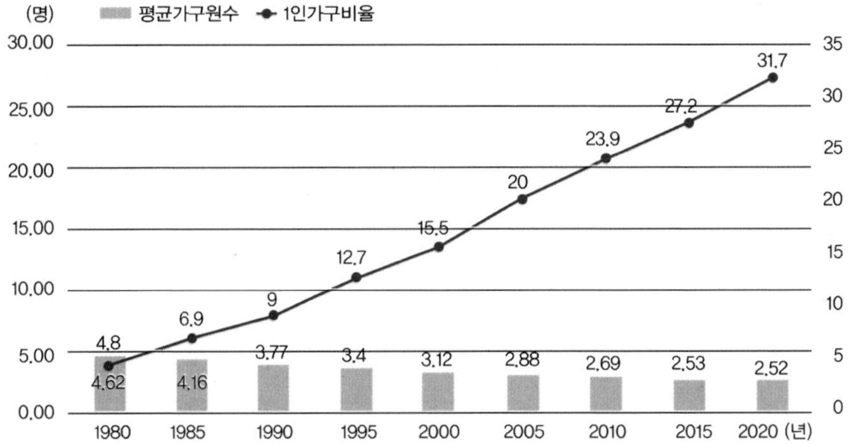

그림 1-3 가구 수 및 가구당 평균 가구원 수(1980~2020)

출처: 통계청(2021). 인구주택 총조사.

일반 가구에서 비혈연가구와 1인가구를 제외한 혈연가구 중 핵가족 형태와 직계가족 형태 비율을 살펴보면, 핵가족 형태 중 부부로만 구성된 세대는 1980년 6.4%에서 2020년은 25.4%로 큰 폭으로 증가하였으며, 2세대 가족인 부부와 미혼자녀 세대는 1980년 56.5%에서 2020년 43.9%로 약간 감소, 한부모와 미혼자녀 세대는 1980년 10.0%에서 2020년 14.0%로 증가하고 있다. 직계가족 형태를 보면, 먼저 부부와 부모로 이루어진 세대는 1980년 0.6%에서 2020년 0.9%, 반면, 부부, 부모, 미혼자녀로 이루어진 3세대 가족은 1980년 10.4%에서 2020년 3.0%로 현저하게 감소하고 있다(〈표 1-3〉 참조).

표 1-3 **세대별 구성비**

(단위: %)

연도	핵가족			직계가족		기타	합계
	부부	부부 + 미혼자녀	한부모 + 미혼자녀	부부 + 양(편)친	부부 + 양(편)친 + 미혼자녀		
1980	6.4	56.5	10.0	0.6	10.4	16.1	100.0
1985	7.8	57.8	9.7	0.8	9.9	14.0	100.0
1990	9.3	58.0	8.7	0.9	9.3	13.8	100.0
1995	12.6	58.6	8.6	1.1	7.9	11.2	100.0
2000	14.8	57.8	9.4	1.2	6.8	10.1	100.0
2005	18.1	53.7	11.0	1.2	5.7	10.4	100.0
2010	20.6	49.4	12.3	1.2	5.0	11.6	100.0
2015	21.8	44.9	15.0	1.1	4.2	13.0	100.0
2016	21.9	45.2	14.6	1.1	4.2	13.1	100.0
2017	22.7	44.8	14.6	1.0	3.9	12.9	100.0
2018	23.5	44.4	14.6	1.0	3.7	12.8	100.0
2019	24.5	43.9	14.6	1.0	3.4	12.6	100.0
2020	25.4	43.9	14.7	0.9	3.0	12.1	100.0

출처: 통계청(2021). 인구주택 총조사.

2) 가족 가치관의 변화

가족 가치관은 가족원을 하나로 연결하는 신념·태도에서 나타나는 것으로 가족의 목표와 행동 방향을 제시한다. 가족 형성에 대한 태도와 신념인 결혼관, 자녀 출산과 양육관, 노부모부양관, 가족 형성의 해체 및 재구성에 대한 이혼에 대한 가치관의 변화를 살펴보도록 한다.

(1) 결혼과 다양한 삶의 방식에 대한 태도

결혼 가치(gains to marriage)의 하락으로 인해 한국인의 초혼연령이 점차 높아지고 있다. 2000년 남자 29.3세, 여자 26.5세에서 2010년 남자 31.8세, 여자 28.9세, 2015년은 남자 32.6세, 여자 30.0세로 여성의 초혼연령이 30세를 넘겼다. 이후 계속 증가하여, 2021년에는 남성 33.4세, 여성 31.1세다(〈표 1-4〉 참조).

이는 개인의 자아실현과 삶의 질을 중요하게 여기는 가치관의 변화가 원인이기도 하지만, '무직(실직)', '결혼비용이 마련되지 않아서', '고용 불안(비정규직, 일용직)', '결혼생활비용 부담이 커서', '집이 마련되지 않아서' 결혼을 미루는 등 경제적인 이유 역시 결혼의 만혼화에 영향을 미친다.

표 1-4 평균 초혼연령

구분	1990		1995		2000		2005		2010		2015		2017		2018		2021	
성별	남성	여성	남성	여성	남성	여성	남성	여성	남성	여성	남성	여성	남성	여성	남성	여성	남성	여성
연령	27.8	24.8	28.4	25.3	29.3	26.5	30.9	27.7	31.8	28.9	32.6	30.0	32.9	30.2	33.2	30.8	33.4	31.1

출처: 통계청(2021). 인구통태 통계연보 혼인 · 이혼 편.

다양한 삶의 방식과 가치관에 대한 동의비율을 보면(여성가족부, 2021), 결혼하지 않고 독신으로 사는 것에 대한 동의비율이 34.0%, 비혼동거 25.0%, 무자녀 28.5%, 비혼출산 15.4%로 2015년보다도 동의비율이 전체적으로 높게 나타났다(〈그림 1-4〉 참조). 이를 다시 20대와 70세 이상으로 구분하여 살펴보면, 연령에 따라 동의비율이 현저하게 차이가 나타나고 있음을 알 수 있다(〈그림 1-5〉 참조).

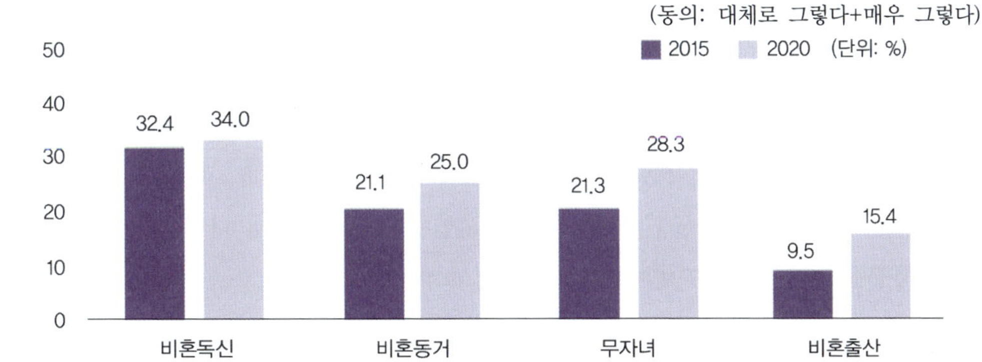

그림 1-4 다양한 삶의 방식에 대한 동의비율(2015년과 2020년 비교)

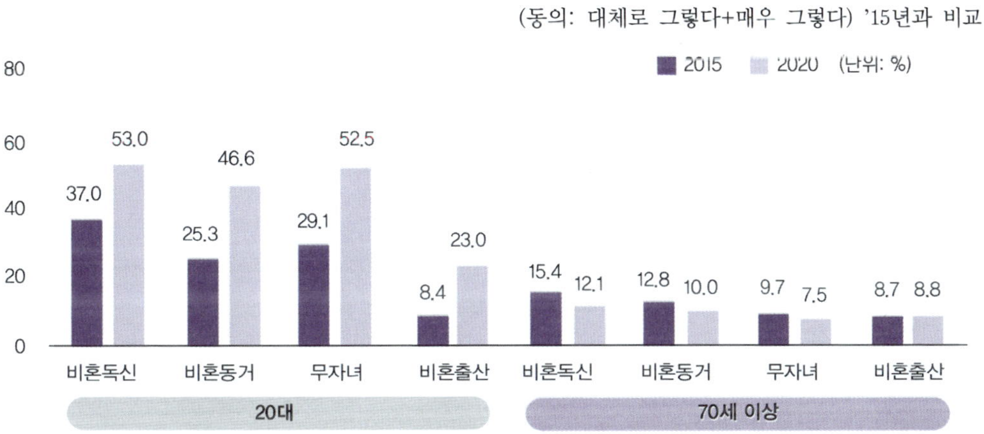

그림 1-5 다양한 삶의 방식에 대한 동의비율(20대와 70세 이상)

출처: 여성가족부(2021). 제4차 가족실태조사.

(2) 자녀 출산과 자녀 양육권

결혼과 출산에 대한 가치관의 변화로 인한 합계출산율은 심각한 수준이다. 1995년 1.63명에서 2000년 1.47명, 2015년 1.24명으로 계속 감소하다가 2020년은 0.84명으로 역대 최저치를 기록했다. 합계출산율이 1명을 밑돈다는 것은 한 세대가 지나면 출생아 수가 지금의 절반 이하로 줄어든다는 의미이다. 2022년 1월부터 11월까지 누계 출생아 수는 23만 1863만 명으로 2021년 같은 기간 대비 1만 1520명

(4.7%) 줄었다. 연간 출생아 수가 2022년 26만 562명으로 최저치를 기록했는데 2023년에는 25만 명에도 미치지 못할 것으로 우려된다(노컷뉴스, 2023.01.26.일 자).

첫 자녀를 출산한 여성의 평균연령을 살펴보면, 2010년 30.1세로 30세를 넘긴 이후 계속 높아져 2015년 30.7세, 2020년은 32.3세이다(〈그림 1-6〉, 〈그림 1-7〉 참조). 첫 자녀 출산 시 여성의 평균연령 증가는 초혼연령 증가로 인해 나타나는 현상으로, 자녀 출산율 저하의 주요 원인이다.

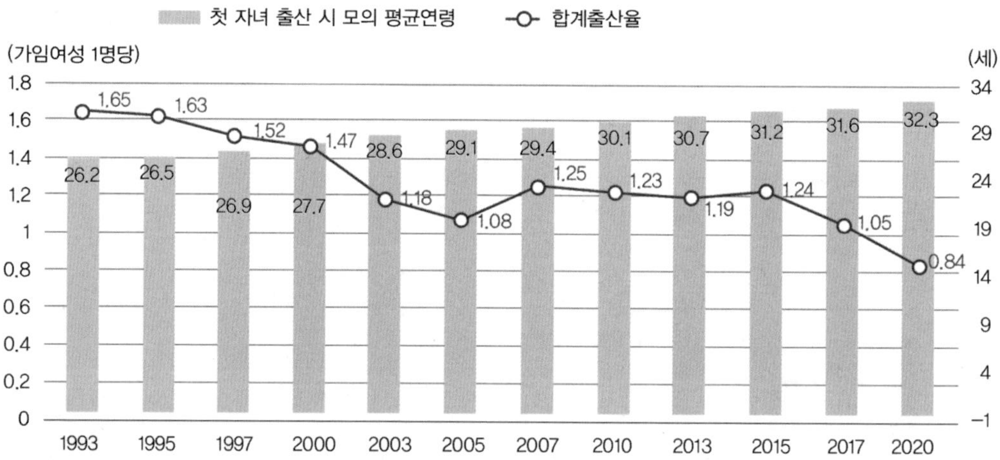

그림 1-6 합계출산율 및 첫 자녀 출산연령

출처: 통계청(2021). 인구동태 통계연보 총괄·출생·사망 편.

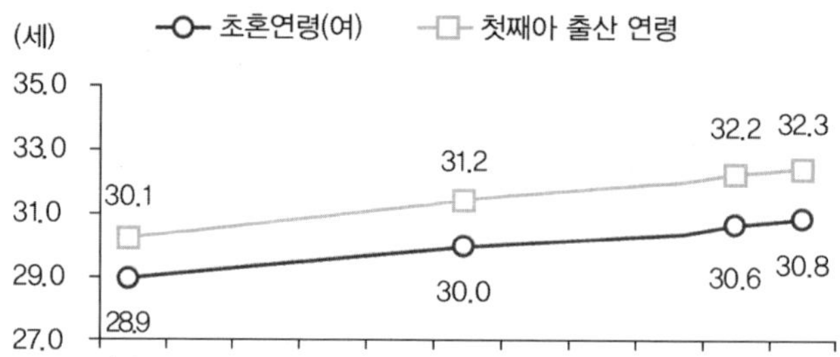

그림 1-7 초혼연령 및 첫째아 모의 평균 출산연령

출처: 통계청(2021). 인구동태 통계연보 출생·사망 편.

(3) 노부모부양관

만 18살 이상 자녀를 둔 부모 대상연구(한국보건사회연구원, 2017)를 보면, 가장 자주 접촉하는 자녀는 장녀(36.0%)로 가장 높았고, 장남이 그다음(33.8%)이었다. 10년 전 2006년에 실시한 같은 조사에서 장남이 38.0%로 1순위였던 것에서 순위가 바뀌었다. 차남 이하 아들(14.4%), 차녀 이하 딸(12.9%), 둘째 이하 며느리(1.5%), 큰며느리(0.9%), 큰사위(0.4%) 순이었다. 가장 자주 접촉하는 성인 자녀와의 동거비율이 2006년 43.1%에서 30.3%로 감소했으며, 노부모에 대한 부양책임을 묻는 질문에서도 '아들, 딸 상관없이 누구든지' 해도 된다는 응답이 10년 전 30.6%에서 38.5%로 증가했고 '모든 자녀'라는 응답도 25.6%에서 30.4%로 증가하였다. 50대만을 대상으로 실시한 설문조사에서도 '자녀의 노부모 부양책임에 대한 태도'를 묻는 질문에 전체 응답자의 71.0%가 '부모 스스로 알아서 준비해야 한다'고 응답하였다.

이로 볼 때, 현재 노부모부양관의 특성은 다음과 같이 정리해 볼 수 있다.

첫째, 며느리 중심의 부양지원체계에서 친자녀 중심의 부양지원체계로 바뀌고 있다. 둘째, 부모–자녀 간 경제적 지원이나 돌봄 지원이 동거 중심만이 아닌 비동거 형태로도 이루어지고 있다. 셋째, 현대사회에서 부모부양의 지원체계는 과거의 전통적 직계가족 규범에서 벗어나고 있다. 넷째, 부모도 자식 부양 의존체계에서 자립 부양체계로 이동하고 있다는 것이다.

(4) 이혼관

가족을 둘러싼 변화를 파악하는 데 있어서 주요 측면 중의 하나가 이혼율과 이혼에 대한 태도일 것이다. 먼저, 이혼비율을 보면, 2000년 11만 9천여 건, 조이혼율 2.5건이었던 이혼이 2003년 16만 6천여 건, 조이혼율 3.4건으로 증가, 절정에 달했다. 2010년 이후 이혼 건수와 조(粗)이혼율을 보면 2010년 2.3건으로 2015년 2.1건으로 감소한 후 최근 2020년까지 약 2.1건대로 이혼 건수도 약 10만 7000건으로 감소하는 경향이다(〈그림 1-8〉 참조).

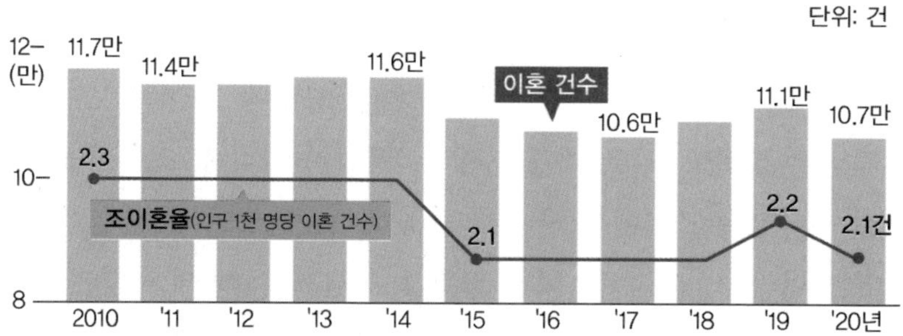

그림 1-8 2010년~2020년 총 이혼 건수와 조이혼율

출처: 통계청(2021). 2020년 혼인, 이혼통계.

2020년 이후 최근 2021년까지의 통계율에서도(〈표 1-5〉 참조), 계속 감소하는 경향을 보이고 있다. 이는 10년째 이어지는 혼인 감소(2020년 혼인감소율은 '19년 대비 -10.7%)로 인한 이혼 건수 감소와 코로나로 인한 법정 휴정 등으로 인해 이혼 건수가 줄어든 것으로 볼 수 있다.

표 1-5 2020년 이후 전국 이혼 건수 및 증감률

	2020년	2021년	2021년		2022년			
			10월	1~10월	8월	9월	10월	1~10월
이혼 건수(건)	106,500	101,673	7,704	84,178	8,227	8,164	7,466	76,925
전년(동월) 증감률(%)	-3.9	-4.5	-17.6	-4.8	-1.8	-2.4	-3.1	-8.6

출처: 통계청(2022). 2022년 10월 인구 동향 보도자료.

혼인 기간에 따른 이혼비율의 특성을 보면, 혼인 지속기간 20년 이상이 전체 이혼의 39.4%로 가장 많고, 5년 미만이 19.1%로 젊은층 또는 단기간 동거 부부의 이혼율보다 최근에는 중·장년층, 장기간 동거 부부에게로 확대되고 있어 이혼 연령대가 어떤 특정 연령대라기보다는 전체 연령대에서 나타나는 것이며 비교적 고령층 이혼율이 높아지는 것으로 나타나고 있다(〈표 1-6〉, 〈그림 1-9〉 참조).

이혼율은 줄어들었으나 이혼 평균연령은 2019년 여자 45.3세, 남자 48.7세에 반해, 2020년에는 여자 46.0세, 남자 49.4세로 상승되고 있다.

표 1-6 혼인 지속기간별 이혼 건수

(단위: 천 건, %)

	2011	2012	2013	2014	2015	2016	2017	2018	2019	2020	2021	전년대비		
												구성비	증감	증감률
계*	114.3	114.3	115.3	115.5	109.2	107.3	106.0	108.7	110.8	106.5	101.7	(100.0)	-4.8	-4.5
4년 이하	30.7	28.2	27.3	27.2	24.7	24.6	23.7	23.2	23.3	21.1	19.1	(18.8)	-2.0	-9.4
5-9년	21.7	21.5	21.5	22.0	20.8	20.6	20.5	20.1	20.0	18.4	17.3	(17.1)	-1.1	-5.9
10-14년	17.4	17.7	16.9	16.3	14.9	14.7	14.8	15.5	16.0	15.4	14.6	(14.3)	-0.9	-5.7
15-19년	16.2	16.6	17.2	17.0	16.2	14.9	13.8	13.5	13.2	11.9	11.3	(11.1)	-0.6	-4.9
20년 이상	28.3	30.2	32.4	33.1	32.6	32.6	33.1	36.3	38.4	39.7	39.4	(38.7)	-0.3	-0.7

출처: 통계청(2022). 2021년 혼인·이혼 보도자료.

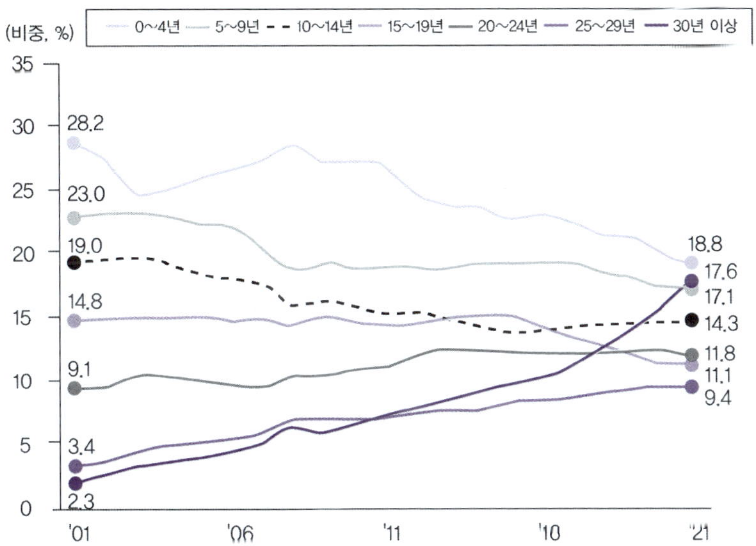

그림 1-9 혼인 지속기간별 이혼구성비 추이(2001~2021)

출처: 통계청(2022). 2021년 혼인·이혼통계 보도자료.

2021년 일반인들의 이혼에 대한 견해를 보면(통계청, 사회조사, 2022) '경우에 따라 할 수도 있고 안 할 수도 있다'가 48.4%로 이혼에 대한 중립적 의견이 가장 높았다. 그러나 이혼이유가 발생할 시 이혼 여부에서는 '어떤 이유라도 해서는 안 된다

(7.4%), 있더라도 가급적 안 하는 것이 좋다(22.9%)'로 총 30.3%로, '이유가 있으면 하는 것이 좋다'라는 16.8%보다 이혼에 대한 보수적 관점도 함께 존재하는 것으로 보인다.

3) 가족 기능의 변화

(1) 재생산기능의 약화

가족의 가장 기초적이면서 원초적인 기능인 가족 형성을 통한 재생산기능이 이혼 발생, 한부모가족 증가, 미혼모(부) 증가 등으로 약화되고 있다. 한부모가구는 2000년 총가구 수의 7.9%에서 2005년 8.6%, 2014년 이후부터 10.5%대로 증가하여 이후 지속적으로 꾸준히 증가하고 있다(〈표 1-7〉 참조). 이는 10가구 중 1가구는 한부모가족 형태라는 것이다.

표 1-7 한부모가구 비율

(단위: 천 가구, %)

구분	2014년	2015년	2016년	2017년	2018년
전체 가구	18,705	19,013	19,285	19,524	19,752
한부모가구	1,970	2,052	2,090	2,127	2,158
비율(%)	10.4	10.8	10.8	10.9	10.9

출처: 통계청 각 년도 2014-2018.

여성가족부 한부모가족 실태조사 결과(여성가족부, 2021)에 의하면, 한부모가구 구성은 '모자(母子)' 가구가 53.4%로 가장 많고 '부자(父子)' 가구가 20.7%, '모자+기타' 가구가 14.0%, '부자+기타' 가구 11.9%의 순이었다. 2015년도 조사에 비해 모자가구 및 모자기타가구 비율이 상대적으로 증가하고 있는 추세이다(〈그림 1-10〉 참조).

이러한 한부모가족 형성 사유를 보면, 1995년에는 사별(54.8%)이 주된 이유였으나, 2021년에는 이혼 81.5%, 사별 11.6%, 기타 6.8%로 한부모가족의 형성 이유는 대부분 이혼이었다. 혼인 상태가 법적으로 미혼이며 18세 이하의 자녀를 양육하고 있는 미혼모(부)를 보면(통계청, 각 년도), 2015년 35,088명(모 24,487명/부 10,601명)으로 가장 높은 비율을 보였으며, 2016년 33.108명(모 23,936명/부 9,172명), 2017년 30,489명(모 22,065명/부 8,424명), 2018년 29,022명(모 21,254명/부 7,768명)으로 파악된다. 전체적으로 볼 때 미혼부 숫자보다는 미혼모 숫자가 더 많으나 해가 지남에 따라 미혼부의 비율이 상대적으로 높아지는 것으로 파악되고 있다. 또한 연령별에 따른 미혼모, 미혼부의 비율을 살펴보면(통계청, 2018) 40대 이전까지는 미혼모의 비율이 압도적으로 많으나 40대 이후부터는 점차적으로 미혼모보다 미혼부의 비율이 더 높았다.

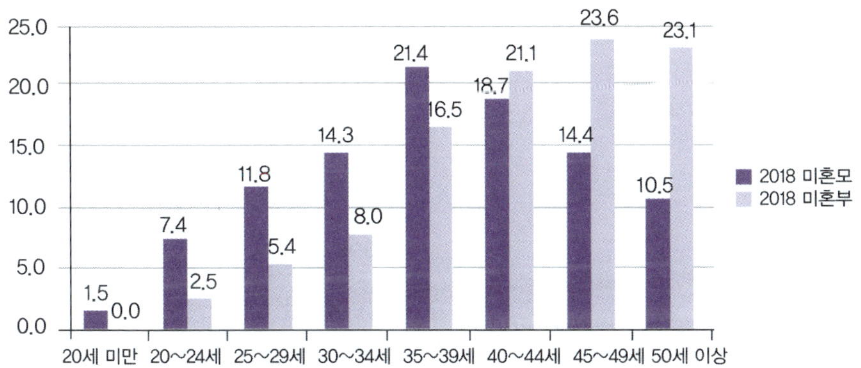

그림 1-10 연령별에 따른 미혼모, 미혼부 비율

출처: 통계청(2018).

이와 함께 결혼에 대한 가치관의 변화와 자녀에 대한 태도 변화가 실질적으로 초혼연령의 증가와 출생률 저하로 나타나면서 가족의 재생산기능이 점차 약화되고 있는 것이다.

(2) 자녀 양육기능의 사회화

가족원의 정서적·신체적 부양기능과 자녀 양육기능이 점차 약화됨으로써 돌봄 서비스의 사회화가 빠른 속도로 진행되고 있다. 과거에는 여성에 의해 전담되어 온 돌봄이 최근 여성 경제활동 참가 및 맞벌이가구의 증가로 더 이상 가족 내에서 수행될 수 없게 된 것이 첫 번째 원인이다.

통계청의 '시도별 맞벌이가구'에 따르면 2011년 507만 가구, 2015년에는 520만 가구, 2021년에는 582만 3000가구로 증가하였다. 유배우자가구 가운데 맞벌이가구가 차지하는 비중은 2011년 44.6%, 2013년 4.33%로 잠깐 낮아졌다가 이후 꾸준히 증가하여 2021년 46.3%를 차지한다(〈그림 1-11〉 참조).

그림 1-11 맞벌이가구 수와 유배우자가구 비중

출처: 통계청(2021).

이에 가족이 수행하던 돌봄기능이 사회로 이전되는 경향이 심화될 것으로 보인다. 그러나 실제 영아자녀를 둔 육아 지원 수요와 정책보고서(유혜미, 2023)를 보면, 맞벌이가구의 '현재 육아 방식이 희망하는 육아 방식이다'라는 응답률은 74.7%로, 홑벌이가구의 84.4%에 비해 조금 낮게 나타났다. 이에 원하는 육아 방식을 재차 물어본 결과, 부모가 주 양육하는 것이 42.2%로 가장 선호가 높았으며, 정부 지원 아이돌보미 29.0%, 어린이집이 15.5%로 나타났다. 영아 양육을 지원하는 공적 보육지원체계와 함께 가정 내 보육수요도 함께 고려될 필요가 있을 것으로 보인다.

(3) 정서적 지지의 강화

현대사회에서 가족의 기능이 축소되고 사회화되고 있지만, 가족구성원들에게 '정서적 지지'의 원천으로서의 가족의 기능은 여전하며 오히려 증가되고 있기도 하다. 가족의 구조적·기능적 변화에도 불구하고 가족관계에 대해 만족하는 정도는 상승하는 것으로 보고되고 있다(정기선, 김혜영, 2013).

제4차 가족실태조사(여성가족부, 2020)에서도 2015년 대비 전반적으로 가족관계 만족도가 증가하고 있는 것으로 나타났다. 부모입장에서 청소년 자녀와의 관계에 만족한다는 비율이 '15년 61.7%에서 '20년 67%로 증가하였으며, 청소년 자녀입장에서도 '20년 아버지에 대해 만족한다는 비율 65.6%, 어머니 79.6%로 '15년 대비 각각(부 8.4%p, 모 5.4%p) 상승하였다.

결혼이나 가족관계에 대한 만족이 삶의 만족도와 관련이 있는 중요한 변인임을 밝히고 있는 연구결과들(고정자, 김갑숙, 1999; 한형수, 2004; 김지현, 이지민, 2011; 손정연, 한경혜, 2012, 이준상, 김향아 2017, 서명희 2018, 김혜미, 백성영, 2021)은 꾸준하다.

가족관계에서의 정서적 만족은 개개인의 삶의 질에 중요한 요인으로 지속적으로 작용하는 것으로 볼 수 있다. 비록 가족의 형태는 달라지더라도 가족이라는 제도가 가지는 의미와 본질은 여전하다. 현대사회에서 생활양식의 변화와 개인이 개별화가 진행되고는 있지만, 여전히 인간은 가족을 포기하지 않고 있다(이성희, 한은주, 이무영, 정은미, 2021). 일생 동안 여러 번의 결혼을 통해서라도 가족 속에서 개인의 정서적 만족과 행복을 추구하려는 노력들, 남편 없이 아내 없이도 부모역할을 포기하지 않으며 자녀 양육과 자녀에 대한 정서적 지원을 하고 있는 한부모가정, 혈연은 아니지만 가족구성원으로 받아들이면서 새로운 가족을 구성해 보려는 새혼가정과 다양한 공동체, 결혼이라는 제도적 구성요건은 갖추지 못했지만, 자신의 자녀를 포기하지 않은 싱글맘 등이 있다. 이는 비록 전형적인 가족 형태는 아니지만 다양한 방식으로서의 변형된 가족의 구성은 여전한 것이다.

현대사회에서의 가족은 구조나 생물학적인 측면이 아니라 '올바른 관계 만들기' 관점에서 이해될 필요가 있다. 즉, 누구와 사느냐보다는 구성원들의 상호보완과 정서 만족에 대한 차원과 기능 수행이 강조되어야 할 것이며 이를 지원하기 위한 정책적 지원과 실천적 접근방법에 대한 모색이 그 어느 때보다 중요한 시점이라 하겠다.

3. 한국 가족의 위기

위기는 어떤 일이 그 진행 과정에서 급작스럽게 악화된 상황 또는 파국을 맞을 만큼 위험한 고비(다음 백과사전)이다. 이러한 개념에 비추어 볼 때 한국 가족의 변화는 위기라 할 수 있는가? 위기라면 한국 사회의 가족에서 무엇이 문제인가? 가족의 변화를 바라보는 관점과 한국 사회 가족의 위기로 볼 수 있는 문제들을 살펴보도록 한다.

1) 가족의 변화에 대한 관점

(1) 가족의 변화를 위기로 보는 관점

가족위기론자들은 현재의 높은 이혼율과 이에 따른 한부모가족(이들의 표현에 의하면 결손 가족 또는 편부모 가족)의 증가 그리고 독신가구의 증가 등이 지니고 있는 위기는 단순한 표면적 변화를 의미하는 것이 아니라 근본적인 구조 및 기능상의 쇠퇴와 그에 따른 삶의 방식에 있어서 혼란과 갈등을 표현한 것으로, 심각한 가족위기로 본다. 이의 이론적 틀은 구조 기능론적 시각으로 가족해체의 원인을 개인주의와 이기주의 및 인간의 쾌락주의에서 찾는다. 이들은 전형적 가족을 강조하려는 경향이 강하고 정상가족에 대한 신화를 바탕으로 하고 있으며, 최근 다양하게 나타나는 가족 형태를 부정적인 측면으로서 일탈 또는 병리적 현상으로 인식한다. 이들은 자녀의 사회화와 정서적 안정으로 대표되는 가정의 기능이 붕괴되고 있다고 이해한다. 또한, 가족과 그에 따른 역할 자체가 해체되고 있으며 이에 따른 이혼문제 등은 아동 빈곤과 자녀 문제를 일으키는 현상으로 나타나게 되는 것이라고 판단한다. 이러한 가족의 가치 실종문제는 변화하는 사회적 환경에 반응하면서 더욱 강력한 가족으로의 변화를 주도하려는 신가족주의의 강조로서 해결 방향을 찾아 나가야 한다. 이와 아울러 개인의 자율성 및 성별 문제를 해결하려는 모두의 노력과 함께 핵가족 형태를 중시하려는 시도로 해결할 수 있다.

(2) 가족의 변화를 진보로 보는 관점

가족의 변화를 위기보다는 당연하고 자연스러운 변화로 수용하면서 다양한 가족 유형을 인정하는 관점이 가족진보론 입장이다. 가족진보론은 현대사회의 가족은 민주적이고 평등한 가치를 중시하는 전체 사회의 변화 속에서 점차 전통적 가족의 위계를 거부하고 민주적인 가족관계를 형성시키고자 하는 의지들을 성숙시켜 나가고 있다고 본다. 따라서 가족구조는 변화하고 다양화된다고 주장한다. 가족의 변화를 초래한 요인으로 가부장제 가족구조와 경제구조의 불안정성을 강조하고, 이의 불합리한 면을 극복하기 위해 다양한 가족 형태가 출현하고 있음을 강조한다. 이들은 진화론적 관점으로 가족을 이해하고자 하며, 가족 붕괴의 징후로 제시되는 이혼율 증가와 결혼율의 감소에 대한 평가를 다르게 해석한다. 가족진보론은 이러한 현상을 가족제도 자체의 거부로 이해하기보다는 불행한 가족 그리고 규범 때문에 결혼생활을 강제로 지속할 필요가 없다는 인식상의 전환이며, 진보된 결혼과 가족생활의 지향으로 본다. 다양한 가족 형태의 시도들은 가족 가치가 흔들리는 것이 아니라 개별 성원들의 삶과 질을 향상시키게 되는 적극적인 생활방식으로 이해한다. 가족변화의 역동은 개인이 경험을 통해서 얻은 자기생존을 위한 역동이기도 하다. 가족변화에 수반하는 현상들은 가족 다양성의 변화 자체가 대단히 문제적인 것으로 보일 수 있으나 그것은 착시적이며, 문제는 항상 그 자체가 아니라 가족변화라는 사회의 현상에 대응하지 못하는 제도이다. 즉, 차별적 제도는 차별적 사회인식을 재생산하고 강화한다.

새로운 변화를 병리적으로 보고 전통적 가족 가치를 복원하려는 미국보다는 변화를 대안적 가족 유형으로 인정하고 이를 정책에 적극 수용하는 스웨덴 등에서 가족과 관련된 사회 문제가 덜 발생하고 있는 사례 등은 가족의 변화에 따른 부작용을 최소화하는 데 있어서 사회제도와 정책의 중요성을 강조하는 이들의 관점을 지지한다(〈표 1-8〉 참조).

표 1-8 가족 변화에 대한 관점

구분	가족위기론	가족진보론
변화 지표	• 이혼율 • 저출산율 • 재혼율	• 권위주의 체제 붕괴 • 개별 가족 및 구성원의 자발적 선택 증가 • 여성의 경제활동 참여율 증가로 역할 분담 체계의 균열 • 가족 형태의 다양화 • 출산율 감소로 가족 주기변화
변화에 대한 입장	• 전형적인 가족의 붕괴는 가족의 위기 초래 – 이혼 증가로 빈곤의 여성화 – 저출산으로 인한 인구 고령화, 생산 가능 노동력 감소 – 여성의 사회참여 증가로 전통적 노동 분업에 대한 제고와 재생산 노동의 사회화 요구	• 사회 변화로 인한 가족의 변화는 자연스러운 현상 • 가족의 변화는 가족 형태와 기능의 다양화 • 이혼은 가족해체가 아니라 가구 분화 • 가족의 변화에 대해 효과적으로 대처하지 못해 위기 현상 발생
건강 가정에 대한 입장	• 건강가정: 핵가족, 정형화된 가족(부부+자녀) • 이혼가족, 한부모가족, 단독가족, 기러기가족 등은 비정형화된 가족	• 건강가정: 가족의 형태는 끊임없이 변화해 왔고, 과거에도 다양한 형태의 가족이 존재 • 다양한 유형의 가족 수용

가족은 고정적인 형태나 기능을 가진 것이 아니라 사회문화적 환경 변화에 영향을 받아 변화하는 특성이 있다. 한국 가족은 변화가 급격하게 이루어지면서 더욱 사회문제로 인식되고 이로 인해 한국 가족이 위기라는 의식이 대두되었다. 그러나

이러한 변화에도 불구하고 한국 성인의 행복한 삶을 구성하는 요인으로 가족관계는 중요하며, 가족은 개인의 삶에 의미를 가지는 중요한 핵심요소이다. 또한, 과거와 다르게 부부와 자녀로 구성된 핵가족 외의 다양한 가족의 모습이 나타나고 있으므로 가족은 더욱 다양화될 것이다. 따라서 변화하고 있는 가족을 단지 '위기'로만 인식하거나 '진보'로만 인식할 수 없는 것이 현대사회의 가족이다. 따라서 우리는 가족의 변화에 대해 '진보'의 입장으로 가족의 다양성을 수용하면서 급격한 변화과정으로 나타나는 문제에 대해서는 '위기'의 입장을 취하는 등 현실적인 접근방법이 필요하다.

쉼터 가족의 위기? 문제는 제도이다

통계만 보면 미국, 덴마크가 더 심각

• 통계 수치로만 보면 미국과 덴마크의 가족은 한국보다 더 심하게 훼손되어 있다. 두 나라 모두 이혼율이 한국보다 높다. 대통령과 정치인이 매일 가족의 가치를 강조하는 미국의 이혼율은 OECD 회원국 중 가장 높다. 덴마크에서는 모든 결혼의 절반이 이혼으로 끝난다. 이들 국가는 혼인율도 한국보다 높지 않다. 미국에서는 절반 가까운 신생아가 혼인과 관계없이 태어나고, 덴마크에서는 60%의 신생아가 혼외 출산이다. 미국은 출산과 혼인이 분리되어 있다. 20대 초반 여성 중 남성 파트너와 같이 사는 비율이 54%인데, 그중 동거 없이 결혼해 가정을 이룬 비율은 20%, 동거 후 결혼한 경우는 20%, 나머지 60%는 재동거 중이다. 동거 기간에 자녀가 생겼음에도 5년 내 관계가 끝나는 경우도 40%에 달한다. 1990년대 이후 여성의 평균 첫 출산연령은 평균 첫 혼인연령보다 높다. 출산이 더 이상 혼인한 가족 내에서 이루어지는 인생의 중요 사건이 아니라는 의미이다. 결혼보다 출산을 먼저 한다. 남녀 모두 출산과 혼인을 분리된 생애 이벤트라고 생각한다.

구조 변화에 발맞춘 혁신이 관건

• 통계 수치만 보면 미국과 덴마크의 상황이 더 나쁜데도 이들 국가는 가족이 삶과 생활의 중심축이라고 인식하고 있다. 왜일까? 답은 간단하다. 미국과 덴마크에서는 변화된 가족구조를 정상적인 가족의 한 형태로 받아들이고 그 속에서 새로운 관계를 정립해 각 가족구성원이 그에 걸맞은 구실을 수행한다. 반면, 한국은 새로운 가족구조에 걸맞은 관계와 개인의 구실이 아직 정립되지 않았다. 미국의 많은 중산층은 이혼 후에도 각자 아버지와 어머니로서 제구실을 충실히 이행한다. 이혼으로 자녀가 부모 가운데 한쪽과 관계가 단절되지 않도록 제도적 장치가 마련되어 있고, 새로 형성된 가정에서 피트니는 이를 시원한다. 이혼은 부부관계의 파탄일 뿐 부모-자식 관계는 유지된다. 재혼한 부모와 그 자녀 그리고 이전 혼인 관계에서 생긴 자녀가 한 가정을 이루는 경우가 자연스럽게 받아들여진다. 동거 기간 없이 결혼하는 걸 이상하게 생각할 정도로 동거는 가족의 중요한 형태가 되었다. 이들 국가에서 가족이 삶의 중심이 될 수 있는 이유 중의 하나는 가족구조와 형태의 다양성을 받아들였기 때문이다.

- 혼인율 저하, 이혼율 증가, 1인가구 증가, 혼외 출산 증가는 거의 모든 선진국에서 나타나는 보편적인 가족구조와 형태의 변화다. 경제 발전과 더불어 줄어드는 현상이 아니라 증가하는 현상이다. 예측 가능한 미래에 이 경향이 반전될 것으로 보이지도 않는다. 모든 사회에서 가족구조는 끊임없이 변화해 왔다. 다른 나라의 사례가 제시하는 교훈은 가족의 위기는 구조와 형태의 변화 때문이 아니라 그러한 변화에 발맞추어 제도와 규범을 바꾸지 않을 때 초래된다는 사실이다.

출처: 김창환(2015). 가족의 위기? 문제는 제도다. 주간동아.

2) 한국 가족의 위기

가족의 위기를 무엇으로 볼 것인가에 대한 질문의 답으로 가족의 형성과 유지를 위해 필요한 최소한의 요건의 위협이라 하겠다. 이는 인구학적 측면과 가족 기능적 측면으로 살펴볼 수 있는데, 먼저 인구학적 측면에서는 저출생과 고령화를, 가족 기능적 측면에서는 가족의 기능성을 가장 저해하고 위협하는 가정폭력을 들 수 있다. 이와 함께 사회적 고립, 고독사 등은 점차 중요한 사회 문제가 되고 있는바, 현대 한국 사회에서 가장 눈에 띄게 증가하는 1인가구를 살펴보도록 하겠다.

(1) 저출생

인구는 한 나라를 구성하고 이끌어가는 데 가장 중요한 기반이며 원동력이다. 지식기반사회인 21세기는 지식과 정보의 창출·확산·분배·활용이 개인은 물론 국가경쟁력의 주요한 원천이 된다. 사람은 지식과 정보를 창출하는 핵심이므로 국가 발전을 위해서는 인적 자원의 확보가 중요하다. 현재 우리 사회의 저출생 문제는 국가와 가족의 위기가 될 정도로 심각하다.

정부는 저출생 현상과 그로 인해 파생되는 문제에 대처하기 위해 2005년 「저출산·고령사회기본법」 제정을 시작으로 저출산·고령사회위원회를 출범시켰으며, 2006년에는 「저출산·고령사회기본법」에 근거하여 중앙정부 부처들과 지방자치단체가 참여하는 제1차 저출산·고령사회기본계획(2006~2010)인 '새로마지플랜 2010'

을 발표하고 이를 추진하기 위해 32조 원을 투입한 바 있다. 이와 같은 정부의 정책적 노력은 저출생 문제해결을 위해 정책 총괄, 조정기구를 설립하고 범부처 차원의 대책을 마련하여, 2006년 이후 10년 동안 80조 원을 쏟아부었는데도 2016년 이후 초저출산 국가로 출생률을 끌어올리는 데에는 실패하였다. 2019년에 투입된 32조 원(96개 과제)을 세부적으로 보면 '2040세대 안정적인 삶의 기반조성에 14조 6000억으로 가장 규모가 컸다. 하지만 합계출산율을 끌어올리지는 못하였다. 이는 정부 재원이 사회구조를 바꾸며 근본적인 저출생의 원인을 해결하지 못하고 있음을 의미한다.

우리나라 신생아 수를 보면, 1992년 73만 9천 명이었고 2000년까지 60만 명 선을 유지했으나, 2001년에는 56만 3천 807명, 2005년에는 43만 5천 155명으로 계속해서 급격히 떨어지고 있다. 2010년 47만 100명, 2015년 43만 8천 400명, 2021년 출생아 수는 26만 500명에 불과하였다. 자녀 수를 의미하는 합계 출산율이 2021년 0.81명으로 현 인구 수준으로 유지하기 위한 최소 출생률 2.1명에 비해서도 매우 낮은 상황이다(〈그림 1-12〉 참조).

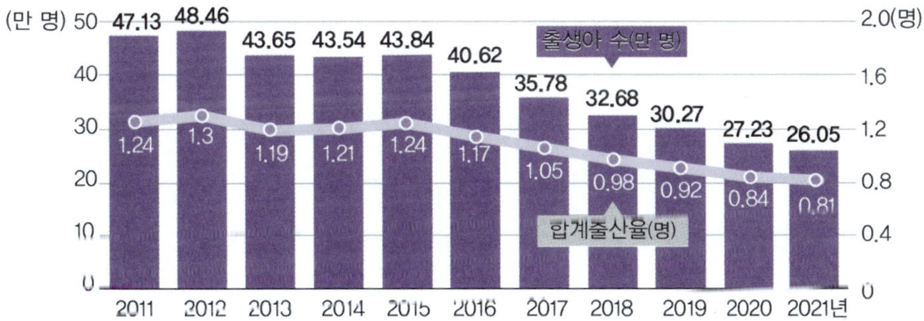

그림 1-12 **2011년~2021년 10년간 합계 출산율과 출생아 수 추이**

출처: 통계청(2022).

2022년 2분기 출생률은 0.75명을 기록 OECD 국가 중 최저 출생률 2위인 이탈리아 1.24명보다 현저히 낮은 수준으로 상당히 심각한 수준이다. 2019년 이후 합계

출산율이 1.0명대 이하로 떨어져 OECD 회원국 중 출생률이 1명도 안 되는 유일한 국가가 되었다(〈그림 1-13〉 참조).

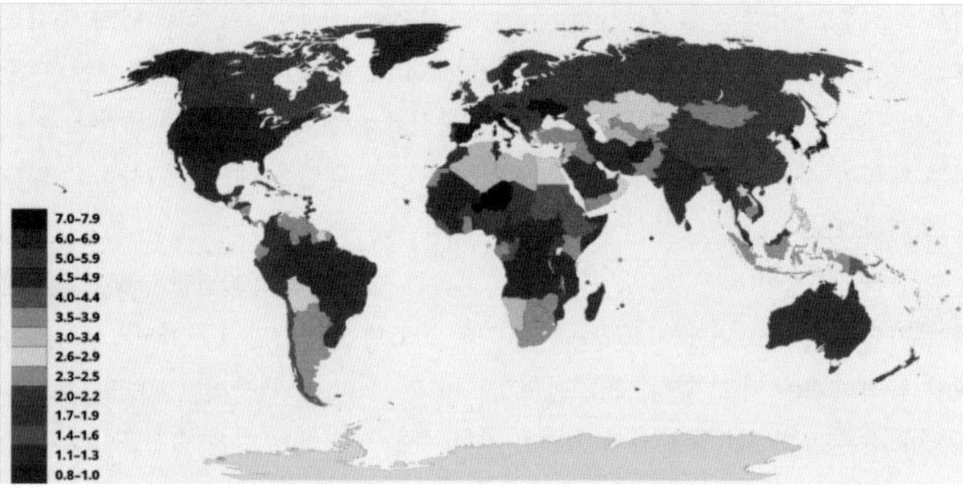

미국 인구연구소(Population Reference Bureau)에 따른 2020년 지역별 출산율

그림 1-13 2020 전 세계 출산율

출처: 나무위키

합계출산율이 1.0 이하인 상태가 장기간 지속되면 부모세대에서 자녀세대로 이어지는 30년 동안에 인구규모가 절반으로 떨어지게 된다. 이는 30살에서 60살까지의 현역세대 100명이 60살이 넘은 부모세대 200명과 30살 미만의 자녀세대 50명을 합쳐 250명을 부양해야 하고, 또 한 세대가 지나면 현역세대 50명이 부모세대 100명과 자녀세대 25명을 합쳐 125명을 부양해야 하는 인구구조가 되는 것이다(한겨레, 2020.03.02.일 자). 2022년 현재 대한민국 인구는 5,163만 8,117명으로 지속 출생아 수와 사망자 수의 증가로 인한 인구 자연감소로 인구수의 감소는 더욱 가속화될 것으로 예상된다.

저출생 문제의 핵심은 인구규모의 감소뿐만 아니라 인구연령구조의 불균형에 있다. 생산인구(15-64세)의 감소, 노동력인구의 연령별 구성에서 고령자(50-64세)의 비율이 증가하는 노동력인구의 고령화는 경제활동인구의 축소로 인한 경제성장의 둔화, 노인관련 공적지출의 확대로 인한 소득분배구조의 악화 및 공적연금기금의 고갈, 학령인구(6-21세)의 감소, 징집대상 인원 감소 등으로 나타난다.

이러한 저출생률은 어느 특정한 한 가지의 요인이 아닌 일자리–결혼–주거–보육/교육–복지–가치관 등의 복합적 요인에 근거한다. 초혼연령, 출생연령의 상승 등 여성 출산력에 직접적인 영향을 미치는 인구학적 특성, 고용과 소득 불안, 자녀 양육의 경제적 부담으로 가족 형성에 영향을 미치는 경제적 요인과 결혼과 자녀에 대한 인식 및 가치관 변화, 결혼·출산에 따른 직장 양립의 어려움, 부부관계의 불안정성 등의 사회문화적 요인이 복합적으로 작용한다.

저출생 문제는 단순히 저소득층이나 여성만의 특정계층에 국한된 문제가 아닌 것으로 장기적인 관점에서 정책의 방향성을 가지고 지속적으로 추진해야 하는 문제다. 여성의 취업활동을 위한 노동시장의 유연성 문제, 아동수당 및 보육수당 지급 확대를 위한 재정적 기반 마련, 육아휴직 활성화를 위한 기업문화 조성, 자녀교육 및 비용에 대한 인식전환, 미혼세대의 결혼과 가족형성 기반구축의 용이성, 결혼과 가족의 패러다임 전환으로 인한 비혼모의 가족 속으로의 편입 등 광범위한 문제와 연결되어 있다(이성희, 한희선, 2020).

(2) 고령화

65세 이상 노인인구구성비는 1980년 3.8%에서 2000년 7.2% 이후 계속 빠르게 증가하여, 2021년 현재 857만 명으로 전년보다 약 42만 명 증가했으며 전체 인구의 16.6%를 차지하여 이미 고령사회로 진입하였다. 2025년에는 20.6%로 전망되어 고령인구 비중이 20% 이상인 초고령사회로 진입할 것으로 전망하며, 2030년 25.5%, 2040년에는 35%대로 전망하고 있다.

75세 이상 고령인구는 2019년 3.9%에서 22년 7.3%, 2050년에는 24.7%, 2070년에는 30.7%로 예상하고 있다. 그중 고령인구의 성비를 보면 여성 인구의 비중이 크게 증가할 전망으로, 65세 이상 여자 고령인구 100명 기준 성비를 보면, 2010년

69.2명에서 2020년에는 76.0명, 2050년에는 86.2명, 2070년에는 92.7%로 전망한다(〈그림 1-14〉 참조).

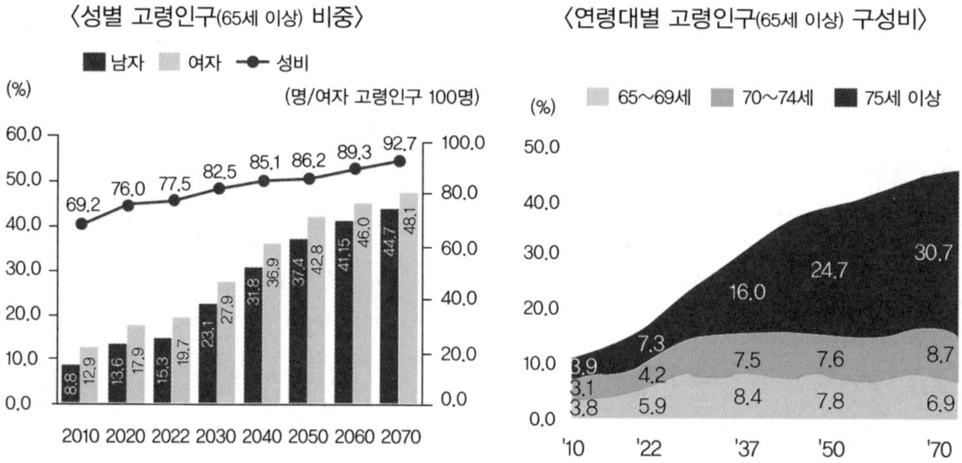

그림 1-14 고령인구 연령구조, 2010~2070(중위)

출처: 통계청(2021) 「장래인구추계」.

고령인구, 노년부양비 및 노령화지수를 보면, 2021년 현재 생산연령인구 대비 고령인구 비중인 노년부양비는 23.1명이며, 유소년인구 대비 고령인구 비중인 노령화지수는 139.5명이다. 2025년은 29.7명, 201.5명으로 2040년은 60.5명, 389.5명으로 전망하고 있다(〈표 1-9〉 참조).

표 1-9 고령인구, 부양비 및 노령화지수[1)]

(단위: 천 명, %, 명/생산연령인구 100명, 명/유소년인구 100명)

	1980	1990	2000	2010	2017	2018	2019	2020	2021	2025	2030	2040
총인구	38,124	42,869	47,008	49,554	51,362	51,585	51,765	51,836	51,745	51,448	51,199	50,193
65세 이상 인구	1,456	2,195	3,395	5,366	7,066	7,366	7,689	8,152	8,571	10,585	13,056	17,245
65세 이상 인구 비중	3.8	5.1	7.2	10.8	13.8	14.3	14.9	15.7	16.6	20.6	25.5	34.4
노년부양비[2)]	6.1	7.4	10.1	14.8	18.8	19.6	20.4	21.8	23.1	29.7	38.6	60.5
노령화지수[3)]	11.2	20.0	34.3	67.2	105.1	111.7	119.2	129.3	139.5	201.5	301.6	389.5

출처: 통계청(2021) 「장래인구추계」.

주: 1) 2020년 기준 전국 장래인구추계 자료

2) 노년부양비 = 고령인구(65세 이상) ÷ 생산연령인구(15~64세) × 100

3) 노령화지수 = 고령인구(65세 이상) ÷ 유소년인구(0~14세) × 100

이러한 인구의 고령지수를 국가별로 비교해 보면 한국의 고령지수는 상당히 심각한 수준임을 알 수 있다. 한국의 고령인구 비중은 2015년 12.8%로 OECD 국가들에 비해 낮은 수준이었지만 2065년(42.5%)에는 가장 높아질 것으로 예상되고 있다. 총부양비도 2015년 36.2명으로 OECD 국가 중 가장 낮은 수준이었지만 2065년(108.7명)에는 가장 높은 수준이 될 것으로 예상된다(〈그림 1-15〉 참조).

한국 사회의 고령화는 다른 국가와 비교했을 때, 급속하게 이루어지고 있다는 점과 베이비 붐 세대로 일컬어지는 1955~1963년 출생한 인구들이 노인연령에 접어들기 때문에 고령화는 더욱 가속화될 것으로 전망된다. OECD 주요국의 고령화 사회에서 초고령사회로 도달(65세 이상 인구비율이 14%에서 20%로 증가) 연수가 오스트리아 53년, 영국 50년, 미국 15년, 일본 10년인 반면, 한국은 7년에 불과할 것으로 본다(통계청, 2022, World population Prospects, 2022).

고령화 현상은 노인부양에 대한 젊은 세대의 부담 증가와 경제활동인구의 저하로 인해 저축과 투자가 감소하여 국가의 경제적 활력이 떨어지고, 노동력의 고령화로 생산성이 감소하는 등 국가의 사회적·경제적 성장에 영향을 미치게 된다.

한국 사회의 급격하게 떨어진 저출생 지수로 인해 생산가능인구뿐만 아니라 실제 경제활동에 참여하는 인구도 급격하게 줄어들게 되면서 한국 사회의 고령화에 관한 문제는 더욱 심각할 것으로 보인다.

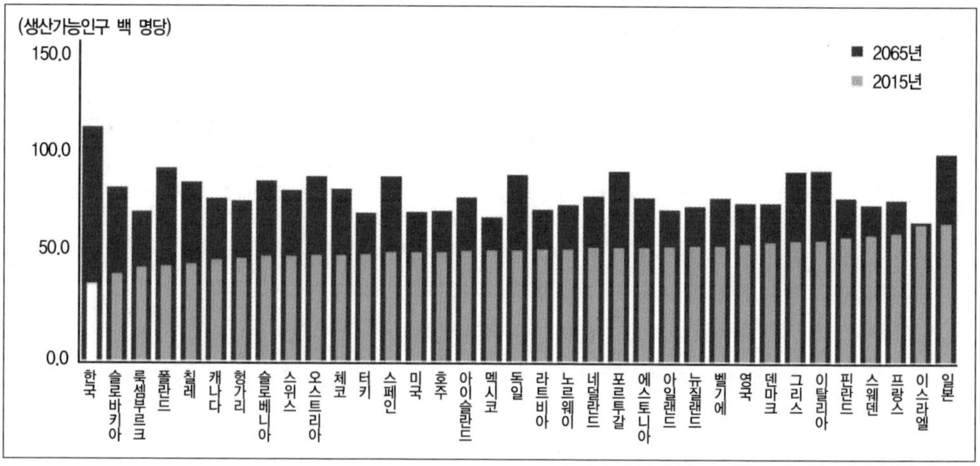

그림 1-15 OECD 국가별 총부양비 비교(2015, 2065년)

출처: UN(2015). World Population Prospects: The 2015 Revision; 통계청(2016). 장래인구추계(2015~2065).

(3) 가정폭력

인간발달의 근원으로서 정서적 충족지로서 가족이 가지는 기능성에 가장 많이 도전하는 주제는 가정 내에서 발생하는 폭력이다. 가정폭력은 개인에게 있어서 절박한 생존의 문제이며 동시에 체계로서의 가족해체를 가져올 뿐만 아니라, 나아가 미래사회의 폭력에 대한 태도를 허용함으로써 사회의 안정성을 저해하게 되는 심각한 위기이다(이성희, 한희선, 2011). 가정폭력은 가정구성원 사이의 신체적·정신적 또는 재산상의 피해를 수반하는 행위(「가정폭력범죄의 처벌 등에 관한 특례법」 제2조)로 부부간의 폭력뿐만 아니라 자녀 외 노인에 대한 학대 등을 포함한다. 폭력의 유형에는 신체적·성적·경제적·정서적 폭력과 부부폭력에서는 통제(친구나 가족을 못 만나게 하는 등), 아동과 노인은 방임(식사를 챙겨 주지 않음 등)이 포함된다.

부부 폭력률을 보면, 2010년 부부폭력 발생률은 53.8%(정서적 · 신체적 · 경제적 방임, 성학대 등 포함), 2016년 41.5%(신체적 · 정서적 · 경제적 · 성적 통제 등 포함)로 나타나 감소한 경향(여성가족부, 2016)을 보였으나 여전히 발생률이 높다. 2018년 한국가정법률상담소에 따르면 가정법원의 상담위탁 보호처분대상자의 부부폭력비율이 73.4%였고, 이중 남편에 의한 아내폭력은 55.6%였으며, 정서적 폭력은 100%에 심각한 신체적 폭력이 70~86.7%에서 동반되었다. 「2019 전국 가정폭력 실태조사」(여성가족부, 2019)에 따르면 배우자에 의한 폭력은 여성이 배우자로부터 폭력 피해를 입은 경우는 10.3%로 나타나 2016년 12.1%에 비해 1.8%p 감소하였다. 폭력 유형별로는 정서적 폭력이 8.1%, 성적 폭력 3.4%, 신체적 폭력 2.1%, 경제적 폭력 1.2% 순이었다. 남성이 배우자로부터 폭력 피해를 입은 경우는 6.2%로 나타났다. 유형별로는 정서적 폭력 5.8%, 신체적 폭력 0.9%, 경제적 폭력 0.8%, 성적 폭력 0.1%로 조사되었다. 한국여성의전화(2019)가 가정폭력으로 살해된 여성을 분석한 결과, 2019년 한 해 동안 남편이나 애인 등 친밀한 관계의 남성에 의해 살해된 여성은 최소 88명, 살인 미수 등으로 살아남은 여성은 최소 108명으로 나타났다. 분석에 따르면 최소 1.8일에 1명의 여성이 남편이나 애인 등 친밀한 관계의 남성에 의해 살해되거나 살해될 위험에 처해 있는 것으로 나타났다. 주변인까지 포함하면 1.6일마다 1명이 혼인이나 데이트관계에서 발생하는 여성에 대한 폭력으로 살해되거나 살해될 위험에 처한 것이다. 언론에 보도되지 않은 사건을 포함하면 친밀한 관계의 남성에 의해 살해된 실제 피해 여성은 훨씬 많을 것이다. 다문화가정 가정폭력사범 검거 건수가 4,392건으로 매년 증가 추세를 보이고 대부분 여성이 피해자(뉴스렙, 2019)라는 점에서 다문화가정은 여성과 다문화라는 이중적 취약성을 지니고 있다.

아동학대 발생률을 보면, 2019년 한 해 아동학대 피해 사례가 3만 건을 넘긴 상태다. 즉, 아동학대 피해 경험률은 2019년 아동 인구 10만 명당 381건으로 2018년(301건)보다 80여 건 증가하고 있다. 아동학대 발생률을 보면 2001~2019년간의 10년 동안 5배 넘게 증가해 아동에 대한 인권과 안전이 크게 위협 받고 있는 것으로 보인다.

아동학대 피해 신고 건수로 집계되는 사례 건수는 2001년 아동 인구 10만 명당 17.7건에서 지속적으로 증가했다. 특히 2010년 56.2건에서 2013년 109.9건으로 급격히 증가하였으며 2016년 200건(215.4건)을 넘어섰으며 2019년은 380건을 넘어 최근 10년 사이 6.8배로 늘어 7배 가까이 폭증한 셈이다(〈그림 1-16〉 참조).

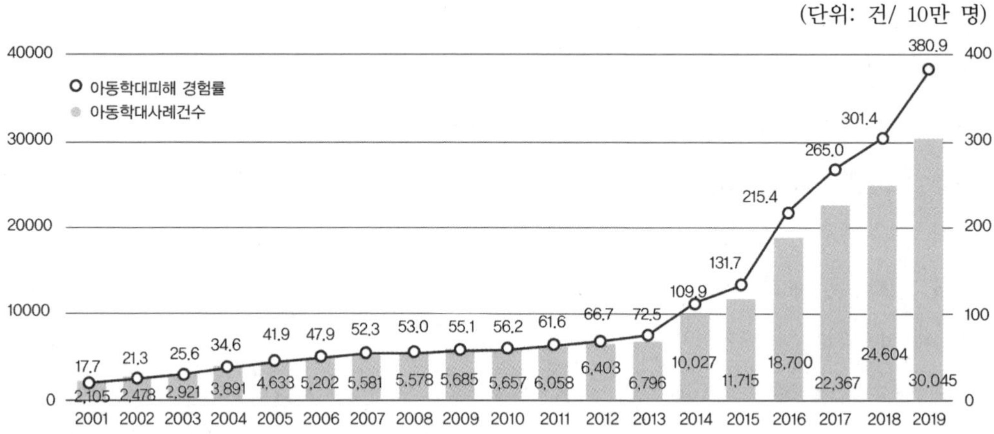

그림 1-16 2001~2019년 아동학대 피해 경험률과 아동학대 사례 건수

출처: 보건복지부(2021) 학대피해아동보호현황.
*아동학대 사례건수는 최종 학대 판단 건수임.

아동학대에서 피해 아동 발견율(아동 인구 1,000명 대비 아동학대로 판단된 피해 아동 수), (보건복지부, 2021)은 5.02‰로 2020년에 비해 1‰p 상승하였다. 외국의 피해 아동 발견율은 미국 '20년 8.4‰, 호주 '19년 12.4‰로 한국 사회에서도 최근 아동학대 신고와 판단이 증가하면서 발견율이 높아졌으나, 아직도 해외 선진국에 비해 낮은 수준이다. 학대 행위자는 부모가 31,486건으로 전체 아동학대 사례 중 83.7% 수준으로 나타났는데, 이는 2020년 82.1%보다 1.6%p 높아진 것이다('18년 18,920건, 76.9% → '19년 22,700건, 75.6% → '20년 25,380건, 82.1% → '21년 31,486건, 83.7%).

2021년 1월 민법상 징계권이 폐지(「민법」 제915조 삭제)가 되었음에도 불구하고 가정 내에서 훈육이라는 명목으로 체벌이나 폭언 등이 이루어지는 경우 등이 여전한 것으로 보인다. 재학대 사례(지난 5년간 아동학대 판단사례 중 '21년 재발생)는 5,517건으로 전체 아동학대 사례 중 14.7%를 차지하며 2020년에 비해 2.8%p가 증가했다. 2021년 아동학대로 사망한 아동은 40명으로 파악되었으며, 그중 1세 이하(24개월 미만) 아동이 15명(37.5%)이다.

2014년 아동학대와 관련된 법 제정 강화 등으로 아동학대 신고 건수는 지속적으로 증가하는 추세이기는 하나 여전히 아동학대 사건들은 감춰진 아동학대 사례들이 많고, 피해자의 특성상 신고로 이어지기 어려운 구조이므로 보다 적극적인 대응이 필요하다. 끊임없이 반복적으로 강도 높게 발생하는 가정 내의 끔찍한 학대로 인한 아동 사망 사건은 우리 사회의 아동보호에 대한 허술한 지원체계와 낮은 아동 인권 수준을 방증한다.

2019년 65세 이상 노인학대 피해 경험률은 3.8%(여성가족부)로 2016년 7.3%에 비해 절반 이상 감소한 것으로 나타났다. 그러나 전국 37개 지역 노인보호전문기관을 통해 신고된 사례에서 학대가 확인된 사례수를 보면, 2017년 4622건에서 2021년에 6774건으로 지난 5년간 20% 이상 꾸준히 증가한다(〈그림 1-17〉 참조).

* 37개 지역 노인보호전문기관 신고 건수 중 조사를 거쳐 학대가 확인된 사례수

그림 1-17 노인학대 발생률

출처: 보건복지부(2022). 노인학대발생률(2017-2022).

학대 발생 장소는 가정이 4616건(89.0%)으로 가장 많았고, 생활시설 380건(7.3%), 병원 65건(1.3%) 순이었다. 학대유형은 정서적 학대(42.9%), 신체적 학대(37.3%), 방임(8.8%), 경제적 학대(4.7%) 순이었다. 피해 노인의 가구 형태를 살펴보면 자녀 동거가구 1738명(33.5%), 노인 부부가구 1512명(29.1%), 노인 단독가구 999명(19.3%) 등이다. 신고자는 경찰관 등 관련 기관(65.6%)이 가장 많았고, 친족(9.1%), 사회복지전담공무원(7.7%), 학대 피해자 본인(7.5%), 노인복지시설 종사자(3.7%), 가정폭력 관련 종사자(1.4%) 등 순이었다.

가족은 개개인의 욕구를 충족하고 사회의 위험으로부터 개인을 보호해 주는 울타리이기도 하지만, 폭력행위자의 대부분이 가족구성원이고 가정이 폭력이 일어나는 현장이라는 것 또한 냉정한 현실이다. 가정 내에서 일어나는 일에 대한 사회적 관심의 촉구와 책임을 통한 폭력의 심각성에 대한 인식 강화, 감시·감독체계의 강화, 가정폭력 예방 프로그램의 강화 및 범국민적 시민의식의 홍보 등을 통한 가정의 기능성 강화가 필요하다.

(4) 1인가구

최근 한국 사회의 변화에서 가장 두드러진 측면은 1인가구의 증가라 하겠다. 1인가구의 규모는 1980년대만 하더라도 전체 가구의 4.8%이었지만, 2020년을 기준으로 전체 가구의 31.7%를 차지하고 있다(인구주택 총조사, 2021).

1인가구가 이제는 부모로부터 독립하여 결혼으로 이행 이전에 일시적으로 경험하는 가구 유형, 혹은 특별한 사유로 발생하는 특수 가구 유형이 아니라 지배적인 가구 유형으로 자리 잡고 있음을 의미하는 것이라 하겠다.

1인가구의 인구학적 특성을 보면(〈그림 1-18〉 참조), 20~60대에 걸쳐 연령대별로 비교적 골고루 분포되어 있으며, 성비를 보면 여성(53%)이 남성(47%)보다 다소 높았다. 연령대별에 따른 성비를 보면, 20대에서는 남성 여성 비슷한 분포이며, 30~50대는 주로 남성 비율이 높고, 60대 이후는 여성들의 비율이 높게 나타나고 있다. 거주지역을 보면, 30대 이하는 주로 세종, 대전, 서울지역의 대도시에 40~50대는 제주,

울산, 인천, 경기 지역에 60대 이상은 주로 전남, 경북, 전북 등으로 나타났다.

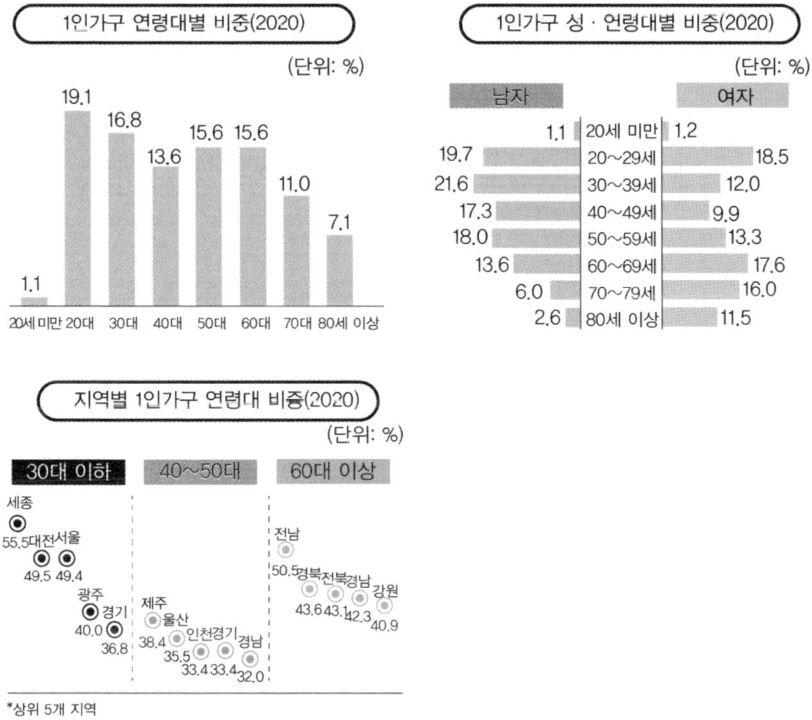

그림 1-18 1인가구의 인구학적 특성

출처: 여성가족부(2020). 제4차 가족실태조사.

1인가구로 생활하는 주된 이유를 보면, 학업이나 직장(취업) 24.4%, 배우자의 사망 23.4%, 혼자 살고 싶어서가 16.2% 순이었다. 연령별 분포를 보면, 40대 이하는 학업이나 직장(취업), 50~60대는 본인의 이혼, 70대 이상은 배우자의 사망 이유가 가장 뚜렷하게 높았다(〈표 1-10〉 참조).

표 1-10 1인가구로 생활하는 주된 이유

(단위: 명,%)

구분		혼자 살고 싶어서	가족과 지내는 것이 불편해서	본인의 학업이나 직장(취업)으로	배우자의 사망으로	본인의 이혼으로	배우자의 학업이나 직장(취업)으로	자녀의 학업이나 직장(취업)으로	부모나 자녀의 사망으로	자녀의 이혼으로	부모의 이혼으로	부모의 직장(취업)으로	기타
전체		16.2	4.1	24.4	23.4	15.6	1.8	4.9	4.0	0.0	0.3	0.4	4.8
연령	12세-19세	22.5	3.3	68.1	0.0	0.0	0.0	0.0	0.0	0.0	6.1	0.0	0.0
	20세-29세	19.9	5.0	70.0	0.0	0.5	0.3	1.1	1.2	0.0	0.1	0.6	1.4
	30세-39세	25.8	3.9	58.5	0.5	1.8	0.6	0.8	3.1	0.0	1.1	1.8	2.1
	40세-49세	29.8	6.3	30.9	0.6	17.1	2.7	1.8	8.5	0.0	0.6	0.7	1.1
	50세-59세	16.4	4.0	13.5	7.1	35.0	3.5	6.7	6.1	0.0	0.0	0.2	7.6
	60세-69세	9.3	3.6	4.3	25.2	31.0	3.9	9.7	5.3	0.0	0.0	0.0	7.8
	70세 이상	8.6	3.3	0.8	65.1	8.0	0.4	6.1	2.0	0.0	0.1	0.0	5.8

출처: 여성가족부(2020). 제4차 가족실태조사.

1인가구로 생활한 기간의 전체 평균을 보면 119.2개월이고, 연령대별로 살펴보면 20대(36.7개월), 30대(79.6개월), 40대(114.1개월), 50대(130.1개월), 60대(145.1개월), 70세 이상은 162.1개월로 연령대가 높아질수록 1인가구로 생활한 기간이 증가하고 있다(여성가족부, 2020).

1인가구가 가지는 이러한 다양한 특성과 함께 모든 연령층의 1인가구가 경험하는 공통적인 문제는 대체로 사회적 고립, 위급 상황 시의 대처 부족과 외로움의 문제 등으로 파악되고 있다. 서울시 1인가구실태조사 결과(2022), 서울시 1인가구 중 외로움 비율이 62.1%, 사회적 고립 비율은 13.6%, 외로움과 사회적 고립을 동시에 겪는 비율이 12.8%로 확인됐다. 1인가구의 외로움, 사회적 고립, 정신건강 문제의 관계를 살펴본 결과, 사회적으로 고립된 사람은 거의 외로움을 느끼고, 우울 증상이 있는 사람이나 자살 생각 경험이 있는 사람 등의 정신건강 문제를 가진 사람은 모두 외로움을 느끼는 것으로 확인됐다. 즉, 외로움은 사회적 고립, 우울 증상과 자살 생각의 필요조건이자 선행요인이 되고 있기 때문에 1인가구의 사회적 고립, 정신건강에 대한 사회적 관심이 요구된다.

쉼터 홀로사회; '사회적 고립' 1인가구가 위험하다

1인가구 급증이 고립을 낳고 있다. '군중 속의 고독'으로 대변되는 내면의 고립감을 넘어 물리적, 사회적 고립을 겪는 개인이 늘고 있는 것이다. 상당수의 1인가구는 TV나 소셜네트워크서비스(SNS)를 통해 보여지는 자유롭고 화려한 삶과는 달리 경제적 어려움으로 번뇌한다. 강도·성폭력 등 각종 범죄에도 쉽게 노출돼 사회적 대책 마련에 대한 목소리도 커지고 있다. 장진희 한양대 경제연구소 연구원이 발표한 '1인가구와 범죄발생에 관한 연구'에 따르면 2014년부터 2016년까지 서울시 25개 자치구 5대범죄 발생건수, 1인가구수, 여성비율 등을 분석한 결과 1인가구수 비중이 클수록 살인, 강도, 강간·강제추행, 절도, 폭력 등 5대 범죄가 많이 발생했다. 변수들의 상관관계를 수치로 환산한 결과 1인가구수가 1% 많아질수록 5대 범죄 발생건수는 0.8% 늘어났다. 1인가구는 유흥업소 비율, 여성인구 비율 등을 제치고 5대 범죄를 가장 크게 증가시키는 요인이었다. 장 연구원은 "1인가구의 증가는 가족해체뿐 아니라 '사회해체'를 의미한다고 볼 수 있다"고 설명했다.

출처: 2019.07.23.일 지 아시아경제 정동훈 기자, 부분발췌

가족 정책을 통해 제공되어야 할 1인가구 서비스 운영 방향으로 1인가구의 자기 돌봄 강화와 심리정서 수요 중심 가족 서비스로 생애주기별에 따른 가족상담을 강화하는 것(조성은, 2022)과 청년층, 중장년층, 노년층의 하위집단별에 따른 특성이 반영된 차등화된 지원정책이 필요할 것이다. 또한 사회적 연결망은 삶의 만족도에 중요한 영향을 미치는 요인이므로 1인가구의 삶의 질 향상을 위한 사회적 안전망과 네트워크 형성을 위한 다양한 프로그램이 제공되어야 할 것이다. 사회적 관계의 단절은 고독사나 무연고 사망으로 이어질 수 있다는 점에서 관심이 필요하며 1인가구 지원센터 또는 관리부서 설립을 통한 관리강화가 제안(유정균, 2022)되기도 한다.

한편, 1인가구의 특성의 주목할 점은 1인가구가 따로 사는 가족에 대한 부양을 하거나 돌보는 경우가 있다는 것이다. 따로 사는 가족에 대한 경제적 부양을 하고 있다가 13.0%, 이 중 40대가 33.4%로 가장 높았으며, 50대 27.6%, 30대 15.2% 순이었다. 부양 대상자를 보면 부모 6.7%, 자녀 5.7%, 배우자 3.6% 순이었으며, 연령대별로 보면 30대, 40대는 주로 부모(11.6%, 19.7%)이며, 50대는 자녀(17.2%)이다(여성

가족부, 2020). 즉, 1인가구가 가지는 보편적 취약성도 있지만 가족에 대한 경제적 부양과 돌봄의 주체 혹은 공급자 역할을 하고 있는 측면도 있음을 보여주고 있다(〈그림 1-19〉 참조).

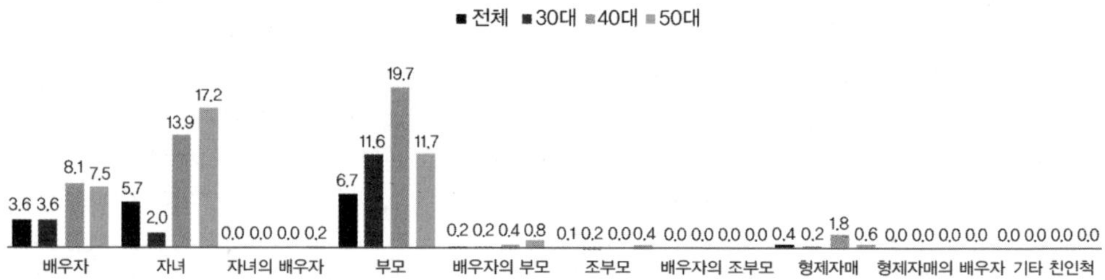

그림 1-19 1인가구의 경제적 부양자

출처: 여성가족부(2020). 1인가구 정책포럼자료집.

이는 1인가구가 단순히 돌봄 대상이나 정책수혜 집단으로만이 아니라는 측면도 있지만, 특히 40대, 50대의 1인가구가 지니는 자기돌봄과 따로 사는 부모부양, 자녀돌봄이라는 중첩된 가족 지원자로서의 과중한 역할을 지니고 있음을 간과할 수 없다. 중장년 1인가구를 위한 좀 더 세밀한 분석과 지원정책이 필요할 것으로 보인다.

핵심용어

- 가족개념, 가족기능, 다양한 가족형태, 가족위기론, 가족진보론, 저출산, 고령화, 가정폭력, 1인가구

학습 실천과제

- 가족의 개념이 사회의 변화에 따라 달라져야 하는 이유는 무엇인지 논의해 봅시다.
- 현대사회에서 가족이 갖는 기능들에 대해 기술해 봅시다.
- 현대가족의 다양한 특성과 유형에 대해 논의해 봅시다.
- 가족 변화에 대한 관점들에 대해 논의해 봅시다.
- 우리 사회의 가족위기 현상들에 대해 토론해 봅시다.

Chapter 02

건강가정의 개념 및 특성

학습목표

- 건강가정의 개념을 정리할 수 있다.
- 건강가정의 특성과 요소들에 대해 이해할 수 있다.

그동안 우리나라의 가족복지 서비스는 가족 전체의 대상보다는 저소득층, 장애인, 요보호노인, 요보호아동, 요보호여성 등 사회취약계층에 속하는 개인을 대상으로 하였다. 개입시기 및 내용도 사전예방적 측면이 아닌 사후치료적인 것이 대부분이었으나 근래에 들어 예방적이고 보편적인 가족기능 강화정책이 대두되고 있다. 이러한 가족에 대한 관심으로 2005년, 여성부가 여성가족부로 중앙정부의 조직이 확대·개편되었다. 2008년에는 보건복지가족부로 가족 관련 업무 부처가 변경되었다가 2010년 청소년 및 가족 관련 기능을 이관받아 여성가족부로 조직이 개편되었다. 일반가족을 대상으로 하는 예방적·보편적인 가족기능 강화정책은 2004년 「건강가정기본법」 제정으로 실현되었으며, 건강가정이 그 목표가 되고 있다.

1. 건강가정의 의미와 개념

1) 건강가정의 의미

건강가정에 대한 개념은 1960년대 미국에서 시작되었다. 그동안 가족에 대한 연구가 가족문제의 원인이나 병리현상에 초점을 맞추는 대신 가족이 가진 긍정적인 측면에 초점을 맞추면서 가족의 강점을 보려고 하는 '건강가족적 관점'이다. 즉, '가족이 왜 실패하는가?'보다 '가족들이 어떻게 하면 성공적인 삶을 살아갈 수 있는가?'라는 측면으로 모든 가족은 강점뿐만 아니라 도전과 잠재적 성장의 역량을 가지고 있어서 가족이 그들의 문제를 보려고 한다면 문제만 보게 되고, 가족의 강점을 보려고 한다면 강점을 찾게 된다는 것이다. 이러한 강점은 개발될 수 있고 미래의 긍정적 성장과 변화의 기초가 된다. 나아가 인간은 건강한 가족에서 성장할 때 건강한 가족을 이루기가 더 용이하다. 문화인류학자 마가렛 미드(M. Mead)는 가족을 인간사회에서 연구하기가 가장 힘든 제도라고 하였다. 왜냐하면 가족이란 비교적 폐쇄적인 체계라서 외부인이 파고 들어가 이해하기가 쉽지 않기 때문이다. 여러 나라에서 이루어진 '가족강점'에 대한 연구는 방법론이나 접근방법에 있어서 독특하고 천차만별이다.

올슨과 드프레인(Olson & DeFrain)은 '모든 가족은 잠재적인 성장영역을 가지고 있다. 가정의 건강성은 가족의 구조나 형태가 아니라 그것의 기능을 말하는 것이다. 따라서 건강한 한부모가족, 건강한 계부모가족, 건강한 핵가족, 건강한 양부모가족 등 무수히 많은 건강한 가족이 있고, 마찬가지로 세상의 모든 유형의 가족구조에는 건강하지 않은 많은 가족이 있다. 사람이 살고 있는 가족의 유형만 아는 것으로는 그 가정의 건강성에 대해 아무것도 말하지 못한다.'라고 하였다. 건강가족적 관점은 긍정적 측면에 초점을 두고 모든 가족이 강점을 가지고 있다고 가정한다. 가족체계를 건강하게 유지하면 가족원 개개인을 건강하게 육성시키고, 사회 전체를 건강하게 유지할 수 있으므로(어은주, 유영주, 1997), 가족의 강점에 초점을 두는 가족의 건강성을 개발하는 것이 필요하다. 건강한 가정을 통해 개인은 건강성을 획득하고 다시 건강한 가정을 구성할 수 있으므로, 개개인의 만족스러운 삶을 영위하기 위해서는 건강한 가정이 필요하다.

2) 건강가정의 개념

일반적으로 건강(health)이라고 하면 몸이 튼튼하고 병이 없는 상태의 신체적 건강에 더 적합하고 익숙한 개념이지만 전 세계적으로 웰빙(well–being)에 대한 관심이 확산되면서 건강이란 단지 질병이 없고 허약한 상태가 아닌 신체적·정신적·사회적으로 온전히 양호한 상태를 의미한다. 세계보건기구(WHO)는 건강을 신체적·정신적·정서적·사회적·영적 건강을 성취한 상태로 정의하면서 웰빙과 동일한 개념으로 사용한다. 이러한 의미에서 개인의 건강은 건강한 가정, 건강한 사회의 지표로서 중요할 뿐만 아니라 개인의 삶의 질 향상과 가정의 사회적인 기능의 수행을 위해서도 필수적이다.

지금까지 건강가정은 강한 가족(strong family), 기능적 가족(functional family), 탄력적 가족(resilient family), 최적의 가족(optimal family), 균형 있는 가족(balanced family), 건강한 가족(healthy family) 등 개념은 같지만 다양한 용어로 사용되고 있다.

올슨과 스티넷(Olson & Stinnett)은 건강한 가정은 가족원 간 상호작용의 질이 개개인의 심리적 안녕에 기여하는 가족이라고 정의하였다. 또한, 건강가정은 가족의 외적 구조에 중점을 두는 것이 아니라 가족원 상호 간의 내적 과정에 중점을 둔다는 점을 강조한다. 이미 오래전부터 건강가정의 개념을 제시하고 있는 유영주(1995)는 건강한 가정의 의미를 개인의 건강함에 비유하여 설명하고 있다. 개인이 건강하다는 것은 외부환경의 변화에 적응력이 강한 것을 의미하는 것과 같이, 가정이 건강하다는 것은 함은 외부의 자극이나 변화에 긍정적으로 대처해 나아가는 가정을 의미한다. 또한, 건강한 가정이란 서로 협동하고 인내하며 타협해서 공동체로서의 유대감을 다져 가는 가정으로, 가족원의 인격을 서로 존중하고 가족원의 상호작용이 잘 이루어지는 체계(공동체)로서의 균형을 잘 유지하고 있는 가정이라고 정의하였다.

건강가정은 가족의 형태나 외형적 구조로 구분하는 개념이 아니라 가족원 간의 내적 관계와 가족이 수행하는 기능을 기준으로 판단하는 것이다. 건강한 가정 여부를 판단하기 위한 자가진단 척도로 가정철학, 가족활동(가사노동), 가정구성원의 능력 향상, 가정구성원 간 의사소통, 가정의 조직문화, 가정의 사회적 관계망, 가정의 시각적 이미지, 가정의 사회적 매력이라는 8가지 모델이 제시되기도 한다(김성희, 2007).

건강가정의 명칭과 개념에 대해서는 다소 논쟁이 있다.

첫째, 건강가정이 가정을 '건강 대 비건강'이라는 이분법적 사고의 접근이라는 견해가 있다.

둘째, 건강가정은 일반적인 핵가족만을 의미하며 다양한 가족을 소외시키고 있다는 견해가 있다.

셋째, 「건강가정기본법」이 현대사회에서 나타나는 가족의 변화를 가족위기 담론으로 확대시키고 있다는 견해가 있다.

넷째, 건강가정이 이기적인 가족중심주의를 조장한다는 견해가 있다.

그러나 이는 건강가정의 개념과 「건강가정기본법」에 대한 인식 부족에서 오는 지적이다. 건강가정의 개념은 특정 가족형태가 아닌 기능에서의 건강성을 중시하고, 건강가정은 과정으로서의 지향성이므로 이분법적인 분리가 아니다. 그리고 가족중심주의가 아닌 개인–가정–사회의 연대를 강조하는 국가·사회적 접근의 패러다임(송혜림 외, 2005; 조희금 외, 2013)임을 주지할 필요가 있다는 주장이 있다.

건강가정의 개념은 기본적으로 물적 토대인 가정의 경제적인 안정과 안정적인 의식주 생활을 바탕으로 한다. 가족 간에는 민주적이고 양성평등한 관계를 가지며 열린 대화가 가능하고 휴식과 여가를 공유할 수 있을 때, 가정 내적으로는 자녀의 성장·발달을 지원하고 합리적인 자원관리가 이루어지며 가족역할을 공유할 때 그리고 사회적으로는 일과 가정을 조화시키면서 건강한 시민의식과 자원봉사활동 참여 등을 통해 지역사회와 연결될 때, 나아가 건강한 가정생활문화를 유지하고 창조할 때 그 가정이 건강성을 가지고 있다고 할 수 있다(대한가정학회, 2003).

따라서 건강한 가정은 건강-비건강의 단순한 이분법적 분류가 아니라 통합적이고 복합적인 개념, 여러 요소의 조합을 고려한 연속선의 개념으로 모든 가정은 형태와 상관없이 건강가정을 이룰 수 있으며 가족문제에 대한 사전적·예방적인 대처를 중시하는 개념이라 하겠다.

2. 건강가정의 특성 및 구성요소

각 학자들이 여러 연구에서 밝힌 건강가정의 구체적인 특성들을 제시해 보면 다음과 같다.

1) 큐란의 연구

큐란(Curran)은 건강가정의 특징을 15가지 속성으로 제시하고 있다. 먼저 제시된 것일수록 가중치가 더 높다.

- 의사소통이 잘되고 상대방의 말을 잘 들어준다.
- 서로 긍정적이며 협조적이다.
- 타인에 대해 존경심을 갖는다.
- 서로 신뢰한다.
- 놀이와 유머에 대한 감각이 있다.
- 공동의 책임의식을 가진다.
- 옳고 그름에 대한 인식을 가르친다.

- 의식과 전통을 존중하는 가족관념을 가지고 있다.
- 구성원들 간에 균형 잡힌 상호작용이 있다.
- 공통적인 종교가 있다.
- 서로의 개인생활을 존중해 준다.
- 타인들에게 봉사하는 것을 귀하게 여긴다.
- 가족들이 같이 식사하는 시간과 이야기하는 시간을 가진다.
- 여가시간을 같이 즐긴다.
- 문제가 생기면 이웃끼리 서로 도와주고 도움을 받는다.

2) 올슨과 드프레인의 연구

(1) 응집성

- 헌신: 신뢰, 정직성, 성실성
- 시간 함께 보내기: 질적인 시간, 좋은 여가활동, 가족원의 친구들과의 교류, 휴식시간, 오락시간 등

(2) 융통성

- 스트레스를 다루는 능력: 적응력, 위기를 도전과 기회로 봄, 위기를 통해 함께 성장함, 탄력성의 변화에 개방적임.
- 정신적인 안녕: 희망, 신념, 동정심, 윤리적 가치관의 공유, 인간에 대해 개방적임.

(3) 의사소통

- 긍정적 의사소통: 감정의 공유, 칭찬함, 비난하지 않음, 협상이 가능함, 불일치를 인정함.

- 감사와 애정: 상호 간 보살핌, 우정, 개성의 존중, 쾌활함, 유머 등

3) 스티넷과 빔의 연구

스티넷(Stinnet)은 드프레인과 함께 1974년부터 25여 년 동안 진행한 연구를 바탕으로 결혼상담 및 부모교육을 담당하는 가족역학연구소의 설립자인 빔(Beam)과 함께 각 가정에서 강점을 잘 적용할 수 있도록 하는 프로그램을 개발하였다. 이들이 제시하고 있는 강한 가족의 6가지 특징은 다음과 같다(제석봉, 박경 역, 2004).

(1) 헌신: 강한 가족의 기초적 토대

헌신은 애정의 특별한 종류이며 흔들리지 않고 힘든 시간을 견뎌내는 사랑이다. 헌신은 따뜻하고 애정이 넘치며 가족이 성장할 수 있는 환경을 만든다. 가족구성원들이 두려움과 분노, 거절, 고독 같은 것으로부터 보호받을 수 있는 안식처가 되고 다른 모든 것의 토대를 이룬다.

(2) 감사와 애정의 표현: 지성과 정서의 조화

감사의 표현은 강한 가족의 전형적인 특징이다. 그러나 강한 가족에게는 그 이상의 것이 있다. 감사의 표현은 감정 없이 순수한 지적 차원에서도 이루어질 수 있으나 여기에 애정이라는 정서적 요소가 포함된 감사의 표현은 더욱 강력한 힘을 발휘할 수 있다. 가족의 강점에 대한 연구에서 강한 가족들은 이러한 지성과 정서의 멋진 조화를 보여 준다. 감사와 애정의 표현은 가족들의 자아존중감(self esteem)을 높여 가족구성원들을 성장시키고 삶을 풍요롭게 만든다. 연못에 돌이 떨어지면 잔물결이 이는 것처럼 감사의 조약돌은 삶의 영역에까지 진진한 물결을 일게 한다.

(3) 긍정적 커뮤니케이션

좋은 커뮤니케이션의 유형은 갈등을 완화시키며, 정신건강을 촉진하고 친밀감을 증대시킨다. 효율적인 커뮤니케이션은 헌신과 애정, 감사를 표현하는 것이다. 부부치료 및 가족치료자들은 가족 불행의 원천이 커뮤니케이션의 결여뿐 아니라 방법에도 있다는 것을 지적하면서 가정의 행복을 위한 건강한 커뮤니케이션의 기법 5가지 규칙을 소개하였다.

- 충분한 시간을 주어라.
- 경청하라.
- 이따금 점검해 보라.
- 상대방의 세계로 들어가 보라.
- 비판이나 평가를 삼가라.
- 항상 정직하라.

(4) 함께 시간 보내기: 추억 만들기

가족이 함께 시간을 보내면 행복한 추억을 만들게 될 뿐만 아니라 좋은 커뮤니케이션으로 이끌게 되는 단서가 된다. 또한, 고독감과 소외를 막아 주며 가족의 정체성을 발달시켜 준다는 이점이 있다. 우리가 사랑하는 사람에게 우리의 시간을 내주는 것은 가장 고귀한 선물이 된다. 함께하는 시간의 질적 향상을 위한 제안은 다음과 같다.

- 함께 식사하며 담소를 나눈다.
- 집안일을 함께한다.
- 함께 논다.
- 종교, 취미, 학교활동을 즐긴다.
- 특별한 이벤트를 마련한다.
- 특별한 일을 하지 않아도 함께 있다.

(5) 영성적 성장

영성적 성장이란 반드시 신앙만 뜻하는 것이 아니라 '영성'과 '좀 더 높은 차원'에 대한 깊은 관심을 가지고 있음을 의미한다. 자신을 초월한 어떤 힘에 대한 믿음과 의지는 가족을 묶어 주고 튼튼하게 만드는 접착제와 같은 역할을 하는 것으로, 강한 가족에서 예외 없이 나타나는 특성이다. 이의 측면은 삶에서 요구되는 도전과 시련을 영성적 자원을 통해 견딜 수도, 극복할 수도 있게 하며, 가족이 고립과 절망감에서 벗어나 새로운 시각으로 희망과 신뢰를 얻게 하는 자원도 된다.

(6) 스트레스와 위기 대처

스트레스는 일상생활의 한 부분이기 때문에 대부분 그 심각한 결과를 무시하기 쉽다. 스트레스를 부정적으로 본다면, 우리도 모르는 사이에 치명적인 영향을 미쳐 우리를 죽일 수도 있다는 것, 그것을 매일 겪어야 한다는 것 그리고 그것으로부터 벗어날 수 없다는 점이다. 그러나 한편으로는 우리가 스트레스에 굴복당하지 않을 수도 있다는 희망적 측면으로 본다면 스트레스에 대처할 여러 가지 행동을 취할 수 있다. 강한 가족은 이러한 스트레스에 대처할 소중한 통찰들을 가지고 있고 위기가 닥칠 때 한마음이 되어 마음을 열고 서로 헌신하려고 한다는 특징을 지니고 있다.

4) 월시의 연구

월시(2002)는 기능적 단위로서의 가족 안에서 경험하는 대처와 적응의 과정으로 가족탄력성(resilience)의 개념을 제시하였다. 가족탄력성은 대부분의 정신건강 분야의 임상이론이나 훈련, 실천 및 연구에서 강조하고 있는 결함중심적 시각이 아니라 강점지향적 관점을 강조한다. 강점지향적 시각은 가족이 스트레스를 어떻게 중재하고 위기를 극복하며, 오래된 고통과 역경을 견딜 수 있게 하는지에 대한 틀로서 가족탄력성을 설명한다. 가족탄력성의 주요요소로 3가지 측면을 제시하면 다음과 같다.

(1) 가족신념의 체계: 본질과 정신

경험에 의미를 부여하고 삶의 과정에서 세계를 바라보는 렌즈로 가치, 확신, 태도, 편견 및 가정을 의미한다.

- 역경에 대한 의미 부여: 가족의 위기상황에 대한 이해와 해석
- 긍정적인 태도: 역경의 상황에 대한 인내심, 희망을 유지하고 삶에 대해 낙관적인 태도
- 초월과 영성: 역경을 뛰어넘는 삶의 의미와 목적 제공

(2) 조직유형: 가족 충격에 대한 완충장치

가족이 하나의 단위체계로서 통합되어 있는 정도로, 변화하는 가족의 내외적 상황에 적합하도록 가족구조를 재조직하는 능력을 의미한다.

- 융통성: 가족이 삶 속에서 안정과 변화의 균형을 이루는 것으로 위기와 변화의 상황에서 가족규칙, 역할을 변경하여 새로운 적응과 안정성을 이루는 능력
- 연대성: 가족원 상호 간의 연합 · 지지 · 협력하는 능력
- 사회 및 경제적 자원: 가족이 외부의 자원을 동원하고 활용하는 것

(3) 의사소통: 가족기능의 촉진제

- 명료성: 명확하고 일관성 있는 말과 행동
- 개방적 정서표현: 가족원들이 기쁨 · 고통 · 희망 · 두려움 등 감정을 공유
- 상호협력적 문제해결: 당면한 문제에 대해 공유된 의사결정 과정을 통해 문제와 갈등을 함께 해결해 나가는 것

3. 건강가정에 대한 선행연구

건강가정에 대한 연구는 1990년 이후로 활발하게 이루어지고 있다. 건강가정에 대한 정의와 개념(유영주, 1999; 유계숙, 2004; 송혜림, 성미애, 진미정, 이승미, 2005), 가족건강성 측정 관련 척도 개발(어은주, 유영주 1995; 지영숙, 이영호, 1998; 유영주, 이인수, 김순기, 최희진, 2013), 건강가정에 대한 인식(유계숙, 2004; 김혜연, 서종선, 2007; 이정숙, 2007), 건강가족과 삶의 만족관계 연구(박형원, 2015; 이지민, 2013; 박향실, 김경신, 2015; 송인숙, 홍달아기, 박현성, 2013, 양금희, 2022)에 초점을 두고 연구되고 있다.

건강가정 개념에 대한 연구를 보면 유영주(1999)는 건강이란 육체와 정신이 정상적으로 활동하는 상태이며, 건강가족은 가족원 개개인의 건강한 발달을 도모하고, 가족원 간의 상호작용이 올바르고 적합하여 집단으로서의 가족체계를 잘 유지하고 있는 가족으로 정의하였다. 유계숙(2004)은 건강한 가족은 가족구성원들이 서로 밀접한 관련성을 가지고 상호작용을 증진시킴으로써 정서적 유대를 강화하는 특성을 가지고 있다고 하였다.

한국 가족의 건강성을 측정하기 위해 실시된 어은주 외(1995)의 연구에서는 가족건강성 하위요인으로 가족 간의 의사소통, 가족 간의 몰입, 가족원의 적응력, 가족가치관으로 구성하였다. 가족이 건강한 가족이 되기 위해서 수행해야 하는 기능으로 '애정 교환과 정서적 지지 · 유대 기능', '자녀교육 기능'을 중시했으며, 건강가정이 되기 위해서는 '헌신'하고, '감사와 애정', '긍정적 의사소통' 등의 순으로 필요성을 인식하였다(유계숙, 2004). 유영주 외(2013)는 한국형 가족건강성 척도 Ⅱ(KFSS-Ⅱ)를 개발하여 가족건강성이란 가족이 정서적 유대감을 바탕으로 가족관계를 기능적으로 실행하는 것으로 정의 내리며, 하위 요인으로 가족탄력성, 상호존중과 수용, 질적 유대감, 경제적 안정과 협력, 가족문화와 사회참여로 구성하였다(유영주 외, 2013).

기혼 남녀의 가정건강성에 대한 연구는 4.01점(5점 만점)으로 높은 편이었고, 여성보다 남성의 교육 수준이 높을수록 가정건강성 정도가 높았다(이정숙, 2007). 기혼 성인 남녀의 가족건강성은 5점 척도 기준 3.86점으로, 보통보다 약간 높은 수준으로 나타난 연구결과도 있다(박형원, 2015). 대학생이 지각한 가족건강성의 수준은 평균 3.34점으로 중간보다 높게 나타났다(박향실 외, 2015).

이러한 연구결과들은 한국 사회의 가족건강성이 대체적으로 중간보다 높은 수준임을 보여 준다. 원가족에서 높은 수준의 가족분화를 경험한 20~30대 기혼여성은 자신의 핵가족을 더 건강하다고 지각하였으며, 부부 친밀감이 가족건강성에 영향을 미치는 것으로 나타났다(이지민, 2013). 기혼 성인 남녀 원가족 경험의 하위요인인 전반적인 건강성, 갈등 해소, 분리와 상실의 수용, 다른 가족원에 대한 허용성, 가족의 화목, 공동체 의식, 확대가족 내의 독립성, 가족의 공평성 중에서 공동체 의식, 가족 화목 요인이 현재 가족건강성에 영향을 미치는 것으로 나타났다(박형원, 2015).

가족과 영유아 관련 논문의 주요개념을 토대로 10년간 이루어진 연구를 분석한 결과(이성희, 김현수, 2016)를 보면, 영유아기에 경험한 가족건강성이 영유아 자녀의 발달특성과 부모자녀관계 특성에 직접적인 영향을 미치고, 이러한 가족건강성은 부부친밀감, 결혼만족도와 같은 부부관계 특성을 매개하면서 영향을 미치고 있는 것으로 나타났다. 대학생들에게 있어서도 건강가정성은 삶의 질과 관련되어, 자신의 삶의 만족과 자기결정성에 긍정적인 영향력을 보이며(박향실 외, 2015), 진로적응에도 긍정적 영향을 미치며(황희숙, 2019), 가족건강성은 행복감을 느끼는 중요한 변인으로(송인숙 외, 2013), 대학생의 정서적 안정성에 주요 변인으로(양금희, 2022) 보고되고 있다.

가족건강성은 가족의 친밀감, 유대감, 경제적 지위 등을 포괄적으로 살펴볼 수 있는 변인으로 부모의 양육태도나 놀이신념, 놀이참여 등과 함께 유아 발달에 중요한 변인으로도 제시된다. 가족건강성은 가족의 문제를 효율적으로 해결하려는 힘을 길러줌으로써 사회에서 친밀한 유대감을 형성하도록 도와주기도 하며(김성숙, 2019; 우수희, 조규판, 2016; 장성화, 최성열, 이주연, 2021), 가족구성원의 강한 유대감을 통하여 유아의 신체, 정서, 사회 및 대인관계 기술 발달에 긍정적 영향을 미친다(이광자

2014, 이세은, 2016, 박지연, 2017, 유희, 2021). 또한 가족건강성은 유아의 사회적 유능성에도 긍정적 영향을 미치는 것으로 나타나 유아발달적 측면에서도 가족건강성 변인에 관심을 가지면서, 가족건강성이 유아의 사회적 유능성에 직접, 간접효과를 밝히는 연구들이 이루어지고 있다(안선희, 김선영, 2004; 김경은, 최은희, 2010; 박미숙, 김복영, 2018; 송효현, 2018; 강민정, 2019; 홍혜진, 김경숙, 2020; 심지영, 2022: 박선희, 2023).

근래에 들어 중국아동과 가족의 연구에서도 가족건강성 변인을 중요하게 다룬다. 중국가족의 가족건강성은 유아의 친사회적 행동을 증가시키며, 유아의 자아탄력성에 긍정적인 요인이며(뢰연, 2022, 오금경, 2022), 유아의 문제행동(만정, 김현수, 이성희, 2022)과 관련 있는 것으로 밝히고 있다.

관련 연구를 종합하여 보면, 원가족과의 관계와 경험은 가족건강성과 관련되며, 가족건강성은 자녀발달 및 개인의 삶의 질과 생애발달에 영향을 미치고 있어 가족건강성이 개인의 안녕감에 중요한 한 요인임을 알 수 있다.

학습 TIP 가족강점 평가도구

건강한 가족의 특성은 6가지 범주로 나눌 수 있다. 각 문항의 내용을 자기 가족이 가진 '강점(strength)'으로 여긴다면 ○를, 앞으로 더욱 '성장(growth)'시켜 나가야 할 필요가 있다고 여겨지면 △를 왼쪽 번호 옆에 적는다. 특정 문항의 내용을 자기 가족에게 적용시킬 수 없거나 중요하지 않다고 여기면 X라고 적는다. 이 척도를 통해 평가해 봄으로써 가족의 성장과 긍정적 변화를 촉진할 수 있는 가족강점을 발견할 수 있다.

1. 헌신

1	우리 가족은 '항상 함께'한다.	
2	부부관계를 우리 가족의 핵이라 여기고 성장시키려고 한다.	
3	우리 부부는 서로 성적으로 충실하게 대한다.	
4	우리는 서로를 소중한 사람으로 여기고 서로에게 가치를 부여한다.	
5	우리는 서로를 배려하고 돕는다.	
6	우리는 가족 공통의 목표를 세우며 산다.	
7	우리는 직장을 포함한 바깥활동보다 가족에게 우선을 둔다.	

8	우리는 서로 정직하다.	
9	우리는 좋은 가족전통을 만들어 가려고 한다.	
10	우리는 필요할 때 서로 인내할 줄 안다.	
11	우리는 서로 무조건적인 사랑을 한다.	
12	우리는 서로 의지하며 산다.	
13	우리는 가족을 위해 희생할 줄 안다.	
14	가족에 대한 전반적인 헌신의 정도는? ○인가? △인가?	

2. 고마움과 애정 표현

15	우리는 서로 고마움을 표현할 줄 안다.	
16	우리는 서로에게 깊고 진정한 애정을 느낀다.	
17	우리는 서로 심한 비판을 하지 않는다.	
18	우리는 긍정적으로 말한다.	
19	우리는 서로 상대방이 잘한 일을 인정해 준다.	
20	우리는 서로 상대방의 좋은 점을 볼 줄 안다.	
21	우리는 서로(다이아몬드를 캐듯이) 좋은 점을 찾으려고 애쓴다.	
22	우리는 진지하게 감사나 고마움을 표할 줄 안다.	
23	우리는 집에서나 남에게나 예의 바르고 정중하다.	
24	우리는 상대방에게 빈정대거나 상대방을 깎아내리지 않는다.	
25	우리는 긍정적인 유머를 많이 사용한다(상대방을 당황하게 하거나 상처 주지 않는 농담).	
26	우리는 칭찬이나 찬사를 고맙게 받아들인다.	
27	우리는 가정을 즐거운 보금자리로 만들려고 한다.	
28	우리는 서로 자기존중감을 강화시켜 주려고 한다.	
29	우리는 함께 있으면 편안함과 안정감을 느낀다.	
30	우리 가정의 전반적인 고마움이나 애정표현 정도는? ○인가?△인가?	

3. 긍정적인 커뮤니케이션

31	우리는 커뮤니케이션(대화나 토론)하는 시간을 갖는다.	
32	우리는 긍정적인 커뮤니케이션을 한다.	
33	우리는 서로의 말에 귀를 기울인다.	
34	우리는 메시지의 의미를 잘 점검한다(피드백을 보내고 명료화시킴).	
35	우리는 상대방의 입장에서 보려고 한다(공감하기).	
36	우리는 비판 · 판단 · 군림을 삼간다.	
37	우리는 정직하고 진실하다(그리고 친절하다).	

38	우리는 의견이 어긋나도 수용한다.	
39	우리는 갈등이 있어도 한 번에 한 가지씩 다룬다.	
40	우리는 갈등이 생길 때 상대방의 인격을 공격하지 않고 구체적인 문제에 초점을 맞춘다.	
41	우리는 갈등을 해결할 때 타협이나 합의를 찾는다(누가 이기고 누가 지는 방법이 아니라).	
42	우리는 상처 주는 말이나 행동을 삼간다.	
43	우리는 차이가 있어도 이해하고 수용하려고 한다.	
44	우리는 가정의 전반적인 긍정적 커뮤니케이션의 정도는? ○인가? △인가?	

4. 함께 시간 보내기

45	우리는 정기적으로 함께 식사한다.	
46	우리는 집안일을 함께한다.	
47	우리는 집 안에서 함께 즐기는 시간을 갖는다(놀이나 게임).	
48	우리는 가족이 함께 종교활동에 참여한다.	
49	우리는 학교나 사회활동에 함께 참여한다.	
50	우리는 함께 모여 생일이나 기념일을 축하해 준다.	
51	우리는 가족휴가를 갖는다.	
52	우리는 각자의 동료관계를 즐거워한다.	
53	우리는 계획하지 않아도 저절로 즐거운 시간을 가지게 된다.	
54	우리는 서로 함께할 수 있는 시간을 마련한다.	
55	우리가 함께 보내는 시간은 즐겁거나 유익하다.	
56	가족과 함께 보내는 시간의 전반적인 평가는? ○인가?△인가?	

5. 영성적 차원*

57	우리는 신과 종교 관련 활동이 우리 삶에 어떤 목적을 가지고 계신을 믿는다.	
58	우리는 우리의 삶을 인도할 도덕적 신념과 가치를 가지고 있다(정직, 책임감).	
59	우리는 인내, 용서 그리고 분노표현의 절제와 같은 미덕을 실천한다.	
60	우리는 어려운 시기라도 내적 평화를 누릴 수 있다.	
61	우리의 삶은 희망적이고 신뢰할 수 있다고 믿는다.	
62	우리는 어떤 보이지 않는 힘이 우리의 가족을 돌보고 인도해 주시리라 믿는다.	
63	우리는 성실하고 옳은 영성을 가진 가족이나 친구와 교류한다.	
64	우리는 일상생활에서 영성적 가치를 실천하려 한다(예 봉사와 가르침).	
65	우리는 믿음에 관한 극단적이거나 끝없는 논쟁을 삼간다.	
66	영성적 차원에 대한 가정의 전반적 평가는? ○인가?△인가?	

6. 스트레스와 위기 대처

67	우리는 사소하고 성가신 스트레스는 무시할 수 있다.	
68	우리는 사소한 근심에 관심과 정력을 쏟지 않는다.	
69	우리는 일상의 고투나 도전이 큰 목표 달성을 위한 단계라고 믿는다.	
70	우리는 유머나 건설적인 농담을 통해 스트레스와 긴장을 해소한다.	
71	우리는 앞으로 있을지도 모를 일을 놓고 걱정하지 않는다.	
72	우리는 스케줄이 너무 복잡할 때는 줄일 줄 안다.	
73	우리는 중요한 일에 우선 관심과 정력을 쏟는다.	
74	우리는 여가활동과 취미생활을 즐긴다.	
75	우리는 야외활동이나 레크리에이션을 즐긴다.	
76	우리는 정기적으로 운동을 한다.	
77	우리는 상황이 나빠도 긍정적인 면을 보려고 한다.	
78	우리는 위기에 처하면 마음을 모아 대처하려고 한다.	
79	우리는 위기상황에 놓이면 서로 지지해 주려고 한다.	
80	우리는 힘들 때 친구 · 교회 · 이웃으로부터 도움을 구한다.	
81	우리는 위기상황에 처할 때 전문가의 도움을 구한다.	
82	우리는 위기상황에서 영성적 자원(하느님의 도움, 신앙, 희망)을 활용한다.	
83	우리는 위기상황을 개인이나 가족의 성장 기회로 여긴다.	
84	우리는 좋은 커뮤니케이션을 통해 감정을 나누고 문제를 해결하려고 한다.	
85	우리는 변화에 유연하게 대처하고 잘 적응해 나간다.	
86	가족 스트레스와 위기 대처에 대한 전반적인 평가는? ○인가? △인가?	

출처: 환상적인 가족 만들기, Nick & Nancy Stinnet, Joe & Alice Beam, 제석봉, 박경 역, 학지사(2004), pp. 261-266에서 재구성.

* 영성적 차원에 대한 점검질문 문항에서 자칫 영성을 특정 종교만을 지칭하는 것으로 오해될 소지가 있어 일부 문항은 삭제하고, 일부 문항은 문장을 수정하여 제시하였음.

핵심용어

- 건강가정(건강가족), 가족강점, 가족 기능성

학습 실천과제

- 건강가정(건강가족)의 개념에 대한 비판적인 논쟁들에 대해 논의해 봅시다.
- 건강가족의 구성요소와 특성들을 기술해 봅시다.
- 각자 자신의 가족이 지니고 있는 특성을 건강가족적 관점에서 파악해 봅시다.

Chapter 03

건강가정에 관한 이론적 접근

학습목표

- 건강가정과 관련된 이론들에 대해 이해할 수 있다.
- 건강가정과 관련된 이론들을 건강가정에 적용할 수 있다.

건강가정을 설명하는 데 적용되는 이론적 접근은 다양하다. 현대사회의 가정과 가족이 갖는 사회문화적 의미가 다양하고 가족의 구조와 기능, 가족원의 역할과 지위, 가족관계 등이 시대에 따라 끊임없이 변하기 때문이다. 제3장에서는 건강가정에 대한 연구 분야와 실천에 널리 적용되는 몇 가지 이론을 중심으로 살펴보고자 한다.

1. 가족체계이론과 적용

가족체계이론(family system theory)은 가족에 대해 체계론적 관점을 적용한 이론이다. 가족은 주변의 사회환경과 끊임없이 상호작용하며, 사회환경과의 상호작용을 통해 가족의 기본 욕구를 충족시키기 위한 필수자원과 지지를 확보한다. 체계로서의 가족은 구조와 기능에 균형을 유지하려는 속성을 갖는 것으로, 역동적인 균형상태를 유지하기 위한 체계의 경향성을 가진다(구혜영, 2009). 가족체계이론은 가족의 복잡한 내외적 환경 속에서 어떻게 적응하고 성장해 가는지를 중요하게 다룬다. 또한, 가족을 하나의 체계로 바라보며 가족 안에서 가족원들이 어떻게 관계를 맺으며 외부체계와는 어떻게 교류하는지를 밝히고자 한다. 가족체계 내부 또는 가족과 외부체계 사이에서 발생하는 스트레스를 이해할 뿐 아니라 이에 대처하는 가족의 적응방식도 다룬다. 가족은 가족구성원들이 서로 영향을 주고받으며 하나의 체계로 움직이는 것으로, 가족구성원들의 상호작용과 움직임에는 가족구성원들의 경계, 가족신화, 위장(가면, 신비화), 희생양, 의사소통, 상호작용 방식, 문제해결방법, 역할분담의 등의 요소가 포함된다. 이와 관련된 개념을 소개하면 다음과 같다.

1) 주요개념

(1) 가족 하위체계

가족 하위체계는 부부 하위체계, 부모 하위체계, 형제자매 하위체계, 부모-자녀 하위체계 등이 있다. 부부 하위체계는 가족이 중심체계로서 사랑과 친밀성을 전제로 상호 지지와 협동이 있어야 하고, 동시에 서로 독립적으로 행동할 수 있는 능력이 있어야 한다. 부모 하위체계는 자녀에 초점을 두고 전체 가족을 이끌어 가는 책임과 리더십을 갖는다. 형제자매 하위체계는 대부분 같은 세대로 이루어지므로 동년배 정신과 우정을 발달시킨다. 부모-자녀 하위체계는 세대가 다른 가족원들로 구성되므로 다른 어떤 하위체계보다 더 역기능적이 되기 쉽다. 따라서 부모는 자녀에게 엄격함과 허용의 수준을 적절히 조화시켜야 한다(조흥식 외, 2010). 이들 하위체계는 체계 간 경계가 명확하고 서로 개방적인 의사소통의 교류가 많을수록 건강한 가족이다. 가족구성원은 여러 하위체계에 동시에 소속되어 있기 때문에 어떤 하위체계에 소속되느냐에 따라 다른 상호작용을 일으키며 그 상황에 따라 다른 보완적 관계를 맺게 된다. 하위체계들은 위계질서를 가지고 있어서 하위체계와 상위체계로 구성된다. 문제 발생은 가족체계의 다른 구성원의 행동에 영향을 주기도 하고 받기도 한다.

(2) 가족항상성

가족항상성(homeostasis)은 가족 내에서 일어나는 내적이고 지속적인 관계를 유지해 주는 상호작용적 과정을 뜻하며 내적인 균형을 보장해 준다. 가족 간에 존재하는 균형 상태가 위협을 받으면, 마치 온도에 따라 자동 조절되는 난방장치처럼 예전의 평온한 상태로 돌아가려고 한다. 가족항상성은 그들의 가족규칙을 활성화함으로써 지속적인 관계를 유지하도록 한다. 즉, 모든 가족구성원은 칭찬하기나 야단치는 것과 같이 상대방의 행동을 강화하는 피드백을 통해 가족의 균형을 유지하는 경향이 있다. 이 항상성은 가족원들에게 변화 가능성을 허용하는 형태발생성(morphogenesis)의 정도와 적절한 조화를 이루어야 개발체계로서 긍정적인 기능이 유지된다.

(3) 가족규칙

모든 가족은 일상생활을 영위하기 위해 가정 안에서 누가 어떤 일을 할 것인가의 규칙을 갖게 되며 가족구성원은 그것에 따라 행동하게 된다. 가족 내에는 암묵지인 규칙이 존재하며, 가족구성원은 규칙에 지배를 받는다. 가족원의 반복되는 상호작용을 통해 규칙은 조직화되어 은연중에 불문율이 만들어진다. 그러므로 이러한 규칙들을 알게 되면, 가족들이 서로 간의 관계를 어떻게 규정짓고 있는지 알게 된다. 가족치료에서는 가족의 성장과 성숙을 방해하는 가족의 역기능적인 규칙을 찾아내어 이를 수정시킴으로써 가족구성원의 자유로운 성장을 도울 수 있다. 가족규칙은 가족의 항상성 유지를 위해 가족구성원들에게 특정한 방식으로 행동하는 것을 허용 또는 허용하지 않을 수 있으며 가족들 간에 지켜야 할 의무나 태도에 대한 구체화된 지침이다.

(4) 가족경계선

가족이 건강하게 기능하기 위해서는 체계의 경계가 명확해야 한다. 경계는 체계를 보호하는 기능을 한다. 가족의 경계는 명확하면서 융통성 있는 것이 바람직하며 경계가 지나치게 경직되었거나 혼란한 경우에는 가족 내 문제가 발생할 가능성이 높다. 체계가 더 복잡해질수록 체계를 사정할 때 가족이 개방체계로서 기능할 수 있는 능력, 가족원의 계급질서, 역할이 분담되는 방법과 가족 내 행동기준들이 가족과 외계와의 경계를 규정짓는 규칙 등을 함께 고려해야 한다. 예를 들어, 가출한 두 청소년의 경우 한 청소년은 가족이 지나치게 간섭하고 관여하기 때문에 밀착된 상태에서 가출했다면 자유로움과 독립을 갈망하는 메시지일 수 있다. 반면, 다른 한 청소년은 가족원 간에 서로 관심과 사랑, 존중을 갈망하여 가출했다면 그러한 행동은 가족의 관심과 사랑을 갈망하는 메시지일 것이다. 따라서 건강한 가족은 충분한 소속감과 애정을 유지하면서 서로 간에 적절한 독립성을 유지하는 가족이다.

(5) 순환적 인과성

가족 내에서 일어나는 문제는 원인과 결과가 순환적인 관계를 형성하고 있다. 가족 내 한 구성원의 변화는 다른 구성원이 반응하게 하는 자극이 되고, 이 자극은 다른 가족에게 영향을 미치게 되어 전체에 영향을 준다. 이 영향은 처음 변화를 유발한 구성원에게 다시 순환적으로 영향을 미친다. 그러므로 가족구성원의 행동은 단선적이 아니라 순환반응적이기 때문에 가족구성원과 그들 사이에서 발생하는 사건들은 상호영향, 상호작용의 맥락 속에서 존재한다(김은수, 2008).

즉, 가족문제는 가족문제를 일으키는 특정 인물의 문제가 아닌 순환 중인 가족관계체계의 맥락 속에서 파악되고 이해될 수 있다. 문제가 있는 가족에는 문제를 일으키는 사람이 존재하기보다는 문제를 일으키는 상호작용 유형이 지속적으로 존재하기 때문이다.

(6) 가족 삼각관계

가족구성원이 정서적 관계를 맺을 때 두 사람 사이에 수용하기 어려운 문제가 생기면 2인 체계는 긴장을 줄이려는 희망으로 세 번째 요소인 제삼자나 문제를 끌어들여 삼각관계를 형성한다. 삼각관계는 가족의 역기능을 일으킬 수도 있지만 때로는 좀 더 자유롭게 효과적으로 기능하도록 하는 대안이 될 수 있다.

(7) 스트레스에 대한 대처와 유능성

스트레스는 개인과 환경 사이의 교류에서 지각된 요구와 이를 충족시키는 자원이 불균형을 이룰 때 발생한다. 가족들은 불가피하게 다양한 스트레스를 경험한다. 그러나 가족 안에 스트레스가 있다고 항상 문제가 되는 것은 아니다. 가족원들이 긍정적인 자아존중감을 가지고 자신을 유능하다고 지각하는 경우에는 스트레스에 잘 대처할 수 있다. 이러한 측면에서 유능성은 개인과 환경이 효과적으로 상호작용하는 능력으로서 유능성이 높은 가족원은 다양한 스트레스에 직면하여 건강한 자아개념 및 효능감을 최대한 발휘할 뿐만 아니라 필요한 외부자원을 동원하여 문제에 적극 대처하는 경향이 있다.

(8) 환경체계

환경체계란 개인을 둘러싸고 있는 4가지 수준의 체계와 그 체계들 사이의 위계로 미시체계, 중간체계, 외체계, 거시체계로 나누어진다(Bronfenbrenner, 1979; 최옥채 외, 2007).

미시체계(micro system)란 가족과 일상적으로 겪게 되는 상황이면서 동시에 개인이 직접 접촉하는 물리적 환경으로 놀이터, 학교, 동아리, 또래친구, 교회친구, 형제자매, 학교 선생님 등이 있다. 이는 가족의 성장과 발달에 기본이 되는 체계로 좀 더 넓은 수준의 체계에서 성공할 가능성을 제공한다. 중간체계(meso system)는 상호작용하고 있는 여러 개의 미시체계이다. 예를 들어, 가정과 학교의 관계, 학교와 직장의 관계 등을 포함한다. 외체계(exo system)란 개인이 직접 참여하지는 않지만 그 개인의 발달에 일정한 영향을 주는 환경체계이다. 예를 들어, 부모의 직장은 그 자녀에게 직접적인 영향은 주지 않지만 부모가 일하는 직장환경은 자녀 양육에 간접적으로 영향을 미친다. 거시체계(macro system)는 일반적으로 문화, 정치, 종교, 경제 정책과 같이 광범위한 사회적 맥락을 포함하며, 개인의 삶에 직접 개입하지는 않지만 속성상 사회구조적인 맥락을 포함하고 있어 가족원들의 생활에 간접적으로 영향을 미친다.

2) 건강가정에의 적용

가족체계이론은 건강가정에 대해 다음과 같은 적용점을 갖는다. 가족과 가족문제를 바라보는 개념적 틀로서 유용하다. 가족체계이론은 가족원에게 개별적으로 접근하기보다는 한 단위로 전체적으로 바라본다. 이 특성은 건강가정실천현장의 실천가들에게 가족을 하나의 체계로서 총체성(wholeness)을 가지고 접근하는 개념적 틀을 제공한다. 가족은 내부 하위체계의 상위체계이자 더 넓은 사회체계의 하위체계로 존재한다. 가족문제란 가족체계 내부 및 외부와의 상호작용에서 발생하는 역기능 또는 적응상 불균형을 의미한다. 가족문제를 사정할 때도 문제와 관련된 다양한 체계(미시체계, 중간체계, 외체계, 거시체계 등)를 고려하여 정보를 얻고 가족의 역기능을 변화시키는 개입에서도 적용할 수 있다. 따라서 가족체계이론은 가족문제에 대해 접근할 때 특정 방법이나 기술보다는 가족과 가족문제를 폭넓게 이해하고 사정하는 개념 틀로서의 유용성이 나타난다.

2. 가족발달이론과 적용

가족발달이론은 1930년 미국의 농촌사회학자와 경제학자들에 의해 가족발달이라는 용어가 사용되면서 시작되어 1950년대부터 본격적으로 체계화되어 만들어진 이론이다(김희성 외, 2009). 가족이 경험하는 사건과 변화에 따라 가족마다 그들만의 독특한 방식으로 발달을 경험한다. 또한, 같은 가족 내에서 성장한 자녀들도 그 자녀마다 경험한 가족이 다르므로 역동성도 다르게 나타난다.

가족발달이론은 각 단계에서 예측 가능한 가족발달과업을 잘 정리해 주어 가족기능 중 우선순위를 두어야 할 과업을 아는 데 도움을 준다. 가족발달이론은 건강가정을 논의하는 데 있어 가족이 각 단계에서의 발달과업을 성공적으로 수행하며 다음 단계로 잘 이행하고 발달해 가는지에 관한 판단의 근거가 될 수 있다.

1) 기본개념

가족발달이론은 가족이 생성·확대·소멸을 계속하며 변화·성장할 수 있는 집단임을 강조한다. 생성·확대·소멸을 결정짓는 사건이나 시기를 어떻게 정의하느냐는 학자마다 다양하다. 그러나 시간의 흐름에 따른 가족의 변화과정에 주목한다는 점에서 가족발달은 중요한 의의를 가진다. 가족의 시간은 각 가족이 내적으로 성원들의 생물학적·심리학적·사회적 요구를, 외적으로는 사회적 기대 및 생태학적 환경에 의해 결정된 일련이 발달단계를 거친다고 가정한다(정현숙, 2001). 따라서 가족발달이론은 기본적으로 인간발달과 시간이 이론 설명의 중요요소임을 가정한다.

가족발달이론에서는 가족이 생성되어 그 성장이 한 단계에서 다음 단계로 이동하는 것을 가족발달이라고 본다. 그러나 발달과정상 한 단계에서 다음 단계로의 이동은 새로운 발달과업의 수행을 요구하며 이것은 생활의 긴장(스트레스)을 만드는 요인이 된다. 따라서 발달과업을 성공적으로 수행해 내면서 긴장 상태를 해결해

가는 것이 건강가정을 이루는 기본이 된다. 발달과업은 가족 내에서 중요한 역할을 재배열하고 변화시키며 발전시키는 데 요구되는 것으로 가족구성원의 증가나 감소 또는 새로운 규범의 출현으로 인해 계속 변화한다. 발달과업이 한 단계에서 성공적으로 수행되지 않으면 다음 단계로의 진행을 방해하므로(김희성 외, 2009) 가족발달이론에서는 건강가정의 유지를 위해 주어진 발달과업을 강조한다. 건강가정은 가정생활의 긴장을 줄이고 성공적인 발달과업을 강조하며, 성공적인 과업수행을 위해 생애주기별 과업에 대한 사전지식과 과업수행능력의 습득이 필요하다. 이 이론의 주요개념으로는 가족생활주기, 단계, 전이, 규범, 역할, 사회적 지위, 발달과정 등이 있으며, 건강가족 분야에서는 가족생활주기에 따른 결혼 만족도, 부부의 의사소통, 권력, 취업, 의사결정, 갈등 등을 연구한다. 가족유형별 가족생활주기를 살펴보면 다음과 같다.

(1) 핵가족의 가족생활주기

가족의 생활주기가 어떻게 구성되고 각 단계별 과업이 무엇인지에 대한 논의는 학자마다 다르다. 이 분야의 대표적인 학자로 알려진 듀발(Duvall, 1977)은 2세대 핵가족을 중심으로 8단계의 가족생활주기를 제시하였다(조흥식 외, 2010: 127-128). 핵가족의 가족생활주기는 두 사람이 결혼하여 가정을 이루고, 자녀를 낳아 키워 독립시킨 후 남은 삶에 적응해 가는 과정이다. 부부와 자녀중심의 단계별 특징과 과업은 〈표 3-1〉과 같다.

표 3-1 듀발이 제시한 핵가족의 가족생활주기

가족생활주기 단계	가족 내 지위	가족 발달단계에 따른 과업
1. 결혼 전기	• 아내 • 남편	• 서로 만족하는 결혼 • 임신에 대한 적응과 부모가 되는 것에 대한 희망
2. 신혼기	• 아내 - 모 • 남편 - 부 • 유아(딸, 아들)	• 아이를 낳고 아이에 적응하고 아이의 발달을 고무 • 부모와 아이 모두에게 만족스러운 가족을 꾸미는 것

가족생활주기 단계	가족 내 지위	가족 발달단계에 따른 과업
3. 자녀 아동기	• 남편 - 부 • 딸 - 자매 • 아들 - 형제 • 아내 - 모	• 학령 전 아동의 욕구와 관심을 성장지향적으로 적응하도록 하는 것 • 부모역할로 인한 에너지 소모와 프라이버시가 없어지는 문제에 대한 대처
4. 자녀 학동기	• 아내 - 모 • 남편 - 부 • 딸 - 자매 • 아들 - 형제	• 건설적인 방법으로 학령기 아동을 가진 가족집단에 적응 • 아동의 교육적 성취를 고무
5. 자녀 청소년기	• 아내 - 모 • 남편 - 부 • 딸 - 자매 • 아들 - 형제	• 10대 성숙을 위해 책임과 자유의 균형을 이루도록 하고 스스로를 해방 • 나이 들어가는 부모로서의 관심과 경력을 설정
6. 자녀 독립기	• 아내 - 모 - 조모 • 남편 - 부 - 조부 • 딸 - 자매 - 이모 • 아들 - 형제 - 삼촌	• 성인이 된 자녀들을 직장 · 군대 · 대학 · 결혼 등으로 내보내되 적절한 격식과 도움을 줌 • 지지적인 가정을 유지
7. 중년기	• 아내 - 모 - 조모 • 남편 - 부 - 조부	• 결혼관계를 재정립 • 젊은 세대와의 유대 유지
8. 노년기	• 과부/ 홀아비 • 아내 - 모 - 조모 • 남편 - 부 - 조부	• 유족 및 홀로되는 것에 대한 대처 • 가정을 마감하고 노화에 적응 • 은퇴에 대한 적응

출처: Duvall(1977).

(2) 대가족의 가족생활주기

대가족이 경험하는 가족생활주기는 핵가족과는 다소 다르다. 이와 관련하여 카터와 맥골드릭(Carter & McGoldrick, 1988)은 3세대 이상이 대가족체계를 중심으로 〈표 3-2〉와 같이 6단계의 가족생활주기를 제시하였다. 전반적으로 보면, 카터와 맥골드릭은 앞서 제시한 듀발과는 달리 결혼 전 원가족으로부터의 분화를 시작으로 자신 및 배우자의 확대가족과 좋은 관계를 형성 · 유지하는 등 좀 더 넓은 범위의 가족관계와 과업을 고려하고 있다. 이러한 대가족의 생활주기는 가족주의 가치관이 강한 우리의 가족을 이해하는 데 유용한 도움을 받을 수 있다.

표 3-2 카터와 맥골드릭이 제시한 대가족의 가족생활주기

가족생활주기 단계	단계별 정서적 이슈	다음 단계로 이행하는 데 필요한 가족과업
1. 결혼 전기	• 부모-자녀 간 분리를 받아들이는 것	• 원가족과 관련된 자아의 분화 • 친밀한 동년배 관계 확대 • 직업에서의 자아 설정
2. 신혼기	• 새로운 체계에 관여하고 헌신하는 것	• 결혼체계의 형성 • 배우자의 확대가족 및 친구와의 관계 정립
3. 자녀 아동기	• 가족경계의 융통성을 증가시키는 것	• 자녀를 위한 공간을 만들 수 있게 결혼체계에 적응 • 부모역할 수행 • 부모역할 및 조부모역할을 포함한 확대가족과의 관계 정립
4. 자녀 청소년기	• 새로운 구성원을 가족체계로 받아들이는 것	• 청소년이 가족체계의 안팎을 넘나들 수 있도록 부모-자녀관계를 변화시키는 것 • 중년의 결혼 이슈에 초점 • 노년기에 대해 관심 갖기 시작
5. 자녀 독립기	• 가족체계에서 나가고 들어오는 것을 수용하는 것	• 2인 결혼체계에 대한 재협상 • 부모-자녀관계를 성인관계로 발전시키는 것 • 시부모와 손자녀의 관계 설정 • 부모(조부모)의 장애와 죽음에 대한 대처
6. 노년기	• 세대 간 역할 변화를 받아들이는 것	• 신체적 노쇠 앞에서 자신과 배우자의 기능 및 관심 유지: 새로운 친밀관계 및 사회적 역할 탐구 • 중년세대가 중심역할을 하도록 지원 • 노년기의 지혜와 경험으로 가족체계 내에 여유 만들기: 노년기에 대한 과잉기능 없이 노년세대 지지 • 배우자 · 형제 · 친구의 상실에 대한 대처 및 죽음에 대한 준비: 생에 대한 재검토 및 통합

출처: Carter & McGoldrick(1988).

(3) 이혼 및 재혼가족의 가족생활주기

최근 출산율이 지속적으로 감소하고 이혼 및 재혼율이 증가하면서 시대 변화에 맞는 다양한 가족생활주기에 대한 관심이 높아지고 있다. 특히, 이혼가족과 재혼가족의 경우 전통적인 일반가족과는 달리 나름의 독특한 발달단계를 경험할 뿐 아니라 그에 따른 내외적 과업이 존재한다. 이와 관련하여 카터와 맥골드릭(1988)은 이혼가족과 재혼가족의 생활주기를 제시한 바 있다(박태영, 2003). 그들에 따르면, 이혼가족의 경우에는 ① 이혼에 대한 결정, ② 가족체계의 해체 계획, ③ 별거, ④ 이혼, ⑤ 이혼 후 한부모의 단계를 경험한다. 이혼과정은 부부 두 사람만이 아니라 자녀가 있을 경우 가족원이 모두 아픔을 경험하는 중대한 생활사건이다. 따라서 이혼으로 인한 과업을 원만하게 처리하지 못할 경우, 그 피해는 자녀들의 삶에 부정적으로 나타난다. 재혼가족의 경우에는 ① 새로운 관계 시작, ② 새로운 결혼생활과 가족에 대한 개념화와 계획, ③ 재혼과 가족의 재구성이라는 단계를 밟는다. 재혼가족은 이전의 가족관계에서 이미 갈등과 위기를 겪은 경우가 많기 때문에 새로운 가족을 형성할 때는 유사한 문제가 다시 발생하지 않도록 신중할 필요가 있다. 관계 상실로 인한 상처를 다루는 것과 2개의 가족체계 내에서 겪는 두려움, 충성심에 대한 갈등, 소속감 등의 문제도 중요하게 다루어야 한다.

(4) 우리나라의 가족생활주기

우리나라는 그동안 산업화와 도시화 그리고 최근의 심각한 경제난을 겪으면서 가족의 구조와 기능, 가족관계, 가족에 대한 가치관 등에서 많은 변화가 있었다. 또한, 위에서 살펴본 가족생활주기와는 다소 거리가 있다. 이러한 측면에서 우리 가족이 갖고 있는 독특성을 담고 있는 가족생활주기에 대한 연구는 매우 중요한 과제이다. 이와 관련하여 유영주(1984)는 〈표 3-3〉과 같은 가족생활주기를 제시하였다.

- 형성기: 결혼부터 첫 자녀의 출산 전까지
- 자녀 출산 및 양육기: 첫 자녀의 출산부터 첫 자녀의 초등학교 입학 전까지
- 자녀 교육기: 첫 자녀의 초·중·고등학교 교육시기
- 자녀 성인기: 첫 자녀가 대학에 다니거나 취업, 군 복무, 가사를 협조하는 시기
- 자녀 결혼기: 첫 자녀의 결혼부터 막내 자녀의 결혼까지
- 노년기: 막내 자녀의 결혼부터 양쪽 배우자의 사망까지

표 3-3 가족생활주기 단계에 따른 가정생활 과제

가족생활주기 단계		특징과 과제
형성기	신혼기	• 새로운 가정과 부부관계 기초 확립 • 부모가정과의 협력관계 • 가정의 장기 기본계획 수립(교육, 주택, 노후 설계) • 가족계획(임신 · 출산 준비) • 주부의 가사노동 합리화 • 부부와 함께하는 여가생활 계획 • 가계부 기록
	유아기	• 유아중심의 생활 설계 • 유치원 · 놀이방 활용계획 • 조부모와의 협력관계 • 가사노동 능률화와 시간의 합리화 • 자녀의 성장에 대한 교육비와 주택중심의 장기 가계계획 재검토 • 부부역할의 재조정
확대기	학교교육 전기	• 가족의 여가를 위한 지출계획 • 자녀의 교육비와 부부의 교양비 설계 • 자녀 성장에 따른 용돈계획 • 자녀의 공부방 계획 • 자녀 성장에 따른 부부역할 재검토 • 단체활동 참가
	학교교육 후기	• 자녀의 진학과 교육비 계획 • 자녀의 학습환경 설계 • 수험생 자녀를 위한 의식주 계획 • 주부의 의 · 식생활 재검토 • 자녀의 역할 분담 • 성인교육 참가계획
축소기	자녀 독립기	• 부부관계 재조정 • 부인회 활동 및 단체활동에 적극 참가 • 자녀 부부와의 역할기대 관계 조정 • 노후를 위한 가계 소득, 지출의 설계 • 유산 분배계획 • 자녀의 취직 · 결혼지도
	노부부기	• 노후생활 설계 • 건강과 취미를 위한 자주적 생활시간 설계 • 사회적 활동시간 • 성인병 예방, 건강증진계획 • 취미 · 문화그룹에 참가 • 노인학교, 노인그룹 참가

출처: 최경석 외(2003). 한국 가족복지의 이해(제2판).

2) 건강가정에의 적용

어떠한 이론도 완벽한 이론은 존재하지 않는다. 가족발달이론도 예외는 아니다. 가족발달이론은 서구에서 만들어진 가족생활주기로, 부모와 자녀로 구성된 핵가족을 대상으로 하여 자녀의 나이를 기준으로 단계를 구분함으로써 최근 증가하는 다양한 형태의 가족에는 적용할 수 없다. 핵가족이라도 가족들의 경험과 생활사건 등을 모두 포괄하고 고려할 수 없다는 점에도 불구하고 유용성이 존재한다. 현장에서 가족을 도와주는 실천가들에게 가족문제를 파악하고 해결하는 데 적용점을 갖는다. 가족이 당면하고 있는 문제와 발달주기상의 발달과업과 어떠한 연관성이 있는지를 파악하는 것은 가족 개입에 있어 필수적이다. 즉, '가족이 처한 가족발달단계는 어느 단계인가?', '이 단계에서 발달과업은 무엇인가?' 등을 질문할 수 있고, 이러한 질문을 통해 가족의 발달과업과 과업성취 정도 및 과업수행에 따른 스트레스와 갈등의 문제도 파악할 수 있다.

또한, 가족발달이론에 의해 건강가정이 되기 위한 가족발달주기에 맞춘 생애주기별 교육이 필요함을 알 수 있다. 자녀의 발달단계에 따라 부모 준비교육, 아동기 부모교육, 청소년기 부모교육 등을 실시할 수 있고, 중년기에 노후 준비와 성공적인 부부관계를 위한 준비가 중년기에 이루어져야 한다. 성공적인 노년기를 위해 부부교육과 상담, 성인 자녀와의 관계 향상, 배우자와 자신의 죽음을 수용하는 등의 준비교육이 필요하다. 즉, 가족발달이론은 건강가정사업이나 프로그램을 기획하는 데 있어 예방과 관련된 생애주기별 가족교육의 중요성을 설득하는 데 중요한 근거를 제공한다.

3. 상징적 상호작용 이론과 적용

1) 주요개념

실용주의 전통을 이어받은 상징적 상호작용론은 20세기 초 인간행동을 체계적으로 연구하는 데 있어서 새로운 과학적 개념과 접근을 도입하고자 했던 미국인들의 관심과 열의를 사로잡았다. 새로운 세기, 새로운 학문 그리고 도시 산업사회가 뒤섞이면서 상징적 상호작용 이론의 핵심적 가정들을 강조하는 분위기를 고조시켰다. 상징적 상호작용 이론은 3가지 핵심주제를 나타내는 7가지 가정들로 다음과 같이 요약할 수 있다.

(1) 주제와 가정

상징적 상호작용 이론의 주제는 인간행동에서 갖는 중요성, 자아개념의 발달과 중요성, 개인의 자유와 선택 제약 사이의 관계에 초점이 있다. 이에 따른 각각의 가정은 〈표 3-4〉와 같다.

표 3-4 상징적 상호작용 이론의 주제와 가정

주제	가정
인간행동에서 의미가 갖는 중요성	1. 인간은 사물이 그들에 대해 지니는 의미에 근거하여 사물에 대해 행동한다.
	2. 의미는 사람들이 상호작용하는 과정에서 나타난다.
	3. 의미는 개인이 사물을 다루면서 사용하는 해석적 과정을 통해 조정되고 수정된다.
자아개념의 발달과 중요성	4. 개인의 자아개념은 타고나는 것이 아니라 사회적 상호작용을 통해서 자아개념을 발달시킨다.
	5. 발달된 자아개념은 행동에 중요한 동기를 부여한다.

주제	가정
개인의 자유와 사회적 제약 사이의 관계에 초점	6. 개인과 소집단은 그보다 큰 문화적 · 사회적 과정의 영향을 받는다.
	7. 개인들은 일상에서의 사회적 상호작용을 통해 사회구조의 미세한 부분들을 이루어 간다.

(2) 주요개념군

상징적 상호작용 이론의 개념에는 일관되게 등장하는 흥미로운 이론들이 있다. 이 개념군은 4가지로 미시적 개념에서 거시적 차원의 개념으로 나열해 보면 정체성, 역할, 상호작용, 맥락으로 구분된다.

① 정체성

정체성(identities)은 특정 역할에 대한 자신의 의미를 뜻한다. 따라서 배우자 역할에서 개인은 남편이나 아내라는 특정한 자신의 정체성을 구성한다. 어떤 여성은 배우자로서의 자신을 경제적 부양자로 볼 수 있고, 또 다른 여성은 경제적 조력자나 동료로 볼 수도 있다. 일반적으로 정체성은 현저함(salience)에 의해 위계적으로 조직된다. 왜 아버지보다 어머니가 자녀에게 직접적(대면적) 양육행동을 더 많이 하는지 그리고 왜 어머니가 자녀의 심리적 복지에 대해 더 많은 책임감을 느끼게 되는지를 설명할 때 현저함을 적용할 수 있다.

② 역할

역할이란 특정한 사회적 위치를 점하고 있는 사람에게 적용되는 공유된 규범이다(Heiss, 1981). 그것은 역할을 점유한 사람과 그와 상호작용하는 타인들로 하여금 미래의 행동을 예측하고 사회적 상호작용 규칙을 유지할 수 있도록 해 주는 의미의 체계들이다. 예를 들어, 미국 사회에서 조부모의 역할은 손자 · 손녀들에게 선물을 사 주고 아이를 봐 달라는 자녀들의 요청에 응해 주는 것으로 기대된다. 역할은 지식이나 능력, 동기를 구체화할 뿐만 아니라 적절한 범위와 방향 그리고 느낌과 감정에 대한 기대도 구체화한다. 따라서 부모됨과 관련된 규범은 다음과 같은 규정들을 포함한다(Hochschild, 1979). ① 부모역할에 대해서 사람들이 알아야 할 사항들, ② 부모역할 수행을 위한 숙달 정도, ③ 부모됨의 동기나 동기화 정도, ④ 부모역할 수행을 위해 부여해야 하는 정서적 과업의 양과 방향 및 지속기간 등이 규정되어 있다.

③ 상호작용

개인은 사회적 상호작용을 통해 널리 공유되는 상징을 적용하고 자신과 타인 및 상황이 지니는 특별한 의미들을 능동적으로 만들어 간다. 예를 들어, 일상생활에서 자신을 내보이기 위해 언어적 또는 비언어적 단서들을 사용하여 자신의 역할과 정체성의 의미를 전달한다. 타인들에 대해서는 자신을 보여 주었을 때 그들이 반응하는 양식에 대해 추론한다(Goffman, 1978).

④ 맥락

최근 상징적 상호작용 이론자들은 개인과 사회 간 연계의 본질을 구체화하는 개념과 이론 형성에 특별한 관심을 가졌다. 예를 들어, 행위의 정렬이라는 개념의 핵심이 되는 이론적 의미는 문화가 행동을 형성하는 방식과 함께 행동의 문화형성방식을 보여 주는 것이다(Strokes & Heweitt, 1976). 어떠한 용어를 사용하든 관계없이 상징적 상호작용 이론이 지니고 있는 의미론적 가치는 미시적 수준과 거시적 수준의 연계를 소상히 밝히는 데 있다. 상징적 상호작용 이론은 이러한 두 수준을 연계하는 영역에 초점을 두기 때문에 과거뿐만 아니라 앞으로도 계속 가족학에 영향을 미칠 것이다. 이전의 많은 학자가 주장한 바와 같이 가족은 주관적인 것과 객관적인 것 사이의 연계 그리고 대인관계적인 것과 제도적인 것 간 연계의 중요성을 관찰·연구할 수 있는 이상적인 장소이다.

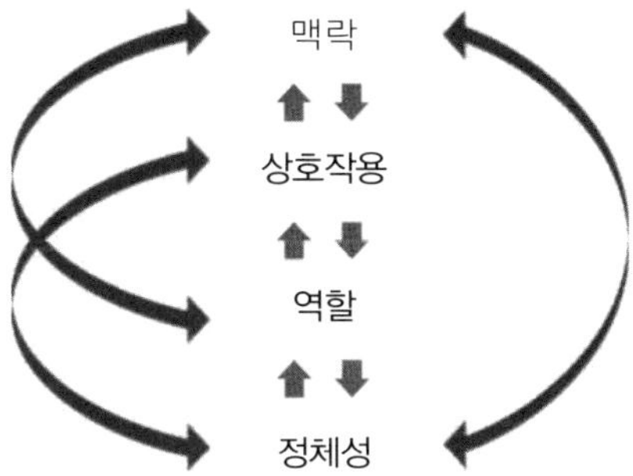

그림 3-1 맥락, 상호작용, 역할, 정체성 간의 관계

2) 건강가정에의 적용

상징적 상호작용 이론자들은 그들이 만든 많은 소개념을 실세 연구에 적용하고자 했으나 그러한 노력에도 불구하고 상징적 상호작용 이론이 형식적 또는 체계적 이론으로 발전하기에 부족한 점이 많다. 또한, 상징적 상호작용 이론자들의 연구가 방법론상 엄격하지 못하다는 비판도 있다. 이러한 비판은 방법론적으로 최소한의 엄격성을 추구하는 질적 방법을 사용한 상징적 상호작용 이론자들의 연구를 언급한 것이다. 또 하나의 비판점은 이 이론이 자신만의 현실을 창조하는 개인의 능력을 과대평가하여 자신이 만든 현실이 아닌 개인이 몸담고 있는 세상에 대해서는 간과한다는 것이다.

상징적 상호작용 이론을 통해 건강가정에 적용할 수 있는 점은 다음과 같다.

첫째, 일반적으로 개인은 사회적 상호작용을 통해서 널리 공유되는 상징을 적용하고 자신과 시간 및 상황이 지니는 특별한 의미를 능동적으로 만들어 간다. 그리고 개인은 이 상호작용을 통해서 자신의 정체성에 기초한 권리와 의무를 따르도록 기대되며, 타인들도 그러한 정체성을 존중해 줄 의무가 있다. 이러한 상호작용의 기본원리는 가족 인에도 그내로 나타난다. 가족원은 각자 자신의 정체성에 기초하여 서로 간에 의미 있는 상호작용을 만들고, 가족 내 건강한 의사소통은 가족원이 성장하고 발달하는 데 중요한 영향을 미친다.

둘째, 가족 안에서 이루어지는 사회화의 기능을 체계적으로 이해하도록 해 준다. 우리 사회에서 가족이 전통적으로 수행하던 많은 기능이 사회로 이전되고 있지만, 아동양육에 따른 사회화 기능은 여전히 가족의 중요한 기능으로 인식되고 있다. 아이는 가족을 통해 그가 태어난 사회에서 공유되는 언어와 문화, 사회적 역할과 성역할, 가치관과 태도 등을 배우고 익히며 한 개인으로서 자신의 존재를 인식하는 자아개념과 내적 정체성을 형성해 간다.

앞으로 상징적 상호작용 이론의 미래 전망은 먼저 자아와 관련하여 다음의 3가지가 가족에 영향을 줄 것이다.

첫째, 정체성 이론은 개인이 역할에서 능동적으로 정체성을 갖고 그것에 몰입하여 현저성을 부여한다고 제시한다. 따라서 정체성, 몰입, 현저함의 수준이 부모역할 행동에 미치는 영향 등은 흥미로운 연구주제가 될 것이다. 예를 들면 아버지의 역할, 자녀중심의 아버지, 부양자 등을 들 수 있다.

둘째, 로젠버그(Rosenberg, 1981)는 자아과정을 4가지로 구분하였다. ① 자신에 대한 타인들의 태도에 의해 평가를 받는 자기성찰적 평가, ② 개인이 자신을 특정한 타인, 집단 또는 사회적 범주에 견주어 판단·평가하는 사회적 비교, ③ 개인이 자신의 행동을 근거로 자기를 기술하거나 능력을 추론하는 자아귀인, ④ 자아개념이 구성요인을 조직하는 심리적 중심성으로 이러한 구성요인에도 관심의 정도와 중요성의 정도에는 차이가 있다. 로젠버그와 펄린(Rosenberg & Pearlin, 1978)은 자아존중감과 사회계층 간의 관계를 살펴보았는데 청소년기에는 중간 정도, 성인기에는 좀 더 강한 관계가 있음을 발견하였다. 발달단계, 계층에 따른 자아존중감과의 관련성을 고려한 개입 프로그램의 필요성이 부각된다.

셋째, 자아존중감 이상의 연구를 행해야 한다(Rosenberg, 1981). 자아존중감이 행동의 동기를 부여하는 자아의 유일한 측면이며 무엇보다도 자기효율성(자신을 원인의 행위자로 지각하려는 욕구)과 권위(의미의 중요성을 인정받으려는 욕구)가 행위의 주요한 배경임을 상기시켰다.

상징적 상호작용 이론은 일반적으로 미시사회학적·사회심리학적 또는 심리사회학적 측면에서 가족을 연구하는 것으로 알려졌다. 전통적으로 거시적 쟁점들을 간과한 것은 사실이나 이 이론의 자체 한계라기보다는 일부 상징적 상호작용 이론자들의 선호와 가치로 보는 것이 옳다. 상징적 상호작용 이론이 가족을 설명하는 모든 것으로 포괄할 수는 없지만 좀 더 거시적인 문제들을 다룰 수 있는 잠재력을 지니고 있다.

4. 교환이론과 적용

1) 주요개념

심리학자나 사회학자 그리고 가족학자들은 광범위한 사회적 쟁점과 대인관계에서 나타나는 쟁점들을 언급하기 위해서 시장은 은유된 말과 그것이 지니는 철학적 관점을 사용해 왔다. 일반적으로 교환이론은 관계가 어떻게 발전되고 어떻게 경험되는지, 관계가 진행될 때에는 어떠한 관계의 유형이나 역동성이 나타나는지, 관계의 안정성을 유지하는 매개요인은 무엇인지에 초점을 두고 연구해 왔다. 교환이론의 핵심개념과 주요 가정은 가족학을 예로 들면, 주로 구애과정과 같은 주제를 연구하는 데 이용되었다. 구체적으로 교환이론은 매력, 만족, 호혜성, 공평성, 몰입, 신뢰 그리고 의존과 같은 요인들이 구애관계를 특징짓는 몰입의 수준을 심화하는 매개요인으로 기능한다고 설명한다. 또한, 교환이론은 가족학자들로 하여금 친밀한 관계를 평가하는 데 있어서 기대가 핵심적 역할을 하므로 이에 초점을 둘 것을 강조한다. 예를 들어, 결혼 만족도 연구는 배우자의 기대와 경험이 동시에 연구되었을 때 좀 더 심층적으로 접근할 수 있다.

교환이론의 틀 속에서는 현재 진행 중인 관계에서 나타나는 공평성, 호혜성, 의사결정, 지배성, 통제, 권력의 유형을 설명할 수 있다. 예를 들어, 부부권력을 연구하고자 한다면 배우자 각자의 자원과 관계에 대한 의존성이 고려되어야 한다. 마지막으로 교환이론은 시간의 흐름에 따른 관계의 안정성을 매개하는 요인들을 설명한다. 종종 결혼은 관계에 만족하기 때문에 안정적인 것으로 가정된다. 그러나 교환이론은 관계에 대한 만족이 관계에서 나타나는 대안이나 제약과 상호작용하면서 관계의 안정성에 영향을 미치는 방식에 관심을 둔다.

다음에 제시될 개념들은 일반적으로 4가지 범주로 분류된다. 즉, ① 각 행위자가 교환관계에 가져오는 특성들로, 이 범주 안에는 자원, 보상과 비용이 되는 것에 대한 견해, 관계에 대한 기대, 대안들에 대한 지각 그리고 교환지향 등이 있다. ② 공정성-공평성과 호혜성의 규범과 같은 교환관계를 규정하는 규범과 규칙들, ③ 관계의 결과에 대한 각 행위자들의 주관적 만족, 공정성과 호혜성의 지각, 상대방에 대한 신뢰, 관계에의 몰입과 같이 관계를 유지할 것인지, 해체할 것인지의 여부를 결정하는 데 영향을 주는 교환관계의 특성 등, ④ 의사결정, 권력, 통제와 같이 관계의 역동을 언급하는 개념들이 있다.

일반적으로 보상은 상호작용하는 개인에게 주는 만족감, 기쁨 등 가치가 있다고 생각되는 모든 것으로, 여기에는 심리적·신체적·사회적인 것이 포함된다. 한편, 교환자원에는 물질적인 것과 비물질적인 것이 포함되는데, 예를 들면 금전·물품·칭찬·복종·존경 등이 있다. 상대에게 주는 교환자원은 비용이 되고, 상대편으로부터 받는 교환자원은 보상이 되는데, 인간은 가능한 한 비용에 비해 보상이 큰 행동을 하려는 경향이 있다.

교환과정에는 기본적으로 개인과 집단의 합리적 요소가 주로 작용하지만 때로 갈등적인 요소도 작용한다. 예를 들어, 어떤 집단에서 문제가 발생하는 경우에는 교환관계가 단절되거나 불균형을 이루고 있는 상태이다. 문제 발생의 원인은 교환자원의 부족, 고갈 또는 가치의 저하 등이다. 즉, 문제에 대한 해결방안은 교환관계의 균형을 추구하는 것이다. 예를 들면, ① 동등한 가치의 다른 자원으로 보상, ② 다른 보상 원천의 개발, ③ 새로운 자격이나 지위의 획득, ④ 강제력의 사용, ⑤ 취약한 교환 당사자들의 연합활동, ⑥ 소유한 교환자원의 질을 높이는 것 등이 포함된다(최일섭, 최성재, 1998).

2) 건강가정에의 적용

가족학연구에 있어서 교환론적 개념 틀을 적용하는 것에 관심 있는 연구자들은 가족에서 이루어지는 교환관계의 특징인 상호의존성에 직접적인 초점을 두어 보상과 비용 그리고 결과를 강조하는 것 이상으로 교환론적 패러다임을 발전시키는 데에는 거의 관심을 기울이지 않았다.

가족관계와 같이 친밀하고 지속적인 관계에서는 시간의 흐름에 따라 상대방에 대한 보상을 늘리려는 관심이 존재한다. 즉, 상호의존성이 매우 높은 관계에서는 개인이 이익을 극대화하는 측면에서 상호이익을 극대화하는 측면으로 교환지향이 변화한다(Scanzoni, 1979).

'상호의존성의 시각'에는 교환이론의 주요원리들이 많이 함축되어 있다. 그러나 여기에서 교환이론과 차이를 보이는 점은 상호의존성의 관점에서는 친밀한 관계의 형성·유지·해체에 대한 매개과정을 묘사하고 기술함에 있어서 보상과 비용, 이익 추구와 비교하여 행동적·심리적인 상호의존성의 역할을 강조한다.

우리 사회에서 남녀 불평등의 문제는 오래된 사회문제로서 곳곳에 존재한다. 가족 안에서는 가부장 중심의 권위적 가족관계가 지속되고 있으며, 여성들의 가사노동도 정당한 사회적 평가를 받지 못하고 있다. 또한, 부부간 폭력과 가족갈등도 이러한 불평등한 가족관계에서 발생하는 경우가 많다. 따라서 가족 내에서 여성들이 겪는 문제는 단지 가족기능이나 역할수행과 관련된 부적응의 문제이기에 앞서 전통적인 성역할과 사회화로 인한 성차별적 태도와 가치관에 기인하는 경우가 많다. 우리 사회에서 기존의 성차별적이고 여성 억압적인 사회구조에서 벗어나 남녀 모두 평등하게 살아가는 사회를 구현하고, 합리적·민주적인 가족관계를 만들어 나가는 데 나름 긍정적인 기여를 하고 있다.

5. 여권주의 이론과 적용

가족에 대한 전통적인 연구에서 여성이 제외된 것은 아니었지만 여성은 종종 '가족'이라는 개념으로 한정되는 존재로 보았다. 가족에 대한 전통적인 사고방식은 여성의 경험과 남성의 경험을 왜곡해 왔다. 이러한 측면에서 볼 때 여권주의 이론은 우리로 하여금 젠더, 권력 그리고 가족에 대한 특성과 경계에 대해 다시 생각해 보게 한다.

1) 주요개념

여권주의 이론은 '여성이 가족을 위해 무엇을 하는가?'보다는 '가족이 여성을 위해 무엇을 하는가?'를 질문함으로써 여성을 개념적으로 가족에 매몰되지 않은 여성으로 인식하고자 한다. 이념적 편차에도 불구하고 다음과 같은 사항을 공통적으로 인정한다(문소정, 2003).

첫째, 가족을 개인적이거나 사적인 관계로 보는 시각에서 벗어나 사회역사적·정치적인 측면에서 주목한다.

둘째, 기존의 가족연구에 대해 재분석을 시도한다. 즉, 아내와 어머니의 역할, 출산, 가사노동, 결혼과 이성애, 사랑 등에 대해 거시적인 차원에서 분석한다.

여권주의자들은 현대가족이 여성을 3가지 측면에서 억압한다고 주장한다.

첫째, 여성들에게 주부역할을 우선적으로 취하게 함으로써 여성노동을 규제한다는 것이다.

둘째, 여성의 성과 출산에 대해 남성이 통제를 가한다는 것이다.

셋째, 성정체감을 구조화시켜 전통적인 남성 위주의 성역할 사회화를 유지한다는 것이다(조흥식 외, 2010).

다음에 제시하는 5가지 주제들은 가족생활을 여권주의 관점에서 이론화한 연구들을 중심으로 보여 준다(유계숙 외, 2003).

(1) 여성의 경험

여권주의 학문은 여성(그리고 소녀)의 경험을 중심에 두며 이러한 경험을 정상적·가치적인 것으로 가정하면서 시작한다. 이것은 새로운 출발지점으로서 비록 여권주의 이론들이 남성과 소년의 삶에도 적용되기는 하지만 여성과 관련된 쟁점들(예 낙태, 자녀 양육, 직업상의 차별 등), 정치경제적 측면과 연결하여 파악한다. 이처럼 여권론은 다양한 여성의 생활경험을 출발점으로 하며, 세계를 이해하는 방식이나 새로운 인식론에 대해 개방된 자세를 갖고 있다.

(2) 젠더

여권주의 학문은 젠더를 기본적인 개념으로 한다. 젠더에 대한 개념은 2가지 상호 관련된 요인들이 수반된다. ① 여성과 남성 간 차이는 사회에서 구성된 것이며 과장된 것이라고 본다. ② 여성과 남성 간 권력관계를 합법화하고 영속화하기 위해 남녀를 구분하는 측면이 있다. 사회계급과 인종처럼 젠더는 하나의 사회구조이다. 젠더는 불평등이나 사회적 층화의 기초가 되며, 젠더관계는 권력관계이다. 이러한 여권주의자들은 여성이 수동적 희생자가 아니라 역사를 만드는 참여자이며, 문화를 창조하는 주체이고, 행동가, 행위자라고 본다.

여권주의자들은 남성과 여성, 소년과 소녀 간 차이를 구축하고 재구축하는 매일이 상호작용 과정이며 이러한 차이는 여성을 평가절하하고 남성-여성을 양극단으로 파악하도록 한다고 주장한다.

이처럼 여권주의자들은 성(性)을 지속적인 사회화 과정으로 보면서 젠더관계에 초점을 두고, 남성의 삶도 여성의 삶과 마찬가지로 젠더에 의해 상하게 영향을 받는다고 주장한다.

(3) 사회문화적·역사적 맥락

여권주의자들은 젠더관계가 특정한 사회문화적·역사적 맥락에서 분석되어야 한다고 주장한다. 젠더 분석은 가족에 대한 많은 연구처럼 개인과 대인 간의 관계에만 한정되는 것이 아니라 거시 사회문화적 맥락을 포함해야 한다(예 아내 구타).

(4) 정상가족에 대한 문제 제기

여권주의자들은 여성의 경험과 젠더의 구조에 초점을 두면서 정상가족만 언급하는 단원론에 대해서 계속 문제를 제기하였다. 정상가족이라는 획일적인 형태는 부적절할 뿐만 아니라 계급, 문화, 여성적 편견과 여성의 억압을 포함하는 이데올로기라고 주장한다.

(5) 사회적 변화 강조

여권주의자들은 사회적 변화를 강조하며 가치 개입적인 방법론을 선호한다. 따라서 여권주의자들은 세상에 대한 지식뿐만 아니라 세상의 변화도 원한다. 여권주의자들은 모든 기존의 젠더관계와 여성의 억압을 수용할 수 없으며 변화가 필요하다는 입장을 견지한다. 즉, 타당한 지식이라든가 객관적 지식이라는 학문적 풍토에 문제를 제기한다.

2) 건강가정에의 적용

여권주의자들의 한계는 젠더뿐만 아니라 인종, 민족, 사회계급, 성(sexuality)에 대해서는 관심을 갖고 분석했으나 세대나 연령에 대해서는 간과한 측면이 있다. 연령으로 분화된 사회구조와 그에 따른 불평등에 대한 논의가 등장해야 한다. 많은 여성이 남성의 지배로부터 억압되기는 하지만 인종이나 계급에 의해 억압받는 현실을 완화하여 주거나 빈곤문제를 완화하는 중요한 지지자원으로 가족을 꼽는다.

여권주의 이론이 강조하는 개념적 틀이 건강가정연구와 실천에도 유용한 적용점을 제공해 주고 있다. 여권주의 이론은 가족에 대한 미시적·보수적인 시각에서 벗어나 거시적·진보적인 입장에서 가족의 본질과 가족 변화를 이해하려는 개념적 틀이다. 우리 사회에서 남녀불평등은 오래된 사회문제로 곳곳에서 빈번히 발생하고 있다. 가족 안에서는 가부장 중심의 권위적 가족관계가 지속되고 있으며 여성들의 가사노동도 정당한 사회적 평가를 받지 못하고 있다. 또한, 부부간 부부폭력과 가족갈등도 불평등한 가족관계에서 발생하는 경우가 많다. 가족 내에서 여성들이 겪는 문제는 단지 가족기능이나 역할수행과 관련된 부적응의 문제이기에 앞서 전통적인 성역할과 사회화로 인한 성차별적 태도와 가치관에 기인하는 경우가 많다.

따라서 우리 사회에서 기존의 성차별적이고 여성 억압적인 사회구조에서 벗어나 남녀 모두 평등하게 살아가는 건강가정을 지향하고 평등사회를 구현해야 한다. 즉, 가족 내에서 민주적·합리적이며, 양성평등한 가족관계를 만들어 가는 데 긍정적 기여를 기대할 수 있어야 한다.

6. 건강가정 프로그램 모형

가정의 건강성을 평가하고 진단할 때 가족체계이론, 가족발달이론, 상징적 상호작용 이론, 교환이론, 여권주의 이론을 토대로 고려해야 한다. 그리고 건강한 가정을 위한 예방적·보편적 사업을 진행할 때 가족교육의 내용과 문화적·상담적 방법을 적용할 영역을 나누어 살펴보면 다음과 같다(정지영 외, 2016).

첫째, 건강가정체계는 인적 하위체계와 관리적 하위체계로 나눌 수 있다. 특히, 건강가정을 체계로 분리할 때 인적 하위체계를 상위에 두고 그중에서도 부부관계를 상위에 둔다. 이것은 자녀의 문제해결을 위한 접근 또는 문제에 대한 예방사업은 부모 및 환경을 통해 접근해야 함을 알려 준다.

둘째, 부모-자녀관계에 있어 가족발달에 따른 접근이 중요하므로 생애주기별로 채택할 필요가 있다. 왜냐하면 가족발달의 생애주기가 첫아이의 출생·성장·독립과 관련되므로 이에 맞는 적응과 사건에 대한 대처가 중요하기 때문이다. 이것은 예측 가능한 사건으로서 가족이 경험할 스트레스는 줄이고 성공적으로 가족이 발달하는 데 도움을 줄 것으로 기대되어 살아가면서 예측 가능한 사건에 대응해야 하는 방법을 건강가정이 알려 주며, 이에 맞추어 생애주기별 사전교육이 필요함을 제시할 수 있다.

셋째, 이 5가지 이론을 통해 가족친화적 가치, 이웃 및 지역사회와의 관계, 법 등 다양한 사회문화적 환경과 제도 등이 가정에 영향을 미치고 있음을 보여 줄 수 있다.

이를 그림으로 나타내면 〈그림 3-2〉와 같다.

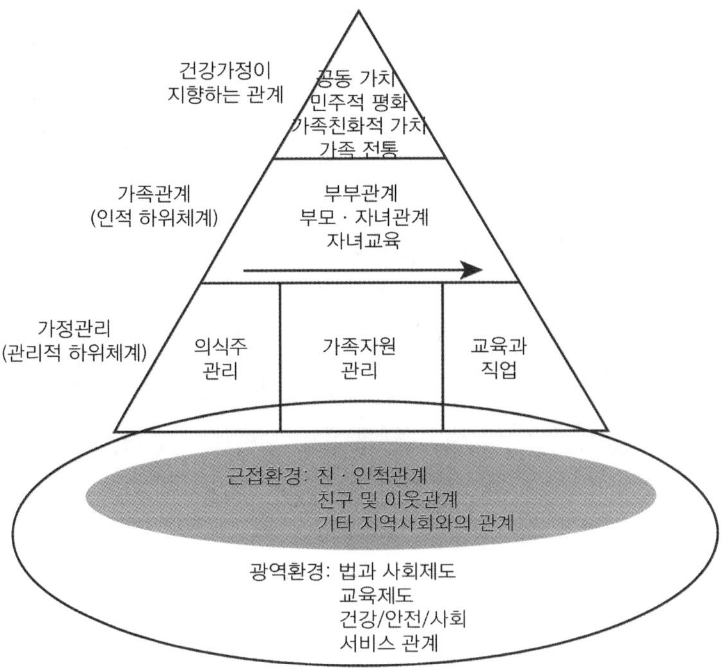

출처: 정영금 외(2008). 건강가정지원센터의 가정건강성 강화 프로그램 개발을 위한 기초연구.

그림 3-2 건강가정 프로그램 모형

핵심용어

- 가족체계이론, 가족발달이론, 상징적 상호작용 이론, 교환이론, 여권주의 이론

학습 실천과제

- 가족체계이론의 이해와 건강가정에 대한 적용점을 파악해 봅시다.
- 가족발달이론의 이해와 건강가정에 대한 적용점을 파악해 봅시다.
- 상징적 상호작용 이론의 이해와 건강가정에 대한 적용점을 파악해 봅시다.
- 교환이론의 이해와 건강가정에 대한 적용점을 파악해 봅시다.
- 여권주의 이론의 이해와 건강가정에 대한 적용점을 파악해 봅시다.

02

Part

가족관계와 다양한 가족의 건강성

Chapter 04

가족관계와 건강가정

학습목표

- 가족관계의 특징에 대해 이해할 수 있다.
- 가족관계와 건강가정의 적용점을 파악할 수 있다.

부부관계를 비롯한 가족구성원 내에서 나타날 수 있는 다양한 가족관계의 의미와 특징, 사랑과 친밀함을 전제로 한 가족관계가 아닌 갈등이 존재하는 특성에 대해 알아본다. 따라서 제4장에서는 건강한 가정을 위한 개입하는 방안에 대해서 생각해 보도록 한다.

1. 부부관계

부부관계란 서로 다른 가정에서 성장한 두 남녀가 결혼이라는 의식 또는 제도에 의해 이루어진 관계로서, 비혈연적이지만 가장 밀접한 인간관계이다. 부부는 생리적·심리적 및 사회적 욕구를 충족시키는 상호보완적 관계이다. 그러므로 부부란 너와 나의 단순한 합이 아닌 너와 나의 결합으로 이루어진 새로운 우리의 관계이다.

1) 부부간 갈등의 원인

터먼(Terman, 1938)의 부부간 적응연구에 의하면 행복한 부부집단과 그렇지 못한 부부집단 모두 그들의 결혼생활에 대해서 많은 불만을 토로한 것으로 나타났다. 행복한 부부집단의 불만은 주로 친척관계, 친구의 선택, 레크리에이션에 관한 것이고, 그렇지 못한 부부집단의 불만은 상대방이 논쟁적이다, 신랄하다, 애정적이지 못하다, 신경질적이다 등의 내용이 주로 많았다. 그러나 만약 그들이 다시 생을 시작한다면 어떻게 하겠느냐는 질문에 792쌍 중 80% 이상이 결혼을 원할 뿐만 아니라 지금의 배우자와 결혼하겠다고 대답하였다.

유영주 외(2015)가 제시한 블러드와 울프(Blood & Wolfe, 1960)도 결혼생활이 갈등을 내포할 수밖에 없다고 하면서, 그 이유로 4가지 부부간의 특징을 제시하였다.

- 친밀감(the intimacy of marriage)
- 항구성(the consistency of marriage)
- 경쟁(the rivalry of marriage)
- 가변성(the changeableness of marriage)

2) 부부간 갈등의 해결

(1) 갈등해결의 방해요인

부부간의 갈등은 자신이나 상대방의 변화, 환경의 변화로 약화 또는 개선할 수 있다. 그러나 다음과 같은 조건일 때는 갈등해결이 어렵다.

- 미성숙(immaturity): 미성숙한 사람은 혼란스러운 정보에 휩싸이게 된다. 불완전한 지식으로는 만족스러운 해결방법을 찾을 수 없다.
- 의견의 불일치를 참을 수 있는 능력의 부족(inability to tolerate disagreement): 의견의 불

일치를 참지 못하고 분노나 비난 등의 부정적인 감정을 심하게 노출하거나 관계를 끊어 버리면 갈등은 해결되기보다 오히려 더 악화된다.

- **무의식적 왜곡**(unconscious distortion): 자기도 모르는 사이에 상대방을 왜곡하거나 사건을 올바르게 인식하지 못하는 상태에서는 갈등해결이 가능하지 않다.
- **과음**(alcohol): 음주한 상태에서 갈등을 해결하고자 하면 의논이 언쟁으로 변화되기 쉽다.
- **피로**(fatigue): 대부분의 사람은 피곤하면 자제력을 잃기 쉽기 때문에 다투게 된다.

(2) 갈등해결방법

갈등해결에 대한 제언은 학자마다 다양하다. 유영주 외(2015)에서 제시한 내용을 중심으로 보면 동일시, 부부간의 역할 구분, 협동, 이상화 증진, 습관 연결 등을 제시하여 갈등해결 방안을 설명하였다. 또 다른 학자는 갈등의 해결과정에 중점을 두었다. 그러나 이러한 기술적인 충고는 그 효과에 한계가 있으며 좀 더 근본적인 것은 기술이 아니라 태도이며 성격이다.

블러드와 울프(1960)의 견해에 의하면 갈등해결을 위한 조건은 성숙·사랑·집중이다. 성숙된 성격과 사랑을 가지고 상대방에 관심을 기울여야 하며, 문제가 해결될 때까지 관심을 집중해야 한다. 성숙한 성격이고 상대에 대해 사랑을 가진 부부라도 제기된 문제에 집중하지 않는다면 그 문제의 해결은 연기되거나 불가능하게 된다.

3) 부부간의 적응유형

(1) 갈등이 습관화된 유형

갈등이 습관화된 부부는 긴장·갈등·말다툼이 계속되며 서로를 비난한다. 이들은 모든 일에 견해 차이가 있으며 단순히 함께 있는 것만으로도 싸움이 일어날 이유가 된다. 그러나 싸움이 결혼을 해체시킬 만한 이유가 되지 않으며, 오히려 결혼을 지속시키는 요인이 된다.

(2) 생기를 잃은 유형

생기를 잃은 유형의 부부는 결혼 초기에는 사랑하는 감정이나 적극적인 관계가 있었으나 결혼기간이 지나면서 함께 지내는 시간이나 같이 즐기는 활동이 적어지고 서로를 의무적으로 대하며 부부보다는 자녀와 관계된 일에 주로 관심을 가진다. 긴장이나 갈등이 노출되지 않고, 상호작용이 거의 없으나 때때로 생일잔치와 같은 의례적인 행사는 한다. 결혼 지속을 위협하는 심각한 일도 없다. 생기를 잃은 유형의 부부가 의외로 많은데 이들은 다른 부부들도 자신들과 비슷하리라 생각하고 특별한 불만 없이 그리고 특별한 활력도 없이 부부관계를 유지한다. 이 유형은 일반적으로 중년기 이후에 많다.

(3) 소극적-동조적 유형

소극적–동조적 유형의 부부는 외형적으로는 생기를 잃은 유형의 부부와 유사하지만 다른 점은 결혼 초기부터 부부가 서로 몰입하지 않는 것이다. 이 유형의 부부는 부부관계보다는 각자의 관심이나 활동을, 그리고 가정 내 역할보다는 사회인이나 직업인으로서의 책임을 더 중요시하며 그렇게 행동한다. 상대방의 영역에 깊이 관여하지 않고 각자의 영역에 충실하며, 이러한 태도를 오히려 고맙게 생각한다. 이 유형의 부부는 갈등이나 분노, 좌절을 그다지 나타내지 않으며, 흥미 · 견해 · 판단 · 직업 등에서는 서로 일치하는 면이 많다고 생각한다.

(4) 생기 있는 유형

생기 있는 유형의 부부관계는 앞의 3가지 유형과는 매우 다른 특징을 가지고 있다. 이 유형의 부부는 많은 시간을 함께 보내고 자녀를 사랑하는 등 가정을 소중하게 생각하며, 직업생활에서도 성공적이다. 이 유형의 부부는 서로에게 친밀감과 공감을 느끼며 심리적인 유대감도 강하다. 취미, 직업, 지역사회 활동 등에 같이 참여하는 등 부부가 함께 있음으로써 생의 만족을 느낀다.

(5) 통합적 유형

통합적 유형의 부부는 생기 있는 유형의 부부와 비슷하지만 생활의 많은 부분을 부부가 함께 공유하며 성실하게 참여한다. 이 유형의 부부는 생기 있는 부부의 유형보다는 긴장을 덜 느낀다. 왜냐하면 부부간의 불일치가 쉽게 해결되기 때문이다. 가끔 부부간의 견해 차이는 있지만 타협이나 양보에 의해 쉽게 해결하며, 누가 옳고 그르냐보다는 부부관계를 악화시키지 않고 문제를 해결하는 방법을 찾기 위해 서로 노력한다. 이 유형은 생기 있는 유형과 함께 이상적인 부부관계 유형이라고 할 수 있는데, 그 수가 비교적 적지만 존재하기는 한다.

4) 건강가정에의 적용

스티넷 외(Stinnett et al., 1984)은 부부간의 성공적인 의사소통과 적응을 위해서 다음과 같은 방법을 제안하였다.

첫째, 긍정적인 마음을 지녀라. 상호 간의 인정 · 신뢰 · 존중 · 이해를 토대로 부부간에 긍정적인 마음을 갖게 된다.

둘째, 상호 간에 존중하라. 부부간에 상호존중을 솔직하게 표현하면 위협을 느끼지 않게 돼서 방어적 의사소통이 감소한다.

셋째, 공통의 준거 틀을 가져라. 비슷한 문화적 배경을 가진 부부는 경험 · 생각 · 태도 등이 비슷하여 준거 틀이 유사하다. 따라서 의사소통이 더 잘 된다. 그러나 과거의 생활경험이 다르면 같은 사건에 대해 견해가 다를 수 있는데 서로의 준거 틀을 이해하면 불일치를 극복할 수 있다.

넷째, 경청하라. 듣는다는 것은 적절하게 말하는 것만큼 중요하다. 들어준다는 것은 상대방의 메시지에 흥미가 있으며 상대방을 존중한다는 것을 나타내는 것이다. 따라서 상대방은 자신의 생각이나 감정을 더 많이 표현하게 된다. 배우자의 말과 함께 감정을 듣는 것도 중요하다.

다섯째, 메시지의 의미를 확인하라. 불명확한 메시지에 대한 부정확한 해석은 오해와 갈등의 원인이 되므로 의사소통의 내용 및 방법에 대해 의사소통을 하여 메시지의 의미를 정확하게 파악해야 한다.

여섯째, 공감하라. 부부간에 공감하면 큰일뿐만 아니라 사소한 일에서도 배우자의 감정·분위기·요구에 대한 이해가 높아진다. 공감의 정도가 높아지면 언어적 의사소통이 없어도 배우자의 내적 감정 상태를 알 수 있다.

일곱째, 상대방의 감정을 알고 있다는 것을 알려라. 감정은 언제나 논리적이지 않다. 배우자가 자신의 감정 상태, 특히 부정적인 감정 상태를 알아준다면 부정적인 감정은 해소될 수 있다.

여덟째, 자신의 의견을 분명히 말하라. 상대방의 기분을 상하지 않게 한다는 명분하에 말을 피하는 것을 삼가고, 부부 모두 사소한 일에 대해서도 거리낌 없이 말해야 한다. 상대방을 공격하는 것이 아니라 자신의 감정을 표현하는 방법으로 말하고, 간접 표현이 아니라 직접적으로 표현해야 한다.

아홉째, 자기노출을 하라. 물론 적당한 수준의 자기노출이 필요하다. 특히, 부정적인 자기노출은 오히려 부부관계를 악화시킬 가능성도 있으므로 자기노출의 표현방법에 유의해야 한다. 즉, 부정적 감정도 긍정적으로 표현할 수 있어야 한다.

쉼터 **부부관계 만족도에 대한 설문지**

이 설문지는 당신이 부부관계에서 얼마나 만족하고 있는가에 대한 설문지입니다. 당신의 대답은 당신과 가족 스트레스의 문제와 원인을 사정하는 데 도움이 됩니다. 각 항목에 대해 당신의 만족도가 가장 적합한 항목에 표시해 주시기 바랍니다.

구분	매우 만족	약간 만족	보통	약간 불만족	매우 불만족
1. 의사결정 방식					
2. 아동양육 책임의 분배방식					
3. 돈과 가계 재정의 분류방식					
4. 수입 정도					
5. 부부갈등 해결방식					
6. 아이들과 지내는 방식					
7. 아들의 훈육방식					
8. 친척(부모)들과의 교류방식					
9. 여가를 보내는 방식					
10. 대화방식					
11. 함께 지내는 시간의 정도					
12. 술을 마시는 정도					
13. 서로 간의 정서적 지지방식					
14. 사생활의 만족 정도					
15. 피임방식					
16. 부부관계의 성적인 부분					
17. 미래를 설계하는 방식					
18. 이웃과 지내는 방식					
19. 종교 관심사를 다루는 방식					
20. 분노와 좌절을 다루는 방식					

- 당신의 부부관계에서 다른 중요한 관심사가 있으면 적어 주세요.

- 당신의 부부관계에서 중요한 강점은 무엇이라고 생각합니까?

- 당신의 부부관계에서 가장 중요한 2가지 문제는 무엇이라고 생각합니까?

출처: 서울대학교 사회복지실천연구회 역(1998).

2. 부모 – 자녀관계

결혼은 일반적으로 자녀 양육을 전제로 한다. 결혼한 부부가 부모의 역할을 하게 될 때 비로소 전형적인 가족이 시작된다. '자녀를 왜 반드시 가져야 하느냐?'에 대한 이론적 이유를 묻기 전에 부부의 결혼생활은 자녀가 있음으로써 부모–자녀관계가 성립되며 가족으로서 의의를 지닌다. 자녀들이 사회적으로 독립적 지위를 획득하기까지는 부모의 사회경제적 지위에 의해 자녀의 신분이 규정될 뿐만 아니라 그들의 인성 자체가 부모의 영향 아래에서 형성된다.

자녀들이 '자율적 인간으로 성숙하냐, 아니냐' 하는 것은 어느 정도 개인의 선천적 요인으로 결정되는 바도 있으나 부모와의 관계에 의해 결정되는 것도 부인할 수 없다. 그러므로 부모–자녀관계는 개인의 인성 형성과 사회화에 있어서 중요한 요인이 된다.

1) 부모 - 자녀관계의 중요성

자녀는 성년기에 이르기까지 중요한 성장기를 부모의 영향 아래에서 보낸다. 그들의 신체적 성장, 심리적 발달, 지식 습득, 직업 선택 및 사회적 적응을 위한 능력의 토대가 가족 안에서 구축된다. 현대사회에서는 교육과 문화 등의 사회기관이 자녀들의 성장과 인격 형성에 깊은 영향을 끼치기는 하지만 그들이 가족에 속해 있는 한 부모와의 관계는 지속된다.

부모와 자녀는 다음과 같은 상호관계를 지니고 있기 때문에 부모가 자녀에게 끼치는 영향이 크고 자녀에게 있어서 부모와의 관계가 중요하다.

- 부모와 자녀와의 관계는 자녀의 출생이나 입양 직후부터 또는 태내에서부터 시작된다. 인간의 발달이 인생의 초기 경험에 영향을 크게 받는다는 것은 잘

알려진 사실이다. 따라서 자녀의 어린 시기에 부모-자녀관계는 그들의 발달에 핵심적인 역할을 한다.

- 부모와 자녀의 관계는 오래 지속된다. 부모와 자녀는 특별한 경우를 제외하고는 출생 직후부터 성숙할 때까지 계속 상호작용한다.
- 부모와 자녀는 많은 양의 상호작용을 한다. 특히, 자녀는 어머니와 직접적이고 대면적인 관계를 많이 갖게 되므로 어머니로부터 받는 영향이 크다.
- 부모는 자녀와 가장 밀접한 관계를 유지하면서 자녀들의 문제해결방법에 많은 영향을 끼친다. 자녀는 대중매체를 사용하는 것, 사회적 관계, 여러 가지 직업에 대한 정보 및 선택에 있어서 부모의 영향을 크게 받는다.
- 부모와 자녀는 광범위한 경험을 함께한다. 특히, 어린 시절에는 어머니와 다양하고 광범위한 경험을 하게 된다.
- 부모는 자기의 자녀에 대해 주된 책임을 진다. 부모는 누구보다도 자기 자녀의 발달에 애정과 관심을 가지고 그들을 위해 항상 노력한다.

부모-자녀관계는 부모의 자녀에 대한 일방적인 관계만 있는 것은 아니다. 자녀도 부모에게 다음과 같이 공헌하는 바가 있다.

- 자녀는 가정의 장래이므로 부모는 자녀를 키움으로써 새로운 흥미와 관심이 확대된다. 그들의 성장과 교육에 관계되는 경제적 문제와 아울러 사회적인 문제에 관심을 갖게 된다.
- 부모는 자녀를 키움으로써 부모감이라는 만족감을 갖게 된다. 이것은 시간적으로도 계속 유지되며 죽은 후에라도 후손을 남긴다는 감정적인 안정감·만족감 등은 부모만 느낄 수 있는 행복한 감정이다.
- 부모는 생활을 개선해 보거나 반성해 보는 기회를 갖게 된다. 자녀들에게 모범이 되고, 그들이 옳은 방법으로 살도록 하기 위해서는 부모 자신이 올바른 태도를 갖고 있어야 하기 때문이다.

- 자녀는 부모로 하여금 다른 사람을 지도하고 조정하는 능력을 기를 수 있도록 한다. 부모는 자녀를 지도하면서 계속 문제에 봉착하게 되는데 이때마다 신속한 판단과 가치 선택이 필요하다. 이러한 반복은 부모에게 확실한 신념과 가치관을 갖도록 한다.
- 자녀는 부모에게 생에 대한 의미를 부여해 준다. 부모는 자녀를 키워 봄으로써 인간의 생활주기를 경험하고, 생활의 의미를 이해할 수 있다. 즉, 개인의 역할 · 봉사 · 책임 등의 수행과 그 결과에 대한 느낌으로 인생의 진리를 체득할 수 있다.

2) 부모 - 자녀 간의 의사소통

부모와 자녀는 가족 내의 위치가 서로 다르고 세대 차이가 있으므로 부모-자녀 간의 상호작용이 원만하지 못한 경우가 많다. 특히, 부모는 자녀를 양육하는 입장이기 때문에 자녀에게 일방적으로 명령하는 권위주의적인 태도를 취하는 경향이 있다. 부모의 권위주의적인 태도는 부모-자녀 간의 상호작용을 더욱 악화시킨다. 원만한 부모-자녀관계를 위한 첩경은 부모-자녀 간의 효율적인 의사소통이다.

(1) 부모-자녀 간의 의사소통 형태

부모-자녀 간의 의사소통은 부부간의 의사소통과는 다르다. 왜냐하면 부부는 서로 성인인 대등한 관계이지만, 부모와 자녀는 성인인 부모가 미성년자인 자녀를 양육하는 관계이기 때문이다. 따라서 부모가 자녀의 사회화에 영향을 미친다는 점을 중요시하여 부모가 자녀에게 의사소통하는 대화형태에 대해 살펴보기로 한다.

고든(Gordon, 1975)은 부모가 자녀에게 의사소통하는 전형적인 방법으로 ① 명령 · 지시하기, ② 경고 · 위협하기, ③ 훈계 · 설교하기, ④ 충고 · 제언하기, ⑤ 강의 · 논쟁하기, ⑥ 판단 · 비평 · 비난하기, ⑦ 칭찬 · 동의하기, ⑧ 비웃기 · 창피 주기, ⑨ 해석 · 분석 · 진단하기, ⑩ 재확인 · 동정 · 지지하기, ⑪ 캐묻기 · 질문하기,

⑫ 물러서기 · 농담하기 · 화제 돌리기 등이 있다고 하였다.

이상의 12가지 전형적인 대화방법은 자녀로 하여금 말을 중단하게 하거나, 죄의식 또는 열등감을 느끼게 하거나, 자존심을 상하게 하거나, 방어하게 하거나, 분노를 폭발하게 하거나, 수용되지 못하고 있다는 느낌을 갖게 하는 부정적인 영향을 나타내므로 적절하지 못한 방법이다. 때로는 고든이 말한 12가지 유형 중 명령이나 지시, 경고나 위협, 훈계나 설교, 강의나 논쟁, 판단이나 비평 또는 비난, 비웃음이나 창피 줌, 해석이나 분석 또는 진단, 캐묻기, 화제 돌리기보다는 충고나 제언, 칭찬이나 동의, 동정이나 지지하는 방법이 더 바람직할 수도 있다. 그러나 자녀를 조종하기 위해서 칭찬을 하거나 자녀를 무시하면서 충고나 제언을 하는 것은 바람직하지 못한 방법이다. 따라서 부모-자녀 간에 효과적이고 지속적인 대화를 하기 위해서는 적극적 경청, 나-메시지 전달법, 무패방법 등이 적용되어야 하는데 구체적인 방법은 다음과 같다.

(2) 부모-자녀 간의 의사소통 장애요인

부모와 자녀는 가족 내 위치나 역할이 서로 다르며, 세대 차이가 있다. 따라서 부모와 자녀 간에는 의사소통이 원활하지 못할 수 있는데, 구체적인 장애요인은 다음과 같다.

첫째, 부모-자녀 상호 간의 수용 결여이다. 부모가 자녀의 정서 상태나 능력 등을 고려하지 않고 자녀에게 부모가 원하는 바만 일방적으로 이야기하고, 자녀 역시 부모의 요구가 부당하다는 주관적인 판단하에 부모를 비난할 뿐 부모의 이야기를 수용하지 않는다면, 결국 부모-자녀 간의 의사소통은 단절된다.

둘째, 세대 차이로 인한 단어 사용의 차이이다. 의사소통에 있어서 자녀들만 사용하는 단어가 있는가 하면, 같은 단어라도 의미를 다르게 사용하기도 한다. 따라서 세대 간에 다르게 사용되는 단어나 그 의미를 정확하게 이해하지 못한다면 의사소통 장애가 발생한다.

셋째, 부모의 권위주의적·독단적인 태도이다. 부모의 권위주의적 또는 독단적인 태도는 자녀의 입장에서 본다면 자녀 자신이 무시당하는 것이며, 상호작용이 아닌 일방적인 지시일 뿐이다. 따라서 자녀는 부모와의 의사소통을 거부하게 된다.

넷째, 부모의 지속적인 불쾌 정서 상태이다. 자녀는 부모의 상태나 행위에 대해 민감한 반응을 보인다. 특히, 자녀가 자신의 잘못된 점이나 요구를 이야기하고자 할 때는 부모의 상태를 살피게 된다. 부모의 감정이 나쁠 때는 부모로부터 좋은 결과를 기대하기 어렵다는 판단하에 부모와의 의사소통을 망설인다.

다섯째, 부모의 부정적인 대화방법이다. 협박, 비난, 욕설, 조롱, 창피, 분노, 장황한 설교, 명령, 경고 등의 부정적인 대화방법은 자녀로 하여금 반발하고 반항하게 만들어 원활한 의사소통이 이루어지지 않는다.

여섯째, 부모가 자녀들을 이해하지 못한다는 자녀 자신의 편견이다. 부모는 자녀보다 연장자로서 생활경험이 많으며 양육자이기 때문에 자신의 견해를 강력하게 피력한다. 이러한 경우 자녀는 자신을 부모에게 이해·설득시키려 하기보다는 부모가 자신을 이해하지 못한다고 단정 짓는다. 그리하여 계속적인 의사소통의 필요성을 부인한다.

일곱째, 자녀의 자아긍정성 결여이다. 일반적으로 자녀가 부모의 기대목표에 부응하게 되면 자아긍정성이 높아지고, 그렇지 못하게 되면 자아긍정성이 낮아진다. 즉, 자녀가 부모의 기대에 부응하지 못해 부모가 자녀에게 비난적인 태도를 보이면 자녀는 자신감을 상실하여 자아긍정성이 낮아진다. 자아긍정성이 낮은 자녀는 부모와의 관계에서 위축되는 입장에 있기 때문에 의사소통 불안의식이 유발되어 편안한 의사소통이 이루어질 수 없다.

3) 건강가정에의 적용

부모는 자녀를 양육·훈육·교육하는 입장에 있기 때문에 자녀에 대한 부모의 영향력이 부모에 대한 자녀의 영향력보다 더 크다. 그러므로 자녀에 대한 부모의 바람직한 의사소통 방법을 살펴보기로 한다.

일반적으로 부모는 부모 자신이 즐겁고 평안한 상태를 유지하면서 자녀에게 온정적으로 대하고 자녀의 이야기에 대해 관심 · 경청 · 이해 · 신뢰 · 존중을 보여 주어야 한다(김순옥, 1990). 격려, 칭찬, 제안, 정보 제공, 질문, 유머, 간결한 표현, 긍정적인 표현방법을 사용하는 것이 바람직하고, 명령 · 설교, 장황한 훈계, 비평 · 비난, 욕설, 위협, 설득, 빈정댐, 분노의 말을 하지 말아야 한다(김진숙, 연미희, 이인수, 1990). 그러나 격려 · 칭찬 · 지지 · 충고 · 권유 등의 방법도 부적절하게 사용하면 비효과적이다(Gordon, 1975). 고든은 부모의 효율적인 의사소통 방법으로, 자녀로 하여금 부모가 수용한다는 것을 느끼게 하는 적극적 경청방법, 나-메시지를 전달하는 방법, 무패방법을 권장하고 있다. 각 방법이 적용되는 경우와 구체적인 내용을 살펴보면 다음과 같다.

첫째, 적극적 경청은 단순히 부모가 자녀를 수용하는 것이 아니라 자녀로 하여금 부모가 자녀 자신을 수용한다는 것을 느끼게 하는 것을 의미한다. 왜냐하면 부모의 수용을 자녀가 느끼지 못한다면 자녀에게 아무런 영향을 미칠 수 없기 때문이다. 부모가 자녀를 수용하는 적극적 경청의 구체적인 기술은 다음과 같다.

- **비언어적인 수용방법이다.** 이 방법은 자녀가 이야기를 해 올 경우에 부모는 말을 가로채지 않고 침묵을 지키면서 고개를 끄덕이는 등 수동적으로 경청하는 방법이다.
- **언어적인 수용방법이다.** 이 방법은 말문을 열게 하는 말이나 말을 계속할 수 있도록 말하는 것이다. 예를 들면, "그렇군.", "음", "그래.", "아, 그러니?", "좀 더 듣고 싶구나.", "네 의견이 흥미 있구나." 등이다.
- **자녀의 감정 상태를 피드백해 주는 적극적인 경청을 하는 방법이다.** 적극적 경청에서는 부모가 자녀의 감정 상태와 메시지의 의미를 이해하려고 애를 쓴다. 부모는 들은 바를 자신의 말로 바꾸어 표현하여 자녀가 맞는지, 틀린지를 확인한

다. 부모가 적극적인 경청을 하기 위해서는 자녀의 독특한 감정 상태와 감정 처리능력 그리고 문제해결능력을 인정해야 하며, 충분히 들을 수 있는 시간적 여유를 가져야 한다. 적극적 경청은 자녀가 문제를 가지고 있을 때 효과적인 방법이 될 수 있다.

둘째, 나-메시지(I-message) 전달법은 자녀로 인해 부모의 문제가 발생할 경우에 자녀로 하여금 부모의 말을 받아들이게 할 때 효과적인 방법이다. 나-메시지 전달법은 부모가 문제 삼고 있는 자녀의 행동이 부모에게 어떤 느낌을 갖게 하는지 자녀에게 솔직하게 말하는 방법이다. 예를 들어, 부모가 피곤한데 자녀가 놀아 달라고 조를 때 "내가 피곤하구나." 또는 "나는 지금 쉬고 싶구나."라는 나-메시지 전달법을 사용하면 자녀는 부모에게 덜 저항하게 되며 자녀 스스로 행동을 바꾸게 된다. 나-메시지 전달법을 사용할 때 주의할 점은 "내가 보기에 너는 바보 같아."와 같은 나-메시지로 위장된 너-메시지(You-message)를 사용하지 말아야 한다.

셋째, 무패방법(無敗方法, no-lose method)은 부모와 자녀 사이에 갈등이 있을 때 효과적인 방법이다. 갈등은 있기 마련이라는 것을 인정하고, 갈등이 반드시 나쁜 것만은 아니라는 것을 인식하여 갈등을 건설적으로 해결하는 것이 필요하다. 부모-자녀 간에 갈등이 있을 때 부모 또는 자녀 중 어느 한편이 이기는 방법을 피하고 부모-자녀 양쪽이 다 받아들일 수 있는 제3의 방법을 찾아야 하는데 이때 효과적인 방법이 무패방법이다. 무패방법의 구체적인 실천과정은 6단계를 거친다.

- **1단계**: 갈등의 확인과 정의
- **2단계**: 가능한 한 모든 해결방법 모색
- **3단계**: 가능한 한 모든 해결방법에 대한 평가
- **4단계**: 가장 좋은 해결방법 결정
- **5단계**: 결정된 해결방법 실천
- **6단계**: 해결방법의 실천과 그에 대한 계속적인 평가

각 단계에서 부모는 경청을 해야 하고 나-메시지로 자신의 의사를 전달해야 한다. 적극적 경청, 나-메시지 방법, 무패방법에 대한 비평이 있지만 고든은 여러 경험을 통해 이러한 방법들의 효과를 입증하고 있다.

3. 형제자매 관계

형제자매는 같은 부모로부터 유전인자를 물려받아 가까운 혈연관계를 맺고 있다. 이들은 유전적 원천이 같고, 매우 유사한 환경에 살고 있으며, 많은 시간을 함께 보내고, 일상생활에서 밀접한 경험을 나눈다.

1) 형제자매간의 상호작용

사회적 의미의 상호작용은 둘 이상의 사람이 의사소통의 수단을 통해 서로를 자극함으로써 상호 간의 행동을 조정하는 것이다. 가족의 상호작용은 가족구성원 사이에 일생 동안 서로 상호적인 관계를 맺는 것이다. 형제자매는 중요한 가족구성원이고 때로 가족 간 상호작용의 질적 또는 양적 중심을 이루기 때문에 이들의 상호작용은 중요하다.

형제자매간 상호작용의 내용은 그들이 성, 연령, 형제 수, 터울, 남녀비율, 출생 시 부모의 나이, 친수기 때 그들의 나이 등에 따라 달라진다. 또 다른 요인들, 즉 가족구성원의 건강, 격리, 부재, 유동성 등도 형제자매 관계에 영향을 미친다.

형제자매간에는 좋고 싫은 감정이 반복되는데 이것은 가장 친밀한 관계에서의 느낌이다. 그들은 서로 선택하지 않고 매우 친근하며, 방이나 침구를 같이 사용하기도 한다. 때로는 장난감을 공유하고 옷도 물려받으며 부모, 친척, 가족지위까지 동일하다. 형제자매는 같이 놀 기회가 많고, 서로 즐기며 돕기도 하고, 때로는 갈등을 일으키거나 싸우기도 한다. 애정이나 미움이 반복되어 이를 쉽게 조정하기도 하고 저항하기도 한다.

형제자매간의 갈등은 부모의 일관성이나 일치성과도 관련되는데 부모가 비일관적일 때 형제자매는 싸움을 통해 원하는 바를 쟁취하려고 한다. 그러나 부모가 명확한 규범에 따라 일관성 있게 이들을 중재하면 형제자매간 갈등은 적어진다.

또한, 형제자매간 갈등은 공간·사물·흥미 등 일정한 한계 내에서 서로 오래 같이 지낼 때 일어나기 쉽다. 밀접한 관계로 인해 세밀한 관찰과 조사를 하게 되고, 이 관찰과 조사는 불공평의 경험을 되살려 파벌을 형성하거나 신체적·정신적 조작도 배우게 된다. 이것은 오랜 학습의 결과이므로 형제자매간의 싸움은 긴 시간을 같이 지낸 형제일수록 더 많다.

또 다른 갈등은 형제자매간의 관계를 강화하는 충성, 애정 그리고 협동 등에서 나타나는데 상호작용의 양은 이러한 감정의 양에 영향을 끼친다. 형제자매의 상호영향의 정도는 연령, 성, 출생 순위에 따라 달라진다. 여성은 남성보다 형제자매 관계에 더 호의적이고 동성 자매를 더 좋아하며, 동생보다 언니나 오빠 등에 더 친밀감을 느끼는데 이들이 성장할수록 이러한 영향은 감소한다. 그리고 다수 가족보다 2인 자녀 가족에서 형제자매 관계가 더 친밀하다. 대가족에서는 가족에 대한 희생과 개인이 아닌 가족가치에 대해 복종을 요구한다. 또한, 형제자매간 상호작용은 일반적으로 부모-자녀 간 상호작용과 더불어 일어나는데, 때로는 수정·보완·대체형식으로 나타나기도 한다.

2) 형제자매 관계의 기능

(1) 자아감 형성

형제자매들은 동일시와 차별화의 기능을 반복한다. 아동은 형제자매를 통해 자기 자신을 알아 가며 그들과의 행동을 통해 경험을 쌓고, 그들의 경험을 학습함으로써 자신의 가능성을 확장한다. 동일시와 반대 개념인 차별화는 주체의식의 과정으로서 다른 형제와의 연합이 아닌 고유의 위치 확보를 의미한다.

(2) 상호규제

상호규제란 형제자매가 서로를 거울이요, 반사판이요, 시험장으로서 이용하는 과정이다. 이러한 과정은 공정성과 정직성을 근거로 발전한다. 이들은 서로 개방적이고 보복에 대해 크게 두려워하지 않는다. 그러므로 상호규제의 의미에서 형제자매간 상호작용은 보상을 극대화하고 손실을 극소화하기 위해 구체적 행동과 지도하는 것이며, 이것은 형제자매간 단합을 증가시킨다.

(3) 직접적 봉사

형제자매는 일상적 생활에서 직접적인 영향을 주어 서로의 생활을 편리하게 또는 어렵게 만들어 준다. 때로는 침착하거나 능숙하게, 때로는 난잡하거나 방해가 되고, 때로는 협동적이 된다. 이러한 직접적 봉사는 형제자매간 일상적 업무의 하나이다. 그러므로 형제자매간 재화나 용역의 교환은 집단 내의 상호작용을 용이하게 하고, 이것은 형제자매간 단결을 증진시킨다.

(4) 중재와 교섭

형제자매는 서로를 위해 연합체를 형성하여 부모와 협상한다. 이 연합의 목적은 조화로서 형제자매는 부모 또는 다른 형제자매와 힘의 균형을 유지하고, 갈등을 없애기 위해 공모한다. 형제자매가 연합하는 또 다른 목적은 부모의 거대한 권력을 상쇄하기 위해서이다.

또한, 형제자매는 중개자 · 대변자의 역할을 하게 되는데 이때 중개는 부모－자녀간 또는 부모와 가족 밖의 일과의 중재과정이다. 아동은 가끔 어린 동생의 언어를 부모에게 이해시키는 숙련된 해설자 역할도 한다. 이 중개는 광역사회로부터 가족 내로 여러 가지 문제를 전해 주고 여과시킴으로써 가족의 개방성을 증대시킨다.

(5) 개척과 지도

형제자매 중 한 사람은 어떤 일을 시작하여 다른 형제로 하여금 그것을 따라 하도록 하는 학습의 과정을 행하고 있다. 이때 선도하는 아동은 일을 시작함으로써 보상을 얻는 반면, 추종자는 모방의 이득을 얻으며, 이 모방과정 중에서 책임을 면제받는다. 이러한 개척행동은 가족규율의 파괴, 새로운 행동방법의 도입 등 여러 형태로 나타난다. 주로 위형제가 이러한 선도적 역할을 행하게 되는데, 이 과정을 통해 지위나 권력을 즐길 수 있다.

(6) 가사 분담

아동의 가사 분담 정도는 크지 않지만 일단 가사를 맡게 되면 형제자매간에 책임 분담이 이루어진다. 특히, 어머니가 직장생활을 할 때 자녀들이 일을 분담하는 경우가 많은데, 이때 아버지가 가사를 도와준다면 자녀들도 일정 부분 분담한다. 일반적으로 중간 자녀가 좀 더 분담수행을 잘하고, 막내는 대체로 잘하지 않는다. 여아가 남아보다 가사를 잘하고 위형제는 동생을 돌보는 일을 잘한다.

(7) 성역할의 개발

형제자매간 상호작용의 지속성과 강도는 성역할 학습의 중요요소인데, 가족 내에서 권위를 많이 지닌 자녀가 성역할 취득과정에서 영향력이 가장 크다. 이성의 형제자매를 가진 아동은 이성의 형제자매가 없는 아동보다 이성적 특성을 나타내는 경향이 강하고, 이성의 형제자매가 연장자인 경우에는 더 큰 영향을 받는다.

(8) 규범학습

형제자매간에도 행동의 규범적 기대가 있다. 자라는 아동들은 부모보다 서로를 더 공정하게 판단하며 형제간 비행에 더 완고하다. 이들은 특별한 규율을 세우고 이에 따라 생활하는데, 흔히 충성과 경쟁으로 뭉쳐져서 협상과 계약을 효과적으로 하는 법을 배우며 서로를 조정하거나 반대하는 것으로 거리를 유지하기도 한다.

(9) 권력관계 형성

형제자매는 그들의 상호관계에 영향을 주는 지도영역 또는 권력관계를 형성한다. 권력이란 타인에게 자신의 의지를 실현하는 것으로, 이러한 권력의 영향은 아동의 연령이나 성에 따라 달라진다. 형제자매간 권력의 종류는 5가지로 나눌 수 있다.

첫째, 보상적 권력(reward power)으로서 이는 형제자매 중 다른 사람에게 보상을 제공할 수 있는 능력에 기반을 두는 권력이다. 보상의 종류로는 장난감·금전·기구 등 여러 가지가 있다.

둘째, 강압적 권력(coercive power)으로서 형제자매 중 어느 누가 벌을 줄 힘이 있을 때 갖는 권력이다.

셋째, 합법적 권력(legitimate power)으로서 행동을 명령할 합법적 권리가 주어졌을 때 갖게 되는 권력이다. 이 권리는 주로 부모로부터 주어진다.

넷째, 준거적 권력(reference power)으로서 동일시의 대상이 될 수 있는 형제자매가 갖는 권력이다.

다섯째, 전문적 권력(expert power)으로서 특별한 지식이나 숙달된 기술이 있을 때 갖게 되는 권력이다.

권력에 영향을 주는 큰 요인은 부모로부터 받은 합법적인 것으로 이때의 권력은 부모가 연령이나 성에 따라 자녀에게 책임을 분담할 때 생긴다. 위형제는 동생을 돌보는 책임을 부여받는데 이것이 권력을 갖게 한다. 또한, 다른 형제자매가 할 수 없는 특별한 심부름 등을 명령받고 수행했을 때 이러한 권력이 발생한다.

3) 건강가정에의 적용

형제자매는 유전적으로나 환경적으로 비슷할 뿐 똑같은 조건하에 성장하지 않으며, 형제자매 각자는 상호입장에서 볼 때 가족환경의 일부가 되기 때문에 실제 행동 면에 있어서도 똑같은 행동을 보이지는 않는다.

형제자매 관계의 유사성과 특이성은 부부관계나 부모-자녀관계 못지않게 가족 내외에서 중요한 기능을 행하고 있으므로, 이에 대한 관심은 가족의 이해에 필요하고 중요하다. 그러나 이러한 중요성에도 불구하고 형제자매 관계에 대한 연구는 부부관계나 부모-자녀관계 등에 비해 저조한 실정이다. 따라서 다음과 같은 형제자매간 기능들을 중심으로 앞으로 나아가야 할 형제자매간의 방향성에 대해 논의점을 찾아야 한다.

첫째, 가족은 부부간, 부모-자녀 간, 형제자매간의 3가지 하위구조로 구성되는데, 이러한 하위구조는 가족집단 내에서 반개방적인 형태로 작용한다. 그러므로 형제자매 관계는 기타 구조와 밀접한 연관을 가진다. 따라서 부부나 부모-자녀 간의 관계가 형제자매간 관계에 영향을 줄 수 있으므로 이들 관계에 대한 개입도 같이 이루어져야 한다.

둘째, 형제자매는 사회화의 상호작용을 한다. 즉, 형제자매는 서로 영향을 주고받는 역동적 체계를 이루고 있다.

셋째, 형제자매의 상호작용은 어느 연령에만 한정되는 것이 아니라 끊임없이 계속되는 발달적 과정이다. 이러한 특징을 강점으로 인식하여 좋지 않은 관계라고 해도 긍정적인 변화 가능성을 적극 탐색해 보고 적용해야 한다.

넷째, 형제자매간 상호작용의 특성은 그들 형제자매의 인성발달, 사회적 행동 등에 영향을 미친다. 따라서 부모와의 관계에 이어 형제자매 관계는 사회적 관계의 전초전으로 이들과의 긍정적 관계는 사회적 관계의 긍정적 관계를 예측할 수 있다.

다섯째, 형제자매 집단은 고유한 집단 특성과 기능을 갖는다. 형제자매 관계를 통해 집단으로부터 배울 수 있는 경쟁·타협·배려 등을 습득할 수 있다.

4. 고부관계

고부관계란 결혼으로 인해 시작되는 가족 내 인간관계이다. 기존세대로서의 고(姑), 즉 시어머니와 혼입세대로서의 부, 즉 며느리와의 새로운 상호작용 관계를 의미한다. 고부관계는 혈연관계가 없는 타인끼리 한 남성을 매개로 법적·인위적 관계를 맺은 것이므로 문제가 가장 많이 나타나고 있다. 더구나 이들이 일생 동안 서로 밀접한 유대관계를 유지하면서 그 가족의 발달을 이루어 나가므로 고부관계는 매우 중요하고 복잡하다. 유영주 외(2015)가 제시한 내용을 중심으로 살펴보면 다음과 같다.

1) 고부간의 갈등요인

'두 명의 주부가 함께 살아 나갈 만큼의 큰 집은 없다.'고 할 정도로 시어머니와 며느리 사이는 매우 어려운 관계라고 할 수 있다. 오늘날에는 급격한 사회 변화와 더불어 서구의 개인주의와 평등주의가 유입되고, 가족관계가 부부관계 중심으로 변화하여 과거에는 며느리의 일방적인 인내로 노출되지 않았던 고부간의 여러 문제가 표면화됨으로써 고부갈등은 실제적으로 더욱 해결하기 어려운 가족문제가 되고 있다.

현대의 가족문제에서 고부갈등이 발생되는 원인은 매우 광범위하지만 크게 고부간의 권력구조 면, 역할구조 면, 애정구조 면, 고부간의 세대 차이 및 이해관계 측면의 갈등요인으로 나누어 살펴볼 수 있다.

(1) 권력구조 면에서의 갈등요인

고부간에는 경제권, 가사처리권, 제사를 비롯한 대소사주도권, 자녀 양육권 등을 내포하는 주부권을 둘러싸고 갈등이 일어날 수 있다. 도시와 농촌별로 보면 전통적 사고가 아직 잔존하고 있는 농촌은 도시보다 시어머니가 여전히 지배적인 영향력을 행사하고 있다. 그러나 도시가계에서는 가사주도권 및 경제주도권이 이미 시어머니에서 며느리에게 이양되어 며느리의 주부권 행사비율이 높다. 따라서 절대적 권력을 행사하던 시어머니의 권한이 현저히 쇠퇴해 며느리에 대한 의존적·협력적인 관계로 전환되고 있는 것으로 나타난다. 경우에 따라서는 오히려 고부의 세력관계에서 역전현상마저 일어나고 있어 시어머니가 '시집살이'를 하는 경우가 늘어나고 있다. 이처럼 시어머니의 권위가 약화되고 가계의 주도권이 시어머니 우위형에서 며느리 우위형으로 변화되고 있는 것이 현대 고부갈등의 일반적인 양상이다.

(2) 역할구조 면에서 갈등요인

역할구조는 역할기대와 역할수행으로 나눌 수 있는데, 고부간에는 상호 역할기대의 불일치와 역할수행의 불일치 그리고 역할기대와 역할수행 간의 불일치로 인한 갈등이 있다.

과거에 자신이 며느리로서 행했던 역할을 며느리를 통해 그대로 받기 원하는 시어머니는 며느리가 이러한 기대와는 어긋난 생각과 행동을 하므로 불만을 느끼게 된다. 또한, 역할수행 면에서도 시어머니는 의식주 및 자녀 양육, 가내의 대소사에 이르기까지 전통적·경험주의적 방법으로 처리하려 하지만 며느리는 새롭고 편리한 기계문명적 방식을 택하려는 것에서도 고부갈등이 유발된다.

고부갈등의 연구에서 흔히 지적되는 갈등의 원인으로 양가의 관습 차이가 있는데 갈등상황에서 해석해 보면, 며느리의 가정관리상 역할수행에 대해 시어머니가 못마땅해함을 뜻하는 것으로, 이는 시어머니의 며느리에 대한 역할기대와 며느리의 실제 역할수행 간에 차이가 있음을 의미한다.

(3) 애정구조 면에서의 갈등요인

전통 부계가족사회에서 고부간의 갈등을 초래하는 근본적인 요인이었던 밀착된 모자관계가 현대사회에서도 고부갈등의 원인이 되고 있다. 시어머니는 근대화 과정을 거치면서 전통적 가치관을 지닌 채 사회적 격변의 시대에 어려움을 무릅쓰고 자식을 키우고 교육시켰으므로 아들에 대한 기대가 남달리 크다. 이에 비해 새로운 서구사상에 입각한 교육을 받고 자유로운 핵가족화 및 부부중심의 애정적 결합을 이상으로 생각하는 젊은 며느리들은 시어머니를 이해할 수 없는 존재로 본다.

(4) 세대 차이 측면에서의 갈등요인

고부간의 갈등은 애정이나 권력 측면에서 발생하기도 하지만 고부간의 연령차와 세대 차이가 만들어 내는 불가피한 생활경험과 가치관의 차이에서 비롯되기도 한다. 시어머니와 며느리는 각각 다른 시대에 태어났으므로 생리적·심리적·사회적 특성이 다르고, 생활환경과 경험이 다르므로 의식이나 가치관에 차이가 있다. 이로 인해 자녀 양육, 가정관리와 같은 다양한 가정문제에 대해 좀 더 빈번하고 다양하게 고부간의 갈등이 표출된다.

(5) 이해관계 측면에서의 갈등요인

나이가 들어 노쇠한 부모는 아들부부에게 의존하게 되고 이것이 고부갈등의 새로운 원인이 된다. 대인관계를 설명하는 교환이론에서는 대인 간의 상호작용을 보상과 비용의 측면에서 분석한다. 상호교환적인 기대가 충족되지 않을 때 인간관계는 지속되지 않으며, 일단 형성된 관계라도 그 관계에는 갈등이 발생한다는 것이다.

우리나라 며느리를 대상으로 조사한 연구에 의하면, 시어머니에게 경제적으로 도움을 주고 있을 때 갈등의 정도가 높게 나타나고 있다. 이는 고부간의 이해관계 면에서 며느리가 피해를 느끼고 있고, 시어머니에 대해 불만이 생길 수 있는 소지가 큼을 암시한다. 이와 같이 고부간의 이해 상충이 고부갈등의 요인이 될 수 있다.

2) 장모(인) - 사위관계의 갈등

예전에는 사위를 백년손님이라고 표현하면서 어렵고 조심스러운 존재로 여겼다. 그러나 요즈음 며느리가 시댁의 친족들과 친족관계의 호칭을 쓰듯이 사위와 처가도 나름대로 아내와의 관계에 따른 호칭을 쓰는 경향이 있다. 이러한 현상으로 인해 처가와 본가 사이의 개념이 혼용되고 전통적인 관습에서 벗어나고 있다.

핵가족화에 따른 가족구조의 변화로 장모－사위의 갈등이 새로운 가족관계의 문제로 등장하고 있다. 최근에는 딸과 같이 생활하거나 자녀 양육 문제로 처가와 밀접한 관계를 가지면서 새로운 형태의 가족갈등 문제가 발생하고 있다. 과거에는 처가와의 교류가 적어 장모와 사위가 접할 수 있는 기회가 적었지만 현대사회에서는 접촉 기회가 늘어나면서 갈등의 가능성도 증가하고 있다.

3) 건강가정에의 적용

고부간의 갈등을 해결하고 그 관계를 개선시키기 위해서는 개인적·가족적·사회적으로 다양한 접근이 이루어져야 한다.

(1) 개인적 해결방안

원만한 고부관계를 위해서는 시어머니와 며느리가 애정과 신뢰를 바탕으로 서로 존중하는 태도를 갖고, 항상 대화하려는 분위기를 만들어 상대방의 입장에서 서로 이해하려는 자세를 갖추는 것이 중요하다. 고부갈등의 문제는 어느 한편만의 불만을 제거함으로써 해결될 수 있는 문제가 아니기 때문에 양쪽에서 조화점을 찾는 것이 바람직하다. 이와 아울러 아들/남편이 고부관계의 조정자·중재인으로서의 역할을 얼마나 잘 수행하느냐에 따라서 그 양상이 달라진다.

① 시어머니 입장

첫째, 자신이 과거에 수행했던 며느리의 역할을 기대하지 말고 노인대학이나 기타 평생교육 프로그램 등에 참여하여 변화해 가는 가치 변화를 인식하고 스스로 재사회화하려는 자세가 필요하다.

둘째, 세속적인 가치로부터 벗어나 종교 등에 귀의해 마음의 평화와 안정을 도모하여 성숙한 노인이 되도록 자신을 개발한다.

셋째, 칭찬에 인색하지 않은 시어머니가 되도록 한다.

넷째, 오늘날의 젊은 세대는 교환적인 대인관계에 큰 비중을 두고 있음을 고려하여 현재 자신이 처해 있는 상황에서 자녀세대를 위해 자신이 해 줄 수 있는 일이 무엇인지 모색한다.

다섯째, 동거가족의 경우 자녀세대에 대해 지나친 간섭이나 구속을 하지 말고 아들과 며느리의 독립된 생활영역을 인정해 주며, 권위보다는 상황과 편의에 따라 역할을 분담하는 자세를 갖는다. 또한, 가정생활의 중요한 계획을 수립할 때는 참여해서 경험적 측면에서 의견을 제시하되 일반적인 가정 운영의 주도권은 며느리에게 이양한다.

② 며느리 입장

첫째, 시어머니는 며느리를 시집살이시키고 괴롭히는 사람이라는 부정적인 선입관을 버리고 긍정적인 인식과 태도를 갖도록 한다. 이와 아울러 시가의 형제자매 등 시가족과의 유대와 화합에도 관심을 기울인다.

둘째, 자신의 생활방식에 따라 시어머니를 조정하기보다는 시어머니의 입장을 이해하고 우선적으로 고려한다. 노년기의 발달특성과 전통사회 가치관을 가진 시어머니에게 이해를 요구하기보다는 아직 유연성이 있으며 장기간의 교육으로 훈련된 며느리가 수용·설득·타협하려고 노력한다.

셋째, 시어머니의 경험을 존중하여 집안의 중요한 행사는 물론 일상생활에서도 의논을 하고 조언을 구한다.

넷째, 의무와 책임만 다하면 된다는 형식적인 관계에서 벗어나 자발적이고 기쁜 마음으로 관계를 맺는다.

다섯째, 손자녀를 매개로 고부 사이가 가까워질 수 있으므로 시어머니가 조부모의 역할에 보람을 느낄 수 있도록 조부모와 손자녀의 관계가 원만하게 이루어지도록 유도한다.

여섯째, 작지만 즐거움을 줄 수 있는 선물이나 용돈을 드려 사회적인 교류에 도움이 되도록 한다.

일곱째, 동거 시에는 시어머니의 생활습관 존중 및 적절한 역할 마련에 유의하고, 분가 시에는 전화·방문 등 문안 인사를 소홀히 하지 않도록 한다.

③ 아들/남편 입장

첫째, 아내와 어머니의 불만에 대해 각각 동정하고 위로해 주면서 동시에 그들의 특성, 과거의 배경 등을 이해시켜 서로에 대한 오해와 마찰을 없애는 등 융통성을 지니고, 중립적인 입장을 견지함으로써 고부관계를 원만하게 유도한다.

둘째, 평소 아내에게는 신뢰와 애정으로 결합된 동반자로서의 역할을, 어머니에게는 부모에 대한 존경심을 표함으로써 섭섭한 마음이 들지 않도록 배려한다.

셋째, 가족여행, 외식 등 가족구성원 전체가 모일 수 있는 기회를 마련하여 가족구성원 간의 화목을 도모한다.

(2) 가족적 해결방안

고부간의 갈등을 최소화하기 위해서는 당사자의 개별적인 노력뿐만 아니라 가족 전체의 측면에서 해결방안들이 모색될 필요가 있다.

① 거주형태에 대한 새로운 고안이 요망된다

첫째, 고부갈등은 동거 시에 더욱 심각하게 나타나므로 며느리가 어느 정도 자유로운 생활을 영위하면서 시부모를 모실 수 있는 준동거 형태를 채택할 수 있다.

둘째, 최근 점차 증가하고 있고 앞으로 더욱 증가할 것으로 예상되는 딸과의 동거도 고려해 볼 수 있다.

셋째, 근래에는 경제적 여유를 가진 층에서 시설이 잘된 유료 양로원의 필요성을 호소하는 사람들이 증가하고 있다.

② 융통성 있는 가족역할 배분이 이루어지도록 한다

동거하는 고부간에는 무엇보다도 가사 분담이 중요하므로 시간과 능력, 경험, 상황에 따라 적절하게 서로의 역할을 배분한다.

③ 고부갈등은 가족 전체의 문제에서 비롯되는 경우가 많다

고부갈등은 고부에게만 있는 것이 아니라 아들/남편, 손자녀 등 모든 가족구성원에게 영향을 끼치므로 가족구성원이 모두 서로 이해하고 도우려는 의식이 필요하고, 가족구성원 간의 협동과 의사소통 과정을 통해 해결해야 한다.

④ 독립과 의존의 적절한 조화가 이루어져야 한다

독립과 의존의 적절한 조화야말로 현대의 가족관계에서 성인 자녀와 노부모가 성취해야 할 가장 중요한 과업이라고 할 수 있다. 부모세대와 자녀세대는 서로의 생활에 경계를 적절하게 유지하여 독립적이면서 유대감을 갖는 가족생활을 영위하도록 한다.

(3) 사회적 해결방안

고부갈등의 문제는 가족 내에 한정된 문제가 아니라 더 나아가 많은 여성이 당면한 문제이기도 하므로 사회적으로 다양한 지원이 주어져야 한다.

첫째, 시부모를 부양하는, 특히 서민층 며느리의 경제적 부담을 줄이기 위해서 우선 노인 자신의 노후 소득을 보장하는 제도가 확립되어야 한다.

둘째, 노후의 여가생활과 친목 및 평생교육적 차원에서 가장 시급한 것이 경로당, 노인대학의 활성화 문제이다.

셋째, 지역사회 건강가정지원센터와 상담소 등에서 고부관계 개선을 위한 구체적·실질적인 의사소통의 기술과 방법 등을 교육하여 역기능적인 요소들을 제거하고 성숙된 인간관계가 될 수 있도록 한다.

넷째, 경로효친사상을 현대적 의미에서 교육하고, 대중매체 등에서도 건강한 고부관계의 모습을 제시한다.

핵심용어

- 부부관계, 부모-자녀관계, 형제자매 관계, 고부관계

학습 실천과제

- 부부관계의 개념과 특징, 건강가정에의 적용점을 논의해 봅시다.
- 부모-자녀관계의 개념과 특징, 건강가정에의 적용점을 논의해 봅시다.
- 형제자매 관계의 개념과 특징, 건강가정에의 적용점을 논의해 봅시다.
- 고부관계의 개념과 특징, 건강가정에의 적용점을 논의해 봅시다.

Chapter 05

다양한 가족의 건강성

학습목표

- 다양한 가족의 현황, 문제점을 설명할 수 있다.
- 다양한 가족 유형에 따른 가족서비스 실천 방안을 제시할 수 있다.

「건강가정기본법」 제21조에는 가정 지원 방안에 관해 '국가 및 지방자치단체는 가정이 원활한 기능을 수행하도록 지원하여야 한다고 규정하였다.' 이에 가족정책서비스 대표적인 전달체계인 가족센터, 건강가정지원센터, 다문화가족지원센터, 한부모가족지원센터는 맞벌이가족, 미혼모(부)가족, 한부모가족, 조손가족, 재혼가족, 다문화가족, 북한가족, 군인가족, 수용자가족 등 다양한 가족을 지원하고 있고, 더 나아가 1인가구 증가에 따른 1인가구 지원도 확대되고 있다. 따라서 본 장에서는 다양한 가족에 대한 개념이 어떻게 정의되는지, 이들 가족이 직면하고 있는 문제들은 어떠한 것이 있는지, 이에 따른 정책들은 어떠한지 살펴보고, 이를 바탕으로 다양한 가족을 위한 구체적 복지 대책을 제시하고자 한다.

1. 미혼모가족의 건강성

1) 미혼모가족 정의 및 현황

(1) 미혼모가족 정의

미혼모(unmarried mother, unwed mother)에 관한 정의는 시대와 사회, 그리고 학자에 따라 약간씩 차이가 있다. 우리나라에서 '미혼모'라는 용어는 1960년대 초·중반 사회복지 연구자의 논문에서 해외 연구물을 번역 혹은 국내 상황에 적용, 소개하면서 처음으로 사용되었다. 이후 1960년대 후반과 1970년대 초에 점차 사회적, 제도적 용어로 확대 보급되어 대중적으로 쓰이기 시작했다(신필식, 2017).

미혼모의 사전적 의미는 '결혼은 하지 않았는데 아이를 낳아서 어머니가 된 여성을 말한다.' 반대로 남성이 아이를 키우는 경우 '미혼부'라 한다. 도미향·채경선(2008)은 '미혼모란 합법적이고 정당한 결혼절차 없이 아기를 임신 중이거나 출산한 여성을 말하며, 혼외의 경우는 미혼모라 하지 않고 단지 혼전임신에 한해 미혼모로 통용되고 있다'고 하였다. NASW(1965)는 '미혼모란 그 개념상 미혼 상태에서 혼전 임신 및 출산, 이혼, 사별 상태에서 배우자와 관계없는 아이를 가진 경우이다.'로 정의하고 있다.

서구의 경우 미혼모와 모자 가정 모두를 독신모(single mother)나 한부모(single parent)라는 용어를 사용하고 있다. 미국의 경우 미혼모라는 말이 갖는 부정적 이미지를 줄이기 위해 독신모로 칭하고 있으며 10대 모인 경우 특별히 어린 독신모(Young single mother)나 십대모(Teen mother)로 분리하여 칭하고 있다. 우리나라의 경우 법적으로는 한부모의 범주에 속하고 있으나 사회적으로 혼인과 관계없이 임신한 여성이라는 사실에 초점을 맞추고 미혼모라는 용어로 부르고 있다.

2000년대 이후 여성학계에서는 미혼모라는 용어를 '비혼모'로 사용하고 있다. 이는 '미혼모(未婚母)'는 아이의 생물학적 아버지와의 결혼을 당연시하는 결혼제도 안에서의 시각인 반면, 비혼모는 결혼을 거부 또는 선택의 문제로 보고 있기 때문이다. 그러나 아직까지 우리나라에서는 통상적으로 혼인과 배우자 없이 아이를 가진 경우를 미혼모라는 용어를 사용하고 있다. 미혼모에 대한 편견을 갖고 있는 우리 사회, 미혼모들 스스로도 노출을 꺼리는 상황이라 미혼모가족 대부분은 복지 사각지대에 놓여 있다.

우리 사회는 미혼모에 대해 부정적인 시각으로 인식되어 있고, 미혼모 스스로도 노출을 꺼리는 상황이라 그에 따라 열악한 임신·출산 및 양육을 경험하게 된다. 미혼모가족의 어려움이 최근 공유되면서 이에 대한 개선 및 지원이 확대되고 있다. 이에 본 장에서는 청소년과 여성을 중심으로 미혼모가족의 현황, 발생원인, 문제 등을 파악하고 이에 대한 적절한 지원 대책을 제시한다.

학습 TIP **미혼모란?**

- 미혼모의 사전적 정의는 '결혼하지 않은 몸으로 아이를 낳은 여자'이다. 이는 결혼제도 안에 있었으나 이혼이나 사별 이후에 자녀를 키우는 여성까지를 포함하는 '한부모' 여성과는 용어상으로 구분한다.

(2) 미혼모가족 현황

통계청(2020)이 발표한 자료를 보면 〈표 5-1〉에 나타나듯이 미혼모·부의 규모는 점차 감소하는 추세이다. 2020년 기준 미혼모는 20,572명, 미혼부는 6,673명으로 미혼모가 두 배 정도 더 많은 것으로 조사되었다. 연령별로 미혼모는 30대, 미혼부는 40대의 비중이 가장 높은 것으로 조사되었다.

표 5-1 **연령별 미혼모 · 부 현황**

(단위 : 명)

구분	2016		2017		2018		2019		2020	
	미혼모	미혼부	미혼모	미혼부	미혼모	미혼부	미혼모	미혼부	미혼모	미혼부
계	23,936	9,172	22,065	8,424	21,254	7,768	20,761	7,082	20,572	6,673
~20세	435	28	33	10	317	6	268	X	231	X
20~24	1,979	355	1,724	284	1,579	197	1,475	124	1,409	74
25~29	2,942	434	2,507	395	2,498	392	2,502	377	2,430	370
30~34	3,960	903	3,286	719	3,047	622	2,962	560	2,979	522
35~39	4,853	1,613	4,672	1,437	4,550	1,283	4,398	1,121	4,192	981
40~44	4,126	2,041	4,010	1,813	3,969	1,636	3,976	1,416	4,142	1,332
45~49	3,166	2,016	3,147	1,964	3,058	1,834	3,017	1,695	3,029	1,555
50세~	2,475	1,782	2,342	1,802	2,236	1,798	2,163	1,786	2,160	1,836
총계	33,108		30,489		29,022		27,843		27,245	

출처: 통계청(2022. 03. 31). 인구총조사-연령별 미혼모, 미혼부.

한국여성정책연구원(2010) 연구에 의하면 미혼모들은 대부분 한 명의 자녀를 양육하고 있으며 자녀의 연령은 평균 3.29세, 미혼모의 나이는 25세 이상과 30대 미혼모의 증가 추세가 나타나고 있다. 교육수준은 고등학교 이상의 학력 비율은 84.9%로 이전에 비해 학력 수준이 높아지고 있지만, 학생 미혼모 중 50.0%, 청소년 양육미혼모 중에는 28.35%가 고등학교 중퇴로 나타났다. 10대의 경우 연령 자체가 낮기 때문에 교육수준이 낮고 학업을 중단하고 가출한 경우가 많아 학업 지속이 곤란하여 자연스럽게 저학력으로 연결된다. 따라서 10대 청소년 미혼모의 경우 안전한 출산과 양육을 위한 사회경제적인 자원을 확보할 수 있도록 이들에 대한 사회적 관심은 꾸준히 이어져야 할 필요가 있다.

미혼모 원가정의 약 30~60%가 일반가정이 아닌 한부모 및 재혼가정으로 나타났다. 미혼모의 직업은 무직 상태가 가장 많이 나타나고 있으나 학생이 16.7%로 증가하고 있다. 미혼모의 임신 경험 횟수는 재임신의 경우가 약 30%로 적지 않은 부분을 차지하고 있다. 미혼모가 된 경로는 '피임실패', '교제 중 원치 않게 임신' 등으로 나타났다. 대부분 원치 않는 임신으로, 성에 대한 무지의 결과로 임신에 이르게 되고, 낙태 시기를 놓치거나 낙태 비용 부족으로 출산하게 되는 것으로 나타났다.

2) 미혼모가족 문제

미혼모가족의 문제는 미혼부로부터 유기되어 혼자서 자녀를 출산, 양육하게 되는 경우가 많고 이로 인해 원가족과의 결별, 기본적 생활유지, 산전 및 산후 관리, 자녀 출산 및 출산자녀 양육, 사회에서의 고립 등의 복합적 문제를 안고 있다. 특히 10대 미혼모는 학교 중퇴, 저임금 업종에의 취업, 건강, 인지문제 등에 있어 다른 연령대의 미혼모에 비해 취약한 위치에 있다고 할 수 있다(김혜경 외, 2021).

미혼모 자녀는 사생아라는 오명을 들으면서 자라게 되므로 정신적으로 불안정하고, 어려운 가정 여건으로 인해 학업성취도, 또래 관계의 어려움이 예측되어 건강한 성장 발달을 저해할 수 있다.

미혼모는 임신결과에 대한 책임이 주로 여성에게 전가되어 사회와 가족으로부터의 소외감, 자녀에 대한 죄책감을 갖게 되고, 경제적으로 열악한 상태에서 자녀를 키우게 된다. 그리고 자녀를 입양시키게 되는 경우 상실감과 심리적 고통을 경험하게 되는 '친모증후군'의 증상을 보이기도 한다.

김희주 외(2017)의 연구에 의하면 '미혼모들이 가장 호소는 고통은 이들에 대한 낙인과 사회적 편견이며 이로 인해 여러 삶의 영역에서 차별을 받고 있는 점이다.'라고 하였다. 이혜진(2014)의 연구에서는 양육미혼모들이 사회적 편견과 경제적 문제, 가부장적 법과 제도 등으로 인해 어려움에 시달리고 있다고 하였다. 이에 미혼모에게 불리한 각종제도를 개선하고 법의 보완을 통해 법의 테두리 안에서 보호받고 아이를 직접 양육할 수 있는 환경 조성을 위해 적극적인 대책 마련이 필요하다고 본다.

3) 미혼모가족 지원서비스

미혼모가족 대상 주요 지원서비스는 임신·출산 및 건강 영역, 돌봄·양육 영역, 경제 영역(소득·소비), 주거 영역, 자립(학업·취업) 영역으로 나누어 살펴볼 수 있다.

(1) 임신·출산 및 건강 영역

임신·출산 및 건강 영역 지원서비스는 건강한 태아의 분만과 산모의 건강관리를 위한 임신·출산 진료비 지원·출산 진료비 지원사업, 산전관리가 취약한 청소년 산모 대상 청소년 산모 임신·출산 의료비 지원사업, 선천성기형아 출산을 예방하고 임산부 및 태아의 건강을 증진하기 위한 엽산·철분제 지원사업, 영유아 무료예방접종감염병 예방사업, 저소득층 기저귀, 조제분유 지원사업, 산모·신생아 관리사를 통한 가정방문 서비스를 지원하는 산모·신생아 건강관리 지원사업, 입양숙려기간 모자 지원사업 등이 있다.

(2) 돌봄·양육 영역

돌봄·양육 영역 지원서비스로는 보육료 지원, 가정양육수당, 아동수당, 공동육아나눔터 이용, 아이돌봄지원사업, 방과 후 보육료지원, 지역아동센터 등이 있다.

(3) 경제 영역

경제 영역 지원서비스로는 생활이 어려운 저소득 가구 대상 국민기초생활보장제도, 갑작스러운 위기상황으로 생계유지가 곤란한 저소득층 대상 긴급복지지원제도, 한부모가족지원제도, 청소년 한부모 자립지원사업, 미혼모·부 초기 지원, 양육비 이행 지원 종합서비스 등이 있다.

(4) 주거 영역

주거 영역에 있어 지원서비스는 국민기초생활보장의 주거급여국민기초생활보장제도, 한부모가족복지시설, 한부모가족 임대주택 특별공급 지원이 있다. 이 중 한부모가족복지시설 유형은 총 5가지로 모자가족복지시설, 부자가족복지시설, 미혼모자가족복지시설, 일시복지시설, 한부모가족복지상담소로 구분한다.

(5) 자립 영역

자립 영역 지원서비스는 청소년 미혼모가 학업을 지속할 수 있도록 미혼모 대안위탁교육, 자립준비금 공제제도, 취업성공패키지 등이 있다.

4) 미혼모가족 과제와 전망

미혼모가족을 위한 과제와 전망에 있어 미혼모와 자녀의 발달과 생애주기를 고려하여 임신·출산, 돌봄·양육, 경제활동 및 소득, 학업 및 자립 준비, 주거 등에 대해 제시하고자 한다.

(1) 임신·출산기

임신·출산기는 미혼모가 가장 많은 갈등을 경험하는 시기이기도 하며, 신체적·심리적·관계적 측면에서 많은 변화와 어려움이 한꺼번에 집중되는 시기로 도움이 매우 필요한 시기이다. 저출생에 대한 대응으로 국가가 적극적으로 지원하고 있는 지금, 미혼모와 아동이 보다 안정적인 시기가 되도록 지원체계 마련이 필요하다.

(2) 양육 돌봄

미혼모는 자녀가 3세 이상이 되면 일을 시작하는 경우가 많아지는데, 자녀를 맡길 곳이 마땅치 않다는 점과 자녀를 돌보고 챙길 시간이 부족하다. 특히 미취학기 자녀를 둔 경우 자녀 양육에 있어 많은 어려움이 있다고 한다. 경제활동과 사회활동 지원을 위한 아이돌봄서비스는 마련되어 있으나 미혼모가족의 특수성을 반영하기에는 역부족이다. 따라서 미혼모가족은 혼자 생계와 돌봄을 오롯이 책임져야 하는 특성으로 미혼모가 돌봄으로 소진되는 것을 방지하고 일을 할 수 있는 정책적 배려가 필요하다.

(3) 경제활동 및 소득

미혼모의 경우 자녀돌봄 시간이 줄어드는 시기가 도래하면 자립을 위해 애쓰기 시작한다. 그러나 3세 미만 영·유아가 있는 미혼모의 70%가 경제활동을 하지 않는 것으로 파악되었다(변수정 외, 2019). 현재 경제활동을 하지는 않지만 미혼모 대다수가 취업 의향을 나타내어, 집중 양육 시기를 제외하고 적극적 취업 지원을 통해 자립 지원을 도모할 필요가 있다.

(4) 학업 및 자립 준비

청소년 미혼모가 임신·출산 과정에서 다니던 학교를 중단(자퇴)한 경험은 74.2%에 달하였다. 우리나라 현행 교육제도 하에서는 임신·출산 후 학교를 계속 다니는 것은 거의 불가능하다. 한국 사회에서 중등 학력을 갖추지 못한 비숙련 상태의 근로자가 좋은 일자리에 진입에는 한계가 있다. 따라서 정부의 재정 지원을 통한 임신·출산·양육을 이유로 원하지 않는 학업 중단을 경험하지 않도록 하는 것이 중요하다.

(5) 주거

미혼모가족은 집의 구조나 건물 낙후 등 주거환경이 취약한 것으로 나타났다(변수정 외, 2019). 미혼모가족은 '저렴한 가격의 임대주택 제공'과 '지원받는 주거인 것이 드러나지 않는 주거지원'에 대한 요구가 가장 많아 미혼모가족의 주거 환경개선을 위한 정책적 지원이 필요하고, 또한 주거지원 시 세심한 배려가 필요하다.

2. 한부모가족의 건강성

1) 한부모가족 정의 및 현황

(1) 한부모가족 정의

「한부모가족지원법」 제4조에 의하면 한부모가족이란 "배우자와 사별 또는 이혼, 유기된 자, 정신 및 신체장애로 장기간 노동능력을 상실한 배우자를 가진 자로서 18세 미만의 아동을 양육하는 자(취학 중인 경우에는 22세 미만)"를 일컫는다.

한부모가족지원법상에서 한부모가족은 모자가족과 부자가족을 말하며, 모 또는 부가 세대주이거나 세대주가 아니더라도 사실상 세대원을 부양하는 모두 가족을 의미한다. 청소년 한부모란 24세 이하의 모 또는 부를 말한다. 이 밖에 조손가족은 2007년 「모부자복지법」이 「한부모가족지원법」으로 개정되면서 지원대상자 범위에 대한 특례로서 지원받을 수 있는 법적 근거를 마련하였다. 한부모가족을 어떻게 구체적으로 정의해야 하는지는 매우 중요한 의미를 지닌다. 그 이유는 개념 정의를 바탕으로 한부모가족에 대한 지원의 폭과 범위가 결정되기 때문이다.

(2) 한부모가족 현황

통계청(2021) 조사에 의하면 모자가구는 144,792가구, 부자가구는 37,205가구, 조손가구는 1,056가구, 청소년 모자가구는 2,181가구, 청소년 부자가구는 217가구로 나타났다. 전년대비 모자가구는 1.5% 증가, 부자가구는 0.2% 감소, 조손가구는

22.2% 증가, 청소년 모자가구 23.3% 감소, 청소년 부자가구 38.3% 감소하였다. 이를 통해 볼 때 부자가족에 비해 모자가족 비율이 높고, 청소년 모부자가족은 모두 감소한 반면 조손가족의 비율이 높아짐에 따라 한부모가족지원에 있어 모자가족과 조손가족에 대한 지원체제를 강화함이 필요하다.

여성가족부 「2021 한부모가족 실태조사」 결과에 의하면 연령분포는 40대가 60.7%로 가장 많았으며, 평균 연령은 43.6세였다. 학력은 고졸 이하가 55.4%로 절반 이상을 차지하였고, 대학 이상이 40.4%, 중졸 이하는 3.9%였으며, 혼인상태는 이혼이 81.6%, 사별이 11.6%, 기타가 6.8% 순으로 나타났다. 2018년 조사와 비교했을 때 40대의 비율은 증가하고 30대 이하와 50대 이상이 차지하는 비중은 감소하였다. 학력은 대학 이상의 비중이 다소 높아졌고, 혼인 지위는 이혼의 비율은 늘고 사별과 기타의 비율은 다소 줄었다.

평균 가구원 수는 2.8명이었고, 가장 많은 비율을 차지한 가구원 수는 3명(41.3%), 그다음으로 2명(39.3%), 4명(15.5%), 5명 이상(3.9%) 순이었다. 자녀 수는 1명이 57.0%, 2명이 36.9%로 평균 1.5명으로 자녀 중 가장 어린 자녀의 연령은 평균 12.4세인 것으로 집계되었다. 중학생 이상이 56.3%로 가장 많았고, 그다음으로 초등학생(31.7%), 미취학 연령(12.1%) 순의 분포를 보이고 있었다.

전체 응답자 가구 중 기초보장, 저소득 한부모지원 등 정부지원을 받는 가구는 54.4%, 지원받지 않는 일반가구는 45.6%로 절반을 넘는 한부모가 정부지원을 받고 있는 것으로 나타났다. 2018년 조사결과들과 비교할 때 지원가구 비율은 지속적으로 증가하고 있다.

한부모가족의 자녀돌봄 실태를 자녀의 연령별로 나누어 살펴본 결과, 미취학 자녀(만 7세 미만)의 경우 보육시설·어린이집이나 유치원 등 시설보육을 통해 자녀를 돌보는 사례가 84.0%, 학원까지 포함하면 84.9%로 시설보육 이용률이 상당히 높게 나타나고 있다. 한편, 한부모가 직접 돌보는 경우는 9.0%, 조부모인 경우는 5.5%로 조사되었다. 2018년 조사와 비교해 보면, 보육시설(어린이집)(-0.2%p)과 본인 직접 돌봄(-0.1%p), 유치원(-2.3%p)은 감소한 반면, 조부모 돌봄(+1.8%p)은 증가한 것으로 확인되었다. 정부지원 아이돌봄서비스의 경우, 2018년 0.3%에서 2021년 0.2%로 소폭 감소하였다. 아이돌봄서비스의 경우 자부담과 연간 이용시간 제한적인 요소로 인해 서비스 이용률이 감소하는 것으로 보인다. 한부모가족의 자녀돌봄 문제는 삶의 질에 아주 중요한 요소이다. 이에 대한 대책 마련이 필요하다.

2) 한부모가족의 문제

(1) 모자가족의 문제

첫째, 경제적 문제다. 소득의 상실이나 감소로 인해 모가 소득과 생계유지를 위해 직업 전선에 나서도록 만든다. 그러나 문제는 자녀들의 양육 문제로 인해 취업하기 어렵고, 취업을 하더라도 모가 취업할 수 있는 직업이 주로 계약직, 저소득으로 직업 안정도가 매우 낮다는 점이다.

둘째, 사회적 편견과 차별 문제다. 우리 사회는 다른 사회보다 더 '정상가족' 이데올로기가 만연해 있다. 정상가족이데올로기는 부모와 자녀로 구성된 가족만을 정상가족으로 간주하고, 그 이외의 가족형태는 비정상적 혹은 건강하지 못한 가족으로 낙인찍는다.

(2) 부자가족의 문제

첫째, 부자가족 역시 경제적 문제다. 부자가족이 대다수는 부의 저학력, 저소득으로 인해 경제적으로 빈곤한 상태에 처해 있다.

둘째, 가사문제를 비롯한 가정관리의 문제다. 대리 관리자도 없고, 자녀는 어리고, 직업을 계속 유지해야 하는 부는 역할 과부하 상태에 이르고, 이로 인한 스트레스 상태에 놓이게 된다.

셋째, 가장 심각한 자녀 양육이 문제이다. 부의 자녀 양육에 대한 부담과 부적절한 대처는 자녀의 정서적 불안과 학교생활의 부적응, 방임과 학대 등 다양한 문제를 불러일으킬 수 있다. 특히 부가 이성 자녀 딸을 양육하는 경우는 동일시할 수 있는 모가 부재함으로써 더 많은 어려움에 처할 수 있다.

넷째, 부자가족의 심리·정서적 문제를 들 수 있다. 부의 위축감과 두려움은 부자가족의 원인에 따라 다소 차이를 보이는데, 사별보다는 이혼의 경우가 더 심각한 양상을 보인다.

3) 한부모가족지원서비스

(1) 한부모가족 지원정책

한부모를 대상으로 하는 복지정책은 1989년 제정된 「모자복지법」을 근거로 하여 이루어지기 시작하였고, 2002년 개정된 「모부자복지법」을 거쳐 2007년 「한부모가족지원법」으로 전면 개정되어 이를 바탕으로 시행되고 있다. 「한부모가족지원법」 제13조~제18조에는 복지자금의 대여, 고용의 촉진, 고용지원 연계, 공공시설에 매점 및 시설설치, 시설 우선이용, 가족지원서비스, 청소년 한부모에 대한 교육지원, 자녀 양육비 이행지원, 청소년 한부모의 자립지원, 아동청소년 보육지원, 국민주택의 분양 및 임대 등 한부모가족에 대한 지원 내용이 명시되어 있다.

(2) 한부모가족지원서비스

① 보건복지부

보건복지부는 국민기초생활보장제도라는 자산기준 수혜 대상자 제한 제도를 이용하여 한부모가족 중 경제적 취약계층에 대한 사회복지의 관점에서 주로 직접적인 금전적 지원을 하고 있다. 구체적으로는 생계급여, 의료급여, 주거급여, 교육급여, 해산급여, 장제급여, 자활급여 등이다.

② 여성가족부

여성가족부는 서비스 수혜 대상자 선정에 있어 소득을 기준으로 범위를 제한하고 있지만 사업에 따라 대상자 기준을 최저 생계비 180% 선까지 상향함으로써 보편적 가족서비스를 지향하고 있다. 사업방식에 있어서도 복지급여, 복지자금대여, 복지시설입소 등 직접적이고 물적 지원뿐 아니라, 가족요구의 충족을 위해 건강가정지원센터에서 맞춤형의 한부모가족 역량강화 지원사업을 실시하고 있다.

4) 한부모가족 과제와 전망

현재 한부모가족을 지원하고 있는 기관은 한부모가족지원센터, 가족센터, 지역사회복지관, 여성단체 등이 있다. 한부모가족지원센터는 한부모가족 생활안정과 자립 역량강화, 복지시설 및 기관지원 활성화, 인식개선을 위한 사회환경 조성 등의 사업을 하고 있다. 가족센터는 다문화가족·비다문화가족 관계향상프로그램, 가족역량강화사업, 미혼모부자지원사업 등 지역센터의 특성에 맞게 한부모가족 대상 프로그램을 진행하고 있다. 지역사회복지관은 크게 경제적 지원, 심리사회적 지원, 사례관리 등으로 분류되어 사업을 진행하고 있다.

한부모가족은 다른 어떤 유형의 가족보다 활용할 수 있는 자원이 부족하여 생계곤란과 같은 일차적 욕구의 문제를 해결하지 못하고 있는 실정이다(조흥식 외, 2017). 이에 한부모가족에 대한 지원은 정책적인 접근을 통해 일차적 욕구를 충족시킬 수 있어야 하고, 다음으로 이상적 가족에 대한 대중의 이미지로 인한 사회적 차별대우가 심하다. 따라서 이들이 처한 사회·심리적 문제에 대한 지원을 더욱 심화시켜 나가야 한다.

3. 재혼가족의 건강성

1) 재혼가족의 정의 및 현황

(1) 재혼가족 정의

이혼율이 증가하면서 재혼가족이 점차 늘어나고 있다. 재혼가족에 대한 용어나 개념은 학자마다 다르게 사용되고 있는데, 비슷한 의미로 '재결합가족', '복합가족', '혼합가족', '두 개의 핵가족', '계부모가족', '의붓가족' 등의 용어가 사용되고 있으며 가장 복잡한 가족체계 개념 중의 하나이다(김효순, 2005).

미국에서 사용되고 있는 재혼가족(remarried family)이라는 용어는 배우자 한쪽이나 양쪽 모두가 재혼 이상의 결혼으로 자녀가 있거나 없으면서, 하나의 가구를 유지하는 남편과 아내로 구성된 가정으로 정의된다. 그리고 계부모가족(step family)이란 부모의 한쪽이 친부모이며, 그 친부모가 재혼하기 전에 출생한 18세 이하의 자녀가 있는 재혼가족을 의미한다(최정숙 외, 2020).

따라서 본 장에서는 재혼가족이란 이미 한번 또는 그 이상 결혼하여 가정을 이룬 남성이나 여성이 다른 배우자와 새롭게 가정을 재구성한 가족으로 정의한다.

(2) 재혼가족 현황

재혼가족의 유형은 재혼자의 연령, 재혼부부의 결혼상태(미혼, 이혼, 사별), 자녀 유무 및 자녀 양육에 따라 매우 다양하다. 재혼가족의 유형을 살펴보면 다음과 같다.

표 5-2 Lhinger-Tallman과 Pasley(1987)의 재혼가족의 유형

유형	자녀유무	자녀동거 여부	자녀와 재혼부부 관계	특징
유형1	부부 양쪽이 무자녀			배우자의 결혼경험을 제외하고는 초혼부부와 유사함
유형2	재혼부부 사이의 출생자녀		부모의 선혼이 자녀와 무관함	
유형3	전혼에서 최소 1명의 자녀		자녀의 미성년 여부에 달림	자녀 양육과 관련된 문제들이 재혼부부의 일상생활의 일부가 아님
유형4	재혼부부의 자녀와 전혼 자녀	전혼 자녀는 동거하지 않음	함께 살지 않는 자녀의 면접권을 갖거나 갖지 않을 수 있음	같이 살지 않는 자녀가 가끔 찾아오는 것을 제외하면 초혼부부와 유사함
유형5	재혼부부의 자녀는 없고 최소 1명의 전혼 자녀	전혼 자녀는 동거하지 않음	자녀가 방문할 수도 방문하지 않을 수도 있음	자녀가 찾아오는 경우 부부생활의 잠재적 참여자임. 양육권 문제가 변하면 유형6과 유사함
유형6	최소 1명의 전혼 자녀	자녀와 동거		한쪽 배우자만의 자녀가 재혼부부와 거주하는 단순한 유형
유형7	부부 양쪽 모두 전혼 자녀	자녀와 동거		구조의 일면으로 이복형제가 있는 복잡한 유형
유형8	부부 양쪽 모두 전혼 자녀와 재혼부부의 자녀	자녀와 동거		형제집단 속에서 재혼한 부, 재혼한 모 사이에서 낳은 반이복, 반이부 형제
유형9	부부 양쪽 모두 전혼 자녀와 재혼부부의 자녀	동거하는 자녀와 동거하지 않는 자녀가 있음		유형8에서 동거하지 않는 자녀도 있는 가장 복잡한 수준

출처: 최정숙 외(2020). 가족복지론(재인용).

통계청의 2021년 혼인·이혼 통계 결과, 〈표 5-3〉에서 혼인 종류별 건수를 보면 전체 혼인 중 재혼이 차지하는 비율은 16.1%를 차시하는 것으로 나타났다. 여자의 경우 전체 혼인 중 재혼이 18.5%, 남자는 16.1%로 나타나 여성의 재혼이 높게 나타났다.

평균 재혼연령은 남자는 50.0세, 여자는 45.7세로 전년에 비해 남자는 0.4세, 여자는 0.6세 높아졌다. 이는 노인인구의 이혼 및 재혼이 증가하고 있기 때문이다.

이혼의 아픔을 딛고 새로운 사람을 다시 만나 가정을 이루는 것은 생각보다 어렵다. 이에 학자들은 우리나라의 재혼 실패율은 70% 이상 높게 추정하고 있다.

재혼가족의 적응 향상을 위해 초혼과는 전적으로 상이한 재혼가족 고유의 특성이 있다. 특히 자녀가 있는 경우 직면하는 문제가 크다. 재혼과정의 복잡성과 역동성을 조망하고 이에 대한 지원이 필요하다.

표 5-3 **혼인 종류별 건수, 2011-2021**

(단위: 천 건, %)

		2011	2012	2013	2014	2015	2016	2017	2018	2019	2020	2021	구성비	전년대비 증감	전년대비 증감률
계*		329.1	327.1	322.8	305.5	302.8	281.6	264.5	257.6	239.2	213.5	192.5	100.0	-21.0	-9.8
남자	초혼	277.4	275.9	273.8	257.9	256.4	238.1	222.5	216.3	199.5	180.1	161.2	83.7	-18.9	-10.5
	재혼	51.6	51.1	48.9	47.5	46.4	43.3	41.7	41.1	39.4	33.3	31.1	16.1	-2.2	-6.6
여자	초혼	272.6	270.5	268.4	251.5	250.0	232.4	216.8	210.3	193.9	175.0	156.5	81.3	-18.6	-10.6
	재혼	56.4	56.5	54.3	53.9	52.7	48.9	47.4	46.7	44.5	38.1	35.6	18.5	-2.5	-6.5
남(초)+여(초)		258.6	257.0	255.6	239.4	238.3	221.1	206.1	200.0	184.0	167.0	149.2	77.5	-17.8	-10.6
남(재)+여(초)		13.9	13.5	12.8	12.0	11.7	11.1	10.5	10.2	9.8	7.9	7.1	3.7	-0.8	-10.3
남(초)+여(재)		18.7	18.9	18.2	18.4	18.0	16.7	16.2	15.9	15.0	12.8	11.7	6.1	-1.1	-8.6
남(재)+여(재)		37.7	37.6	36.1	35.5	34.7	32.1	31.1	30.7	29.4	25.2	23.8	12.4	-1.4	-5.6

출처: 통계청(2022.03.17.) 2021 혼인·이혼 통계.

2) 재혼가족의 문제점

재혼가족의 어려움은 초혼보다 훨씬 높은 이혼율에서 쉽게 엿볼 수 있다. 미국의 경우, 초혼가족의 이혼율이 40%인 데 비해 재혼가족의 이혼율은 70%에 이르며, 세 번째 결혼일 경우엔 이혼율이 90%에 육박한다고 한다. 이에 대한 공식통계는 없지만, 초혼보다는 재혼부부의 이혼율이 더 높을 것으로 학자들은 추정한다. 이혼의 증가로 한부모가족이나 재혼가족 등 복합가족이 크게 늘어난 반면, 재이혼율로 인한 복합가족의 해체 또한 심각한 사회 이슈로 등장하고 있다.

재혼가족은 가족형성 초기에 많은 변화와 스트레스에 대해 어떤 가족은 잘 적응하기도 하지만 대부분 재혼가족의 구성원들은 심각한 적응 문제를 겪게 된다고 한다(최정숙 외, 2020). 이러한 변화와 스트레스로 재혼가족의 위험 요인이 되기도 하고, 재혼가족의 원가족 경험, 전혼에서의 가족관계, 사회적인 측면에서 재혼가족에 대해 문제가 많은 비정상적인 가족으로 간주하려는 경향 등으로 인해 초혼가족에 비해 여러 문제에 노출될 가능성이 크다.

재혼가족과 관련하여 가장 중심적으로 다뤄지는 것은 자녀의 성문제다. 성이 같다는 것은 가족의 동질성을 확인하는 데 중요하며 성이 다른 경우 사회생활에서 가족관계를 일일이 설명해야 하고 자녀들은 이 과정에서 불필요하게 상처를 받을 수 있다. 따라서 재혼가족의 특성에 맞는 서비스가 필요한데, 실제 재혼가족 지원 프로그램이 실시되고 있는 사례는 매우 제한적이다.

우리나라에서 재혼가족을 위한 프로그램은 한국 가족상담교육연구소에서 개발한 재혼준비교육프로그램모형밖에 없다. 재혼가족은 초혼가족에 비해 더 많은 문제를 갖고 있을 수밖에 없다. 이에 재혼 전 교육부터 시작하여 재혼가족의 발달 특성을 고려한 프로그램 개발과 시행을 위한 정책적 지원이 필요하다.

3) 재혼가족의 과제와 전망

(1) 재혼가족에 대한 인식변화

'정상가족'이라는 선입관을 버리고 비슷한 상처가 있거나 이해할 수 있는 사람끼리 돕고 사는 공동체로 재혼가족을 규정할 필요가 있다. 따라서 사회적으로 다양한 가족형태가 존재하고 그것은 일탈된 가족형태가 아니라 그대로 인정되어야 하는 사회적 수용을 끌어내기 위한 인식전환이 필요하고 이에 대한 홍보 방안이 마련되어야 한다.

(2) 재혼가족 프로그램 개발

가족은 구성원들 간의 노력과 합의에 의해서 만들어지는 것이라는 관점하에서 구체적 현실에 기반한 교육프로그램이 필요하다. 재혼 전에 사전교육을 통해 재혼가족 경계의 모호성을 해결하고, 가족원의 역할변화에 적응하고, 재혼가족에 대한 지지집단으로서의 친족관계를 형성하기 위한 재혼가족의 발달 특성을 고려한 프로그램을 개발하여야 한다.

4. 맞벌이가족의 건강성

1) 맞벌이가족 정의와 현황

(1) 맞벌이가족 정의

'정상가족'이라는 최근 일련의 변화 속에서 주목할 만한 것이 '맞벌이가족'의 증가이다. 맞벌이가족(Two-Earner Family)은 결혼한 부부가 모두 직업을 가진 경우를 말하며, 부부만의 또는 부부와 자녀 또는 조부모와 친척들로 구성된 가족의 형태를 말한다. 부부가 함께 경제활동을 한다는 면에서 기능적인 측면이나 가족관계 측면에서 새로운 가족형태로 간주할 수 있다.

(2) 맞벌이가족 현황

여성의 학력 증가로 인한 취업에 대한 욕구 증가, 여성의 자아실현 욕구 증대 및 사회적·경제적 활동에 대한 인식제고, 경제적 기대 충족을 위한 맞벌이 요구의 확산으로 인해 여성들의 경제활동 참여율이 증가하였다. 통계청(2016)에 의하면 여성 고용률은 49.9%로 지속적인 증가 추세에 있고, 2016년 3월 기준 여성 임금 근로자 중 40.3%가 비정규직이며, 그중 47.7%는 시간제 근로를 하고 있는 것으로 나타났다.

2) 맞벌이가족 문제점

(1) 자녀 양육 및 교육

맞벌이가족이 당면한 문제는 취업여성이 직면한 문제와 거의 같다. 여성의 경제활동 참가율을 보면 25세 이후에 급격히 떨어져서 35세 이후에 가서야 회복되는 M자 곡선을 보인다. 수치의 변동은 이 시기가 자녀를 출산하고 양육하는 시기로 취업여성이 직업을 포기하는 경우가 많기 때문이다.

(2) 취업여성의 과중한 역할 부담

산업화사회에서 공간적으로 직장생활 영역과 가정생활 영역은 명확히 분리되어 있기 때문에, 남편은 직장생활을, 부인은 가정생활을 주로 담당하였다. 이러한 전통적인 역할분담 구조는 우리 사회에 그대로 잔재되어 있고, 이러한 상황에서 부인이 취업할 경우, 새로운 역할이 더해짐에 따라 여성들은 역할 과부하가 될 수밖에 없다. 또한 자녀 양육에 대한 책임을 대부분 어머니에게 돌리는 우리 사회의 모성이데올로기는 일하는 어머니들에게 죄책감을 안겨 주게 된다. 최근 젊은 층의 맞벌이 부부들을 중심으로 나타나고 있는 3d현상-부부별산제(dutch pay), 아이 낳기 미루기(delay kids), 역할 공유(double role)는 맞벌이 주부들의 과중한 부담을 줄이기 위한 노력의 일환으로 해석된다.

학습 TIP 맞벌이 부부의 프로 육아법

- 짧은 시간에 농축된 애정을 쏟는다. 낮 시간 동안 엄마 아빠와 떨어져 지내는 아이들에게 '스킨십'만큼 확실한 보상은 없다.
- 탁아모와 육아 방법이 다른 것에 너무 민감할 필요는 없다. 부모들은 그들의 육아방법이 자신과 다를 경우 아이에게 혼돈을 주지 않을까 몹시 걱정을 한다. 그러나 이것은 쓸데없는 걱정이라 할 수 있다. 그 차이는 어디까지나 어른의 기준일 뿐이지 아이들에게는 큰 차이가 없다. 아이들에게는 아이들 나름대로의 균형 감각이 있기 때문에 스스로 그 차이를 받아들일 수 있다.
- 아이를 직접 돌보지 못한다는 죄책감은 금물. 일을 가진 엄마들이 흔히 갖는 죄책감, 그러나 이 죄책감은 오히려 과잉보호의 동기가 되기 싶다.
- 엄마 아빠가 일하러 간다는 사실을 명확히 이야기해 준다. 아이가 엄마와 떨어지지 않으려 할 때 '엄마 쉬 하고 온다'거나 '과자 사 가지고 온다'며 사라져 버리는 방법은 아이의 '격리 불안' 현상을 가져오게 된다.
- 아이들은 무엇이든 모방한다는 사실을 기억하자. 훌륭한 아이로 자라기를 원한다면, 부모 자신이 먼저 모범을 보여야 한다.

3) 맞벌이가족 과제와 전망

한국의 가족은 성역할 분리모델에서 맞벌이가족 모델로 전환되고, 이는 일-가정 환경 불균형으로 인해 가족해체 증가 및 저출산이라는 사회문제를 가져왔다. 따라서 맞벌이가족을 위한 지원은 시급하고 중요한 국책과제로 떠오르고 있다. 이에 맞벌이가족에 대한 지원 방안을 다음과 같이 제시한다.

첫째, 일-가족 균형제도 활성화를 위한 국가 전체적 노력이 요구된다.

둘째, 공동양육(co-parenting) 가치형성과 공동양육 문화조성이다.

셋째, 다양한 유형의 돌봄체제 구축 및 관리이다.

넷째, 배우자 지지에 대한 접근이 필요하다.

5. 다문화가족의 건강성

1) 다문화가족 정의와 현황

(1) 다문화가족 정의

「다문화가족지원법」에서는 다문화가족의 개념을 '「재한외국인 처우 기본법」상의 결혼이민자 또는 「국적법」 제4조에 따라 귀화 허가를 받은 자와 출생 시부터 대한민국 국적을 취득한 자로 이루어진 가족'으로 결혼이민자와 국제결혼에 의한 자녀와 가족구성원들을 모두 포함하여 포괄적으로 정의하고 있다.

(2) 다문화가족 현황

여성가족부(2021) 다문화가족실태조사 결과에 의하면 전국의 다문화가족은 346,017가구로 추정되며, 결혼이민자 가구는 82.4%, 기타 귀화자 가구는 17.6%로 2018년 조사 결과에 비해 기타 귀화자 비중이 증가하는 것으로 나타났다.

평균 가구원 수는 2.82명으로, 2018년 2.92명보다 감소하였다. 가구원 중 등록장애인이 있는 비율은 7.3%로 계속 증가하는 추세이다. 특히, 가구 내 장애인 중 배우자의 비율이 2018년 42.6%에서 2021년 54.1%로 눈에 띄게 증가하였다.

다문화가족 평균 자녀 수는 0.88명으로, 자녀의 평균 연령은 9.93세로 2018년(8.32세)보다 증가하였다. 8세 미만 구간의 비율이 줄고, 9세 이상 연령대 비율이 일제히 증가하였다.

전체 저학년 자녀의 42.4%가 평일에 혼자 방치되는 것으로 나타났다. 다문화가족 자녀들의 순취학률은 초등학교 취학률 95.3%, 중학교 95.7%, 고등학교 94.5%, 고등교육기관 40.5%로 나타났다. 초중고 모두 국민 일반에 비해 미달이나, 2018년에 비해 상당히 근사한 수준으로 올라왔으나 다만 고등교육 취학률이 국민 일반대비 31.0% 낮아 이에 대한 면밀한 원인 파악과 정책적 관심이 필요하다.

2) 다문화가족 문제

다문화가족의 문제점은 결혼이민자 여성의 경우 언어소통 문제, 자녀교육, 문화적 차이, 가정폭력, 빈곤 등을 경험하고 있으며, 다문화가족 자녀의 경우 언어발달장애로 인한 학습부진, 집단따돌림 경험을 하는 것으로 나타났다.

결혼이민자의 경우 언어소통의 문제는 가족 간 의사소통 문제를 유발하며, 이는 결과적으로 가정폭력이라는 역기능적인 문제를 일으키기도 한다. 또한 고향에 대한 그리움으로 귀화를 어렵게 하기도 하고, 자녀를 낳았을 경우 자녀 양육과 교육에 있어서도 많은 어려움을 경험하게 된다. 이외에 정보 소외로 인해 사회 참여의 기회가 부족하고 사회복지서비스의 접근이 어려워 결과적으로 사회적 적응이 어렵게 된다. 이러한 어려움은 사회적 적응의 문제, 가정폭력과 같은 관계에서의 역기능의 문제, 제도상의 차별성으로 인한 불이익으로 나타난다.

또한, 결혼의 과정에서부터 진정한 의미의 결혼이라기보다는 인신매매성 결혼, 의사소통의 부재, 문화적 차이라는 위험한 요인들을 안고 결혼을 하기 때문에 결혼생활에서의 폭력과 불화 그리고 이혼으로 이어지는 가정의 수도 점점 증가하고 있다.

다문화가족이 건강하고 행복한 삶을 살 수 있도록 초기정착 지원에서 벗어나 생애주기별 지원이 필요하다. 다문화가족이 건강한 가정생활을 하지 못하면 이들 가족의 문제가 곧바로 사회문제가 되며, 이들 사이에서 태어나는 2세들이 건강하게 성장 못할 경우 부과되는 사회적 비용도 우리가 떠맡아야 할 부분이기 때문이다.

3) 다문화가족 지원서비스

현행법상 다문화가족에 관한 법률로는 「다문화가족지원법」 이외에 「국적법」, 「출입국관리법」, 「재외동포의 출입국과 법적 지위에 관한 법률」, 「외국인 근로자의 고용 등에 관한 법률」 등이 있다. 「다문화가족지원법」은 2008년 3월 21일에 제정되어 2008년 9월 22일부터 시행되었다.

다문화가족을 지원하는 정책의 주무부처는 여성가족부이다. 여성가족부 외에 교육부, 법무부 등 많은 부처에서 다문화가족과 자녀를 지원하고 있다.

여성가족부는 다문화가족을 지원하기 위하여 공적인 정책서비스의 전달체계로서 「다문화가족지원법」 제12조 제1항, 제2항에 의해 시·군·구 지방자치단체 단위로 지역 '다문화가족지원센터'를 설치하여 직접 또는 위탁운영을 하고 있다.

다문화가족지원센터에서는 다문화가족을 위해 한국어교육, 가족교육, 성평등교육, 인권교육, 사회통합프로그램, 방문교육사업, 개인 및 가족상담, 사례관리, 홍보 및 자원연계, 다문화가족 자녀 언어발달지원사업, 결혼이민자 통번역서비스, 다문화가족 교류소통공간 운영 등의 사업을 진행하고 있다. 또한 다문화가족 자녀에 대한 정체성 회복, 사회성·리더십 개발을 위한 프로그램 제공으로 다문화가족 자녀의 건강한 성장 지원 및 부모·자녀관계 향상에 기여하고자 다문화가족자녀성장프로그램을 운영한다.

4) 다문화가족 과제와 전망

다문화가족에 대한 사회적 관심이 높아지면서 다문화가족에 대한 여러 정책적 지원이 실시되고 있다. 그러나 결혼이민자를 위한 한국어교육에 치중하고 있고, 초기적응에 중점을 두고 있어 다문화가족 증가가 현저히 줄어드는 시점에 다문화가족에 대한 정책저 지원이 전면저으로 수정 보안되어야 한다고 본다.

다문화가족 교육, 지원서비스 접근을 확대하고 다문화가족의 특성 및 발달욕구에 맞는 프로그램 개발이 보급되어야 한다. 또한 자녀가 초·중·고에 진입함에 따라 지원의 방안이 개선되어야 하고, 특히 재혼가족 증가에 따른 중도입국 청소년 가족이 증가하고 있다. 중도입국 청소년 가족은 기존의 다문화가족 서비스와는 다른 관점과 전략이 필요하다.

다문화가족 속에서 이혼율 증가에 따른 한부모가족 증가, 장애인가족 증가 등 복합적 유형의 가족이 등장하고 있다. 이러한 복합적 유형의 가족문제를 해결하기 위해 다문화정책의 방향 전환이 필요하고, 글로벌 이주가 세계화의 추세임에 따라 다문화 이해와 수용성 증진을 위한 국가적 노력이 필요하다.

6. 북한(이탈주민)가족의 건강성

1) 북한가족 정의 및 현황

(1) 북한가족 정의

「북한이탈주민의 보호 및 정착지원에 관한 법률」 제2조 제1호에 따르면 북한이탈주민을 "북한에 주소, 직계가족, 배우자, 직장 등을 두고 있는 사람으로서 북한을 벗어난 후 외국 국적을 취득하지 않은 사람을 말한다." 이에 북한가족은 "가족 중에 한 사람 이상이 북한이탈주민으로 구성된 가족"으로 정의한다.

(2) 북한이탈주민 및 가족 현황

1990년대 중반부터 시작된 소위 '고난의 행군' 시기[1) 이후부터 북한주민의 탈북은 그 후 계속되는 북한경제의 침체, 김정일 시대서 김정은 시대로 이어지는 과정

1) 고난의 행군: 고난의 행군이라는 용어는 1938년 말~1939년 초, 김일성이 이끄는 한일 빨치산이 만주에서 혹한과 굶주림을 겪으며 일본군의 토벌작전을 피해 100여 일간 행군한 데서 유래했다. 1996년 신년사를 통해 제시된 고난의 행군은 1990년대 계속되는 경제난과 기아를 극복하고 사회적 이탈을 막으며 주민들의 희생과 김정일에 대한 충성을 강조하기 위해 제시되었다. 고난의 행군이란 용어가 북한당국에게 사상 의지를 강조하는 정치적 구호였다면, 북한주민들에게 고난의 행군은 국가의 배급 중단으로 인하여 자체적으로 생계문제를 해결해야만 했고, 살기 위해서는 무엇이든 해야만 했던 절박한 생존의 시기를 의미한다. 이후 고난의 행군은 북한 사회의 변화를 진단하는 새로운 기준점이 되었다(통일부, 북한 지식사전).

에서의 정치적 불안 등이 원인이 되어 북한이탈주민들의 입국은 지속적으로 증가했다. 2017년 3월 말 현재 국내에 유입된 북한이탈주민의 수는 3만 명을 상회하고 있다(통일부, 2017).

표 5-4 북한이탈주민 입국현황

구분	~'98	~'01	'02	'03	'04	'05	'06	'07	'08	'09	'10	'11	'12	'13	'14	'15	'16	'17.3(잠정)	합계
남(명)	831	565	510	474	626	424	515	573	608	662	591	795	404	369	305	251	299	46	8,848
여(명)	116	478	632	811	1,272	960	1,513	1,981	2,195	2,252	1,811	1,911	1,098	1,145	1,092	1,024	1,119	232	21,642
합계(명)	947	1,043	1,142	1,285	1,898	1,384	2,028	2,554	2,803	2,914	2,402	2,706	1,502	1,514	1,397	1,275	1,418	278	30,490
여성비율	12%	46%	55%	63%	67%	69%	75%	78%	78%	77%	75%	71%	73%	76%	78%	80%	79%	83%	71%

출처: 통일부, 2017(3월).

2) 북한가족 문제점

북한가족에게 남한은 신천지인 동시에 낯선 대지이기도 하다. 북한가족은 민족동질성이라는 차원에서 한국행은 선택했고, 우리사회 역시 정치적, 문화적 장에서는 그들을 한민족이라는 이름으로 맞이하고 있다. 남북한사회는 분단과 체제의 대립으로 인하여 한반도라는 지리적 공통분모가 있음에도 불구하고, 문화적 소통의 단절로 인한 사회의 이질화로 남한사회에 유입된 북한이탈주민들에게 문화에 대한 적응과 수용의 어려움뿐 아니라, 심리적 위축 같은 정서적 문제로 나타났다(신난희, 2013).

3) 북한가족 서비스

북한이탈주민 정착지원체계는 보호신청에서부터 거주지보호까지 정부 주도로 이루어지고 있다. 정부는 북한이탈주민에 대한 행정적 지원 단계를 크게 3단계로 규정하고 있다. 즉, 초기입국단계, 시설보호단계, 거주지 보호 및 사후지원 단계로 나누고 있다.

4) 북한가족 과제와 전망

북한가족을 대상으로 하는 지원에 있어 가족학 차원에서의 실천적 제언을 하고자 한다.

첫째, 가족강화프로그램을 제언한다. 북한이탈주민들을 대상으로 한 서비스 중에서 자본주의에 대한 학습, 직업능력 개발, 대인관계 등에 대한 학습 등에 집중하여 정작 가족프로그램은 매우 부족한 실정이다. 또한 가족프로그램이 있어도 남한 원주민들을 대상으로 한 프로그램을 그대로 적용하고 있다. 본질적으로 북한이탈주민들은 가족의 이산과 재회라는 구조를 안고 있어서 가족특화프로그램이 필요하다.

둘째, 북한이탈주민들을 대상으로 한 부부관계프로그램을 제언한다. 북한이탈주민은 아주 오랫동안 사회주의 국가에서 살아왔고, 개인의 자유를 중시하는 남한의 문화와는 특히 다른 집단문화를 공유할 수밖에 없다. 하지만 남한의 문화는 예를 들어 개인의 자유, 인격을 존중하는 문화이다. 이러한 상황에서 서로 충돌했을 경우 많은 문제가 일어날 수밖에 없다. 이에 문화적 차이를 극복할 수 있는 부부프로그램이 필요하다.

셋째, 중도입국 북한이탈주민 청소년들을 위한 특화된 프로그램이 필요하다. 많은 북한이탈가족들의 경우 부모가 먼저 입국 후 자녀가 입국하게 된다(윤인진, 2004). 다문화가족에 대한 연구 중 중도입국자녀에 대한 연구를 보면 많은 적응의 어려움이 나타나는데 북한 청소년들은 이보다 더 많은 갈등을 겪고 있다. 특히 그들은 보호받지 못한 북한이나 중국에 오랫동안 방치되어 있었다. 가족학 차원 또는 사회적 차원에서 북한이탈 자녀들의 상실감과 양가감정 등을 다룰 수 있는 특화된 프로그램이 필요하다.

7. 1인가구의 건강성

1) 1인가구의 정의 및 현황

(1) 1인가구의 정의

최근 들어 '혼밥', '혼술' 등의 신조어가 등장하고, 혼자 사는 사람들과 이혼 후 혼자 사는 사람들을 대상으로 하는 프로그램이 인기를 얻고 있다. 이러한 배경에는 다양한 가족의 등장과 함께 1인가구의 급격한 증가를 꼽을 수 있겠다.

「건강가정기본법」은 1인가구의 증가추세를 반영하여 2018년 1월 16일자로 1인가구에 대한 내용을 포함하도록 개정되었다. 제3조(정의)에 2의 2. "1인가구"라 함은 1명이 단독으로 생계를 유지하고 있는 생활단위를 말한다고 하여 1인가구에 대한 정의가 추가되었고, 제15조(건강가정기본계획의 수립) 제10항으로 1인가구의 복지 증진을 위한 대책이 신설되었다. 또한 제20조(가족실태조사)에도 제2항으로 제1항에 따른 가족실태조사에는 1인가구의 연령별·성별·지역별 현황과 정책 수요 등에 관한 사항이 포함되어야 한다는 내용 또한 신설되어 1인가구 증가를 잘 반영하고 있다.

통계청은 1인가구에 대해 '혼자서 살림하는 가구, 즉 1인이 독립적으로 취사, 취침 등 생계를 유지하는 가구'로 정의하고 있다. '경기도 1인가구 지원사업 추진에 관한 조례'에서도 1인가구를 '1명이 단독으로 취사·취침 등을 하며 생계를 영위하는 생활 단위'로 정의하고 있다. 따라서 본장에서도 1인가구를 '결혼여부와 관계없이 혼자서 생활하는 가구'로 정의한다.

(2) 1인가구 현황

통계청의 '2022 통계로 보는 1인가구'에 의하면 2021년 1인가구는 전체 가구의 33.4%인 716만 6천 가구로 매년 증가하고 있다.

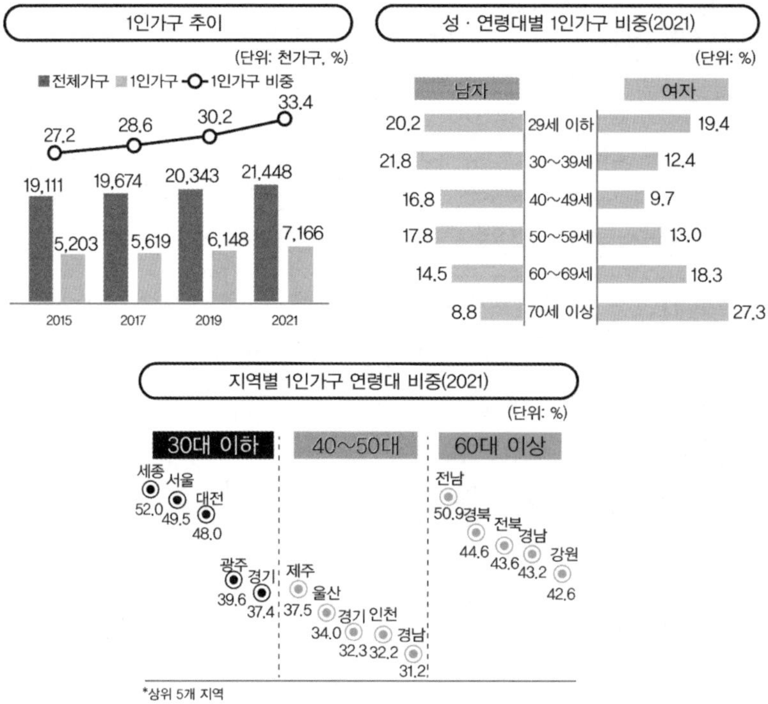

그림 5-1 2022 통계로 보는 1인가구

연령대별 비중은 29세 이하 19.8%, 70세 이상 18.1%, 30대 17.1%, 60대 16.4% 순이다.

전체 가구 중 1인가구가 차지하는 비중은 2005년에는 20.0%였으나, 2030년 35.6%, 2050년 39.6%에 이를 것으로 전망되고 있다. 2020년 전후 OECD 주요국 중 영국, 한국, 프랑스, 일본의 1인가구 비중은 30%를 넘었고 독일, 스웨덴, 핀란드는 40%를 상회하고 있다. 2021년 지역별 전체 가구 대비 1인가구 비중은 대전이 37.6%로 가장 높았고, 서울(36.8%), 강원(36.3%), 충북(36.3%) 순으로 나타났다.

2021년 단독주택 42.2%, 아파트 33.1%, 연립·다세대 11.5% 순이고, 전체 가구보다 단독주택, 주택 이외 거처 주거 비중이 높았다. 2020년 1인가구의 주거 점유형태는 월세가 42.3%로 가장 많았고, 자기집 34.3%, 전세 17.5% 순으로 나타났다.

2021년 1인가구의 연간 소득은 2,691만 원으로 전년 대비 11.7% 증가하였으며, 전체 가구(6,414만 원)의 42.0% 수준이다. 2021년 1인가구의 월평균 소비지출은 1,409천 원으로 전체 가구(2,495천 원) 대비 56.5% 수준이고, 주거·수도·광열비(18.4%), 음식·숙박(16.6%) 순이다.

2022년 1인가구의 건강관리 실천율은 정기 건강검진이 82.3% 가장 높았고, 적정수면(76.7%), 아침 식사(58.5%), 규칙적인 운동(45.2%) 순으로 나타났다.

2022년 1인가구 중 전반적인 가족관계에 만족하고 있다고 응답한 비중은 57.7%로, 전체인구의 가족관계 만족 비중(64.5%)보다 6.8%p 낮았다. 2021년 기준 1인가구의 주된 여가활동은 휴식(93.8%), 취미·오락활동(79.0%) 순이었고, 2021년 1인가구가 지난 1년간 가장 많이 참여한 여가활동은 휴식활동이 93.8%로 가장 많았고, 취미·오락활동(79.0%), 사회 및 기타활동(63.7%) 순으로 나타났다.

2022년 1인가구는 우리사회의 가장 큰 불안 요인을 신종질병(23.7%), 국가안보(13.5%), 경제적 위험(13.5%), 범죄 발생(12.8%) 순으로 응답하였고, 1인가구의 34.0%는 우리 사회가 전반적으로 안전하다고 응답, 27.2%는 범죄로부터 안전하다고 응답하였으며, 전체인구와 비교하면 각각 0.7%p, 1.3%p 높게 나타났다.

2) 1인가구 문제점

우리나라 1인가구 수는 전체 가구 중 가장 많다. 2047년에는 우리나라 1인가구 비중이 37.3%로 높아져 북유럽 국가 수준에 근접할 것으로 전망하고 있다.

1인가구 사유를 살펴보면 본인의 학업·직장이 가장 많았고, 그다음은 배우자의 사망, 혼자 살고 싶어서 등의 순이며, 연령대별 사유는 40대까지는 본인의 학업·직장, 50~60대는 본인의 이혼, 70세 이상은 배우자의 사망이 가장 큰 사유이다. 통계청(2022) 조사에 의하면 1인가구는 경제 · 안전 · 건강 등에서 다인(多人)가구에 비해 취약한 것으로 나타난다. 국민기초생활보장 수급 가구 10가구 중 7가구는 1인가구이고, 전반적인 건강관리 실천율은 1인가구가 다인가구에 비해 낮고, 1인가구의 42.4%는 균형 잡힌 식사가 어렵다고 응답하였고, 30.9%는 아프거나 위급 시 대처가 어렵다고 응답하였다. 또한, 가사 어려움, 경제적 불안, 고립으로 인한 외로움을 느끼고 있는 것으로 나타났다.

이에 정부는 1인가구에 대한 정책 대응 방안을 제시하고, 광역자치단체는 조례 제정 및 지원정책을 제시하고 있으나 여전히 정부는 1인가구 비중의 가파른 증가에도 여전히 다인가구 중심의 정책이 지속되고 있다.

주거 영역에서는 1인가구의 주거 불안정성이 다인가구에 비해 높고 공유주택이 증가함에 따라 맞춤형 공공임대주택 공급 확대와 새로운 주거모델 활성화 추진이 필요하고, 안전 영역에서는 치안과 방범을 강화하고 고립과 고독사 문제가 부각되는 1인가구를 위해 사회적 관계망 사업을 활성화되어야 한다.

3) 1인가구 정책

1인가구 지원 정책으로는 주거지원, 안전지원, 건강검진지원, 재정지원, 여가지원 등이 있다. 주거지원 정책은 1인가구를 위한 주택 공급 및 지원(행복주택, 원룸형 임대주택, 청년협동조합 공공주택, 희망하우징, 두레주택, 대학생 전세임대 등), 국민주택기금(전세자금 및 보금자리 마련에 필요한 자금을 대출), 노인복지주택(독립적인 주거생활을 하는 데 지장이 없는 만 60세 이상의 사람은 입주 가능)이 지원된다.

안전지원 정책으로는 성범죄자 알림e(지역별로 거주하는 성범죄자의 신상정보 제공, 성범죄 예방과 피해자 지원 안내 정보 제공), 여성 · 학생 안전귀가 지원서비스(평일 밤 10시~새벽 2시 서비스 제공), 무인택배보관함(1인가구 여성들이 많이 거주하고 있는 다가구 · 다세대 주택가와 원룸촌을 중심으로 운영), SOS국민안심서비스(위기상황에서 휴대전화 등으로 단축키(또는 112)를 눌러 신고하면 경찰이 즉시 출동할 수 있는 서비스), 여성안심지킴이집(위기상황 발생 시, 서울 전역의 씨유, 지에스25, 세븐일레븐, 미니스톱, 씨-스페이스 총 5개 편의점으로 대피 가능) 등이 지원된다.

건강검진 등 지원으로는 건강검진 2년에 1회 무료(만 20세 이상 대한민국 국민 모두 2년에 1회 무료 검진 가능), 노인돌봄기본서비스(홀로 사는 노인의 생활실태 및 복지욕구를 파악하고 정기적인 안전확인, 보건·복지서비스 연계 및 조정, 생활교육 등을 제공)가 있다.

재정 지원으로는 기초생활보장제도, 장기요양급여(고령이나 노인성 질병 등의 사유로 일상생활을 혼자서 수행하기 어려운 노인 등에게 신체활동 또는 가사활동 지원 등의 장기요양급여를 제공), 주택담보노후연금제(어르신들이 보유한 주택을 담보로 어르신에게 매월 연금을 지급하는 제도), 여성/청년/노인 일자리 지원이 있다.

여가 지원으로는 노인복지시설을 운영(65세 또는 60세 이상의 노인들이 여가를 즐기고 친목도모·취미생활 등을 할 수 있는 시설로 노인복지관, 경로당 및 노인교실 운영)한다.

4) 1인가구 과제와 전망

그동안 우리나라는 가족정책이나 사회정책에 있어서 1인가구는 배제되어 왔고, 복지정책 대상으로서의 1인가구는 저소득층이 중심을 이루고 있었다. 이에 1인가구의 증가에 따른 보편적인 정책과 서비스 제공이 필요하게 되었다.

1인가구는 다인가구에 비해 경제적, 사회적으로 취약한 부분이 많은 만큼 복지 차원에서의 접근이 필요하고, 지역 특성 및 성별, 생애주기별(코호트별)이 반영된 정책 발굴에 노력을 기울여야 한다고 본다. 이를 위하여 보편적, 선별적 가족사업을 진행하고 있는 가족센터에서의 1인가구 지원이 필요하고 가족센터는 지역의 1인가구 특성을 고려한 프로그램 개발이 필요하다.

핵심용어

- 미혼모가족, 맞벌이가족, 재혼가족, 다문화가족, 북한가족, 1인가구

학습 실천과제

- 청소년 미혼모(부)가족의 문제점을 기술해 보고, 지원 방안에 대해 토론해 봅시다.
- 모자, 부자가족의 문제점을 분석하고, 문제점에 따른 제도적 지원 현황은 어떠한지 조사해 봅시다.
- 맞벌이가족의 일-가정 균형 방안을 논의해 봅시다.
- 최근 증가하고 있는 1인가구 삶의 질 향상을 위한 방안을 생애주기별로 기술해 봅시다.

03 Part

건강가정을 위한 제도적 접근

Chapter 06

건강가정을 위한 제도적 기반

학습목표

- 건강가정정책의 개념과 내용을 이해할 수 있다.
- 건강가정정책과 관련된 법안들이 등장한 배경과 법안의 주요내용을 이해할 수 있다.

가족문제의 예방과 가정의 건강성을 강화하기 위한 건강가정정책의 개념과 내용에 대해 학습하고, 건강가정정책과 법안의 등장배경과 주요내용에 대해 이해함으로써 좀 더 전문적인 가족복지 서비스 제공과 정책의 개선방안을 모색할 수 있다. 따라서 제6장에서는 건강가정을 위한 제도적 기반을 총체적으로 이해할 수 있도록 주의 깊게 살펴보도록 한다.

1. 건강가정정책의 이해

1) 가족정책의 개념

가족정책은 합의된 정의를 내리기 어렵지만 광의의 의미로 '국가가 주체가 되어

가족에 대해 행하는 모든 활동'(Kamerman & Kahn, 1978)이며, '정부가 가족에게 직간접적으로 영향을 미치는 모든 행위'(Zimmerman, 1995)라고 정의 내릴 수 있다(윤홍식, 송다영, 김인숙, 2010). 따라서 가족정책은 국가가 사회정책을 수립함에 있어서 가족을 대상으로 사회정책을 수립하는 경우와 간접적으로 가족에게 영향을 미치는 정책이 모두 해당된다.

가족정책의 개념은 모호하고 추상적이지만 가족은 자녀의 출산과 양육, 교육과 사회화 기능, 경제적 기능 등 다양한 기능을 수행해 왔다. 그러나 근대 이후 새로운 사회환경과 가족기능의 변화는 이전에 가족이 수행해 왔던 기능들을 수행하기 어렵게 만들었다. 따라서 가족정책은 국가가 가족기능을 대체하거나 보완하기 위한 정책을 수립하는 것이라고 이해할 수 있다. 가족정책은 노동시장의 불안정성과 다양해지는 가족의 형태, 저출산문제와 고령화사회 등 가족이 새로운 환경에 대처할 수 있도록 국가가 개입한 결과라고 할 수 있다. 그러나 한국 사회의 가족정책은 노동시장의 유연성 강화, 전통적인 가족구조의 변화, 인구구조의 변화 등에 대처하기보다 전통적인 패러다임에 머물러 있어 새로운 사회적 위험에 처해 있다(윤홍식, 송다영, 김인숙, 2010; 송다영, 정선영, 2013). 본 장에서는 캐머만과 칸(Kamerman & Kahn, 1978)이 제시한 가족정책의 개념으로 국가의 가족정책의 의미를 설명한다.

(1) 사회정책의 일환으로서 가족정책

가족정책은 '사회정책의 한 분야'라고 할 수 있다. 사회정책의 한 분야로서 가족정책은 출산율, 아동건강, 자녀 양육비 부담, 남녀평등 등 사회적 가치실현을 목표로 다양한 프로그램과 고용정책, 아동을 양육하고 있는 가족들을 지원하기 위한 각종 정책과 법률 제정 등을 통해 수립된다(조홍식, 김인숙, 김혜란, 김혜련, 신은주, 2017). 가족정책은 정책의 대상이 명확하게 구분된 여성정책, 아동정책, 노인정책, 청소년정책 등과 달리 정책의 대상이 명확하지 않다. 이러한 혼란을 극복하기 위해 여타의 사회정책과 가족정책을 구분 짓기 위해서는 무엇보다 가족을 개입단위로 보고, 이들을 대상으로 가족정책을 수립하는 것이 분명하게 제시되어야 한다. 그러나 이러한 구분을 명확하게 적용하여 수립된 가족정책은 찾아보기 어렵다(윤홍식, 송다영, 김인숙, 2010).

(2) 국가가 지향하는 목표를 달성하기 위한 수단으로써의 가족정책

일반적으로 국가정책은 정책의 대상과 목표가 중요하게 다루어진다. 따라서 가족정책은 국가나 정부의 입장에서 정책의 내용과 범주를 구성하고, 정책의 목표를 어디에 둘 것인지 설정해야 한다. 가족정책은 사회정책의 일환이지만 다른 사회정책과 구분하기 어렵기 때문에 '목표를 달성하기 위한 수단'으로써 가족정책은 가족정책이 지닌 모호성과 추상성을 어느 정도 극복할 수 있는 접근방법이다. 그러나 국가가 지향하고자 하는 사회정치적 목표를 달성하기 위한 가족정책은 사회적 가치를 실현하기 위한 수단이라는 점에서 가족정책을 통해 실현하고자 하는 목표가 무엇인지 확인할 필요가 있다. 수단으로써의 가족정책은 사회적 목표를 달성하기 위해 출산장려정책이나 여성의 노동시장 유인정책, 보건의료정책 등을 실시하는 것이 해당된다(조홍식, 김인숙, 김혜란, 김혜련, 신은주, 2017).

(3) 사회정책 수립과정 관점으로서의 가족정책

가족정책을 다른 사회정책과 배타적이고 독립적인 영역을 가진 정책으로 이해하기보다는 가족정책을 관점에서 볼 것으로 주장하기도 한다(윤홍식, 송다영, 김인숙, 2010). '관점으로서의 가족정책'은 국가의 사회정책을 설정하는 데 있어서 가족정책의 시각으로 사회정책을 수립해야 한다는 점을 강조하는 입장이다. 관점으로서의 가족정책은 정책 수립과정에서 가족에게 미치는 영향을 고려한다는 점에서 사회정책의 선정기준 및 평가기준으로 사용될 수 있다. 따라서 가족정책의 의미를 이해하는 데 있어서 가장 이상적인 접근방법이다. 그러나 관점으로서의 가족정책은 매우 광범위하게 적용될 수 있다는 점에서 개념적 정의가 모호하다는 비판을 받아왔다(윤홍식, 송다영, 김인숙, 2010; 조홍식, 김인숙, 김혜란, 김혜련, 신은주, 2017).

2) 건강가정정책의 유형화

(1) 가족에 대한 국가의 역할에 따른 분류

에스핑－엔더슨(Esping－Anderson, 1990)은 복지국가의 유형을 탈상품화 정도와 사회계층 형태를 바라보는 입장에 따라 자유주의 복지국가, 조합주의 복지국가, 사회민주주의 복지국가로 구분하였다. 탈상품화는 개인의 복지가 시장에 의존하지 않고 이루어질 수 있는 정도를 의미한다. 에스핑－엔더슨이 제시한 복지국가 유형이 중요한 의미를 갖는 것은 복지국가의 유형에 따라 가족지원에 대한 국가의 역할과 접근방법이 상의하기 때문이다(조흥식, 김인숙, 김혜란, 김혜련, 신은주, 2017).

① 자유주의 복지국가

자유주의 복지국가(liberal welfare state)는 수급권의 자격을 확인하기 위해 소득조사 등의 방법을 활용하며, 엄격한 수급자격을 따르는 경향이 있다. 급여 대상은 저소득층에 제한되는 경우가 많으며, 수급권자가 된다는 것은 낙인효과를 가져다줄 수 있다. 자유주의 복지국가에서 국가는 수급자들에게 최소한의 복지를 제공하고, 시장에서의 역할에 따라 소득별로 차이가 나는 복지급여를 지급한다. 이는 자유주의 복지국가에서 개인의 복지는 국가보다 개인과 가족의 책임을 강조하기 때문이다. 따라서 자유주의 복지국가는 전통적인 가족의 역할을 중요시하며, 가족을 지원하는 것은 가족의 노력이 실패한 이후에 개입하게 된다. 자유주의 복지국가에서 국가가 가족의 역할을 대리하는 기능은 미약하고 탈상품화 정도가 가장 낮은 수준이다. 자유주의 복지국가는 시장의 효율성과 노동력의 상품화를 중요하게 다루며, 개인의 시장 실패에 대해 가족이 1차적인 책임을 져야 한다.

② 조합주의 복지국가

조합주의 복지국가(corporatist welfare state)는 자유주의 복지국가에 비해 상대적으로 노동력의 상품화를 중요하게 다루지 않지만 사회적 지위의 차이를 유지하기 위해 사회복지가 필요하다고 본다. 또한, 국가가 사회복지 제공자의 역할을 하기 때문에 민간보험이나 기업복지의 역할이 상대적으로 덜하다. 그러나 조합주의 복지국가는 사회적 지위의 유지를 위해 소득 차이에 따라 사회보험에 대한 기여와 급여가 결정되기 때문에 소득 재분배의 기능을 충분히 달성하기 어렵다.

조합주의 복지국가도 기본적으로 개인에 대한 복지는 가족에게 두기 때문에 전통적인 가족의 기능을 중요하게 생각한다. 따라서 독신가구의 증가, 저출산문제, 이혼율의 증가 등을 사회를 유지하는 데 위협요인으로 간주하고, 개인을 지원하는 사회복지도 개인을 가족의 일원으로 보지 않고 수급권은 개인에게 있다고 본다. 사회복지의 개입도 가족이 실패했을 때 이루어지기 때문에 조합주의 복지국가도 자유주의 복지국가와 가족에 대한 국가의 책임은 크게 차이 난다고 보기 어렵다.

③ 사회민주주의 복지국가

사회민주주의 복지국가(social welfare state)가 다른 복지국가 유형과 차이를 보이는 부분은 계층 간의 소득 불균등의 문제를 해결하기 위해 적극적인 복지정책들을 수립하고 평등권을 중시한다는 것이다. 복지급여의 수준도 매우 높은 수준이며, 시장의 복지기능 중 많은 부분 대체하기 때문에 탈상품화의 효과가 가장 크다. 사회민주주의 복지국가의 경우 국가는 가족의 복지기능의 대체율이 크고, 가족의 실패 이후가 아니라 보편주의 입장에서 시장 실패 이전부터 가족에게 개입하게 된다. 결과적으로, 가족구성원의 일원인 개인은 가족에 의존하기보다 개인의 독립능력을 확대할 수 있는 여지가 높다.

표 6-1 복지국가 유형에 따른 가족정책의 특징

특성 \ 유형	자유주의 복지국가	조합주의 복지국가	사회민주주의 복지국가
사회복지 대상	• 저소득층, 요보호자 중심	• 피용자 중심	• 전 국민 대상
급여의 종류 및 범위	• 공공부조, 제한된 사회보험	• 공공부조, 확대된 사회보험	• 욕구에 따른 생활 수준
가족과 국가의 역할	• 가족의 개인에 대한 책임을 강조, 가족의 실패 후 국가가 최소한 개입	• 개인에 대한 가족의 역할 강조, 가족 실패 후 국가가 개입	• 탈가족화로 인해 가족 역할은 사회화되고, 가족 실패 이전에 국가가 개입
해당 국가	• 미국, 캐나다, 호주	• 오스트리아, 프랑스, 독일, 이탈리아, 영국	• 스칸디나비아 반도국가들

출처: 조홍식, 김인숙, 김혜란, 김혜련, 신은주(2017).

학습 TIP **탈상품화**

- 탈상품화(de-commodification)는 개인의 복지가 시장에 어느 정도 의존하고 있는가를 보여 주는 정도를 의미한다. 탈상품화는 개인이 시장경제체계를 보호하는 사회복지 기제를 지수로 보여 준다.
- 탈상품화 지수를 구성하고 있는 5가지 변수
  - 최저 급여액의 평균 노동자 임금에 대한 비율
  - 평균 급여액의 평균 노동자 임금에 대한 비율
  - 급여를 받을 수 있는 자격조건(기여 연수)
  - 전체 프로그램 재원에서 수급자가 지불하는 비율
  - 실제 수급을 받는 사람들의 비율

(2) 남성 생계부양의 강도에 따른 유형

남성 생계부양의 강도에 따른 가족정책의 유형은 세인스버리(Sainsbury, 1999)에 의해 제시되었으며, 성별 분업을 기초로 가족정책의 유형을 구분하였다. 세인스버리가 제시한 가족정책의 유형은 남성이 생계부양자의 역할을 담당하고, 여성이 가사를 돌보는 역할을 한다는 것에 전제를 두고 있다. 특히, 복지국가는 남성 부양자 모델에 기반을 두어 기혼여성을 어떠한 관점에서 바라보고, 가족정책을 수립하고 있는가에 따라 부양자모델과 개인모델로 분류하였다(김혜경, 2003).

① 남성 생계부양자모델

남성 생계부양자모델은 성별 분업을 엄격하게 구분하는 것이 특징이다. 가족 내 성별 분업에 따라 여성은 돌봄노동을 책임지고, 남성은 가족임금을 책임지는 노동자로 바라본다. 이에 따라 고용정책은 남성에게 우선성이 있고 복지수급권도 남성의 임금노동에 대한 보상으로 주어지며, 여성의 고용시장 진입의 동기가 낮다. 자녀 양육의 책임은 가족에게 있으며, 사회적 돌봄 수준이 낮다.

② 성역할 분리형

성역할 분리형은 남성 생계부양자모델 중의 하나라는 점에서 성별 분업의 경우는 남성 생계부양자모델과 차이가 없다. 그러나 임금노동과 양육노동의 가치가 동일하게 평가되며, 복지수급권의 기초가 된다는 점이 다르다.

③ 개인주의 모델

개인주의 모델은 가족 내 성별 분업을 지양하고, 남성과 여성에게 소득자와 양육의 역할을 동시에 부여한다. 성별 분업을 전제로 하지 않기 때문에 남편이나 부인 모두 생계부양자이면서 동시에 노동자라는 인식을 가지고 있다. 따라서 복지급여의 수급권은 성역할에 따라 차이가 없으며, 시민권으로서 수급권을 가진다. 고용이나 임금정책도 양성평등을 목표로 하며 남성과 여성에게 분리과세를 한다는 측면에서 다른 모델과 차이가 있다. 개인주의 모델은 개인이 가족구성원이기 때문에 정책의 대상이 되는 것이 아니라 개별 시민으로서 정책의 대상이 된다.

학습 TIP 탈가족화

탈가족화(de - familialization)는 탈상품화 개념이 돌봄노동을 배제하고 있다는 비판에 따라 제기되었다 개인이 결혼 여부, 가족관계, 무급 돌봄노동 수행과 관계없이 유급노동이나 사회복지제도를 통해 사회적으로 적질한 생활 수준을 보장하는 정도로 정의 내릴 수 있다(윤홍식, 송다영, 김인숙, 2010).

2. 「건강가정기본법」

가족정책은 가족을 지원하기 위한 다양한 프로그램과 정책으로 구성된다. 가족정책을 명시적 가족정책과 묵시적 가족정책으로 구분했을 때 「건강가정기본법」이 제정되기 이전에는 국내에서 명시적 가족정책은 찾아보기 어려웠다. 2004년 「건강가정기본법」이 제정되고, 2005년 1월부터 시행되면서 국내에서도 명시적 가족정책들이 등장하였다.

1) 「건강가정기본법」의 주요내용

「건강가정기본법」은 총칙, 건강가정정책, 건강가정사업, 건강가정전담조직, 보칙 등 제5장 제37조로 구성되어 있다. 「건강가정기본법」이 갖는 의의는 건강한 가정생활과 가족의 유지 및 발전이 국민의 권리인 동시에 의무라는 점과 이에 대한 국가와 지방자치단체의 책임을 선언하고 있다는 점이다. 또한, 가족의 복지증진을 위해 가족과 국가가 모두 노력해야 함을 명백히 밝히고 있다. 본 장에서는 제5장 보칙을 제외한 제4장의 내용을 간략하게 제시하고자 한다.

(1) 총칙의 주요내용

「건강가정기본법」의 제1장 총칙은 모두 12개 조로 구성되어 있다. 「건강가정기본법」의 목적, 기본이념, 용어 정의, 국민의 권리와 의무, 국가 및 지방자치단체의 책임, 다른 법률과의 관계, 가족가치, 혼인과 출산에 대한 중요성, 가족해체 예방을 위한 노력의 필요성, 지역사회 자원의 개발과 활용, 정보관리체계의 확립, 가정의 날 지정 등의 내용을 담고 있다.

① 「건강가정기본법」의 목적

「건강가정기본법」의 목적은 '건강한 가정생활의 영위와 가족의 유지 및 발전을 위한 국민의 권리·의무와 국가 및 지방자치단체 등의 책임을 명백히 하고, 가정문제의 적절한 해결방안을 강구하며, 가족구성원의 복지증진에 이바지할 수 있는 지원정책을 강화함으로써 건강가정 구현에 기여하는 것'이다. 「건강가정기본법」의 목적에는 가족복지의 증진은 국민의 권리이자 의무라는 점과 국가와 지방자치단체의 책임도 함께 명시하고 있다. 그러나 가족구성원 간에는 서로 다른 욕구를 가질 수 있으며, 가족구성원인 개인의 욕구가 서로 충돌할 경우 가정의 유지를 우선해야 한다는 취지로 보일 수 있음에 유의할 필요가 있다(여성가족부, 2005).

② 가족에 대한 정의

「건강가정기본법」에서 가족은 '혼인·혈연·입양으로 이루어진 사회의 기본단위'라고 정의 내리고 있다. 또한, 가정을 '가족구성원이 생계 또는 주거를 함께하는 생활공동체로서 구성원의 일상적인 부양·양육·보호·교육 등이 이루어지는 생활단위'로 정의하고, 건강가정은 '가족구성원의 욕구가 충족되고 인간다운 삶이 보장되는 가정'으로 보았다.

그러나 가족을 혼인·혈연·입양으로 이루어지는 것으로 제한함으로써 이에 속하지 않는 다양한 가족형태는 가족정책의 대상이 될 수 없는 문제를 낳고 있다(여성가족부, 2005). 건강가정이라는 용어는 가족을 건강한 가족과 그렇지 않은 가족으로 이분화함으로써 국가 서비스를 받는 가족은 건강하지 않은 가족이라는 낙인을 부여할 수 있다. 나아가 국가가 개인이 사적 영역인 가족형태에 개입하여 건강한 가정과 건강하지 않은 가족으로 분열시킴으로써 사회통합을 훼손할 우려를 자아내고 있다(김인숙, 2007).

③ 혼인과 출산, 가족해체 예방에 대한 가족과 국가의 노력

「건강가정기본법」 제8조 '모든 국민은 혼인과 출산의 사회적 중요성을 인식하여야 한다.'와 제9조 '가족구성원 모두는 가족해체를 예방하기 위하여 노력하여야 한다.'라고 혼인과 출산, 가족해체 예방에 대해 규정하고 있다. 이는 가족을 신성시하면서 혼인과 출산의 중요성과 가족해체 예방을 강조하고 있으나 혼인이나 출산이 개인의 선택권임을 무시하고 있다는 비판을 받고 있다(여성가족부, 2005; 김인숙, 2007).

(2) 건강가정정책의 주요내용

건강가정정책은 건강가정기본계획 수립, 연도별 시행계획의 수립·시행, 시·도별 건강가정기본계획의 조정, 계획 수립의 협조, 교육·연구, 가족실태조사 등으로 구성되어 있다. 「건강가정기본법」을 제정할 당시에는 제13조에 중앙가정정책위원회를 두는 내용과 제14조 시·도 건강가정위원회를 두는 내용이 있었으나 2011년 9월에 제13조와 제14조는 삭제되었다.

① 건강가정기본계획의 수립

건강가정기본계획에는 여성가족부장관이 관계 중앙행정기관의 장과 협의하여 건강가정기본계획을 5년마다 수립하도록 되어 있다. 본 계획에 포함되어야 할 내용은 〈표 6-2〉에 제시하였다. 주요내용은 가족기능 강화와 가정의 자립증진 대책, 가족공동체 문화 조성, 건강가정 구현방안, 민주적인 가족관계와 양성평등적인 역할 분담, 가정친화적인 사회환경 조성, 양육·부양 부담 완화와 가족해체 예방을 통한 사회비용 절감방안, 위기가족긴급지원책 등이다. 건강가정기본계획은 국무회의의 심의를 거쳐 확정된다.

표 6-2 **건강가정기본계획의 내용**

건강가정기본계획에 포함되어야 할 내용
• 가족기능의 강화 및 가정의 잠재력 개발을 통한 가정의 자립증진 대책 • 사회통합과 문화 계승을 위한 가족공동체 문화 조성 • 다양한 가족의 욕구 충족을 통한 건강가정 구현 • 민주적인 가족관계와 양성평등적인 역할 분담

건강가정기본계획에 포함되어야 할 내용
• 가정친화적인 사회환경 조성 • 가족의 양육 · 부양 등의 부담 완화와 가족해체 예방을 통한 사회비용 절감 • 위기가족에 대한 긴급지원책 • 가족의 건강증진을 통한 건강사회 구현 • 가족지원정책의 추진과 관련한 재정 조달 방안 • 1인가구의 복지증진을 위한 대책

출처: 「건강가정기본법」 제15조.

② 건강가정기본계획 시행계획의 수립과 시행

「건강가정기본법」 제16조와 제17조에는 건강가정기본계획의 시행계획에 관한 내용이 포함되어 있다. 건강가정기본계획이 수립되면 여성가족부장관, 관계 중앙행정기관의 장 및 지방자치단체의 장은 매년 기본계획에 따라 건강가정시행계획을 수립 · 시행하고, 이를 평가해야 한다. 또한, 관계 중앙행정기관의 장 및 지방자치단체의 장은 시행계획 및 추진 실적을 매년 여성가족부장관에게 제출해야 한다.

③ 가족실태조사 실시

「건강가정기본법」 제20조에는 국가 및 지방자치단체가 개인과 가족의 생활실태를 파악하고, 건강가정 구현 및 가정문제 예방을 위한 서비스 욕구와 수요를 파악하기 위해 5년마다 가족실태조사를 실시하여야 한다고 하였으나, 2020년 법률 개정 이후부터는 3년마다 가족실태조사를 실시하고 결과를 발표하도록 규정하고 있다.

(3) 건강가정사업의 주요내용

건강가정사업은 가정에 대한 지원, 위기가족긴급지원, 자녀 양육지원 강화, 가족단위 복지와 건강증진, 가족부양 지원, 민주적이고 양성평등한 가족관계의 증진에 관한 내용을 담고 있다. 건강가정사업에서 가정에 대한 지원내용은 가정이 원활한 기능을 수행하도록 지원하는 것을 목표로 삼고 있으며, 가족구성원의 정신적 · 신체적 건강을 지원하고, 소득보장 등 경제생활의 안정, 안정된 주거생활까지 사업 내용으로 포함되어 있다. 이와 함께 출산을 지원하기 위한 태아검진, 자녀 출산 후 양육을 지원하는 사업, 직장과 가정의 양립을 위한 사업 등의 내용을 담고 있다. 특히, 가정친화적 사회 분위기 조성을 위해 국가 및 지방자치단체의 지원이 명시되어 있다.

이와 함께 건강가정사업과 관련하여 시민적 역할증진, 가족생활문화, 가정의례, 가정봉사원, 이혼 예방 및 이혼가정지원, 건강가정교육, 자원봉사활동 등과 관련된 지원 등이 포함되어 있다. 특히, 제31조의 이혼 예방 및 이혼가정지원에서는 부부가 이혼 전 상담을 받을 수 있게 하고, 자녀 양육·재산·정서 등의 제반 문제를 준비할 수 있도록 지원하도록 하였다. 그러나 이혼문제를 개인적 도덕의 문제로 바라보고 국민을 계도하고 교화하는 방식으로 접근하고 있으며, 이혼의 책임을 가족과 구성원에게 지우고 있어 가족위기와 사회구조의 연관성을 배제하고 있다는 비판을 받고 있다(윤홍식, 2003; 김인숙, 2007).

건강가정사업에 대한 내용 중 2016년 5월 개정 시 위기가족긴급지원이 제21조의1, 2, 3, 4의 내용이 추가되었다. 새롭게 추가된 부분은 「재난 및 안전관리 기본법」에 따른 재난 중 대통령령으로 정하는 재난에 의해 가족의 부양·양육·보호·교육 등 가족기능이 현저하게 저하된 경우 등 긴급하게 필요한 범위 내에서 위기가족을 긴급지원하도록 하는 내용이다. 특히 가족상담, 집단 프로그램, 자조모임 운영 등 가족의 심리·정서지원과 관련된 프로그램은 3년 이내로 지원하되 필요한 경우 1년 연장할 수 있도록 하였다.

(4) 건강가정사업의 전담조직 주요내용

건강가정 전담조직의 주요내용은 건강가정지원센터 설치에 관한 것과 2014년 개정에 포함된 한국건강가정진흥원 설립에 관한 사항 등이다. 건강가정지원센터의 설치와 관련된 내용은 건강가정사를 두어야 한다는 조항이 포함되어 있다. 건강가정사는 대학 또는 이와 동등 이상의 학교에서 사회복지학, 가정학, 여성학 등 여성가족부령이 정하는 관련 교과목을 이수하고 졸업한 자이어야 한다.

이와 함께 「건강가정기본법」이 제정된 2004년 2월에는 보건복지부, 시·도 및 시·군·구는 건강가정사업을 전담수행할 수 있도록 해야 한다고 규정하고 건강가정지원센터의 설치내용만 포함되어 있었으나, 2014년 3월 한국건강가정진흥원을 법인으로 설립하도록 하는 내용이 추가되었다. 한국건강가정진흥원은 가족상담 및 가족교육사업, 가족친화 사회환경조성사업, 아이 돌봄 및 자녀 양육지원사업, 양육비 이행 전담기관 운영, 다문화가족 관련 가족역량강화지원사업과 사회통합지원사업, 대내외 교류와 협력, 가족정책 및 사업개발을 위한 조사·연구 등의 역할을 수행한다.

2) 「건강가정기본법」의 기대효과

(1) 가족담론에 대한 논의의 시작

「건강가정기본법」은 법 제정 당시 지금껏 국내에서는 본격적으로 논의되지 못했던 가족담론을 전면에 등장시키면서 가족 변화에 대한 국가의 역할을 논의하기 시작했다는 점에서 중요한 의의를 찾을 수 있다. 다만, 「건강가정기본법」은 앞으로 우리 사회의 변화와 가족의 기능과 구조 변화에 적절히 대응할 수 있도록 법의 내용과 구성을 지속적으로 수정하는 과제를 안고 있다. 「건강가정기본법」은 혼인·혈연·입양으로 구성되는 가족이라는 제한된 가족의 개념에 기반을 두고 있어 가족개념을 좀 더 폭넓게 설정하는 작업이 뒤따라야 한다. 또한, 법안 중 건강가정을 육성하고, 혼인과 출산의 중요성에 대한 강조, 가족의례의 확립, 이혼을 가족해체로 바라보는 시각 등은 여전히 본 법안이 특정한 형태의 가족을 이상적인 건강가정으로 설정하고 있음을 보여 준다. 이에 건강한 가정과 건강하지 않은 가정을 이분법적으로 구분하고, 건강하지 않은 가정을 도덕적 교화를 통해 변화를 추구하는 기본적인 입장에 대해서는 변화의 필요성이 요청된다.

(2) 가족복지를 위한 국가의 적극적 개입

「건강가정기본법」이 제정되기 전에는 한국의 가족정책이 전무한 실정이었다고 해도 과언이 아니다. 사회정책들은 정책의 대상으로 가족을 한 단위로 두기보다 사회문제를 경험하는 당사자에 초점을 둔 정책들이 주를 이루었다. 지금까지의 가족정책들은 가정에서 문제를 먼저 해결하고, 제한적인 경우에 국가가 개입하는 소극적인 가족정책이 이루어졌다(김승돈, 2004). 그러나 「건강가정기본법」은 국가와 지방자치단체가 건강가정을 유지·발전시키기 위해 책임을 가지고 노력해야 한다는 점에서 기대를 품게 한다.

(3) 가족문제 예방을 통해 사회적 비용 경감

「건강가정기본법」 제정에는 가족문제 발생 이후 사회가 지불해야 하는 사회적 비용을 줄이기 위해 가족정책이 필요하다는 인식이 자리 잡고 있다. 가족문제에는 다양한 요인이 복합적으로 연결되어 있으며, 개인의 변화를 통해 가족문제를 해결하는 것은 한계가 있다. 가족구성원이 경험하는 가족문제는 사회구조가 가족구성원에 직간접적으로 영향을 미쳐 가족문제로 나타날 수 있다. 따라서 가족문제가 발생한 이후에 개입하는 대처가 아니라 가족문제를 예방하고, 문제 발생 시 즉각 대처할 수 있는 가족지원사업을 통해 추후 발생할 수 있는 사회적 비용을 절감하는 데 기여할 수 있어야 한다.

(4) 가족정책의 전달체계 구축과 전문가 육성

「건강가정기본법」은 가족문제의 발생에 적극적으로 개입하고, 건강가정을 유지·발전시키기 위한 가족정책을 수립하기 위해 제정되었다. 이러한 결과로 건강가정지원센터는 2019년 현재, 전국에 183여 개가 설치되어 있고 건강가정사라는 전문가를 채용하고 있다. 따라서 「건강가정기본법」은 새로운 전문직을 창출하였고, 앞으로도 가족전문가를 양성할 수 있는 기본 틀을 만드는 데 기여하였다. 그러나 건강가정사는 국가고시 없이 필요 교과목을 이수하면 획득할 수 있기 때문에 건강가정사 자격기준에 대한 논의는 추가적으로 이루어져야 한다. 따라서 가족지원 전문가가 되기 위해서는 대학교육뿐만 아니라 지속적인 보수교육체계의 구축이 요구된다.

(5) 양성평등을 위한 사회적 인식 개선효과

「건강가정기본법」은 전통적인 가부장제도가 뿌리 깊게 자리 잡은 우리나라에 양성평등을 위한 사회적 인식 변화에 기여할 것으로 기대된다. 특히, 일·가정 양립은 법률 제정으로 해결되는 것이 아니라 가정과 사회의 인식 전환 없이는 실현하기 어려운 사안이다. 이에 「건강가정기본법」이 양성평등을 위한 사회 변화를 주도할 수 있기를 기대해 본다.

3) 제3~4차 건강가정기본계획 추진 방향과 주요내용

「건강가정기본법」에서는 여성가족부장관이 관계 중앙행정기관의 장과 협의하여 건강가정기본계획을 5년 단위로 수립해야 한다고 규정되어 있다. 건강가정기본계획에 포함될 내용에 대해서는 앞서 제시했으며, 지난 10년간 제1~2차 건강가정기본계획을 거쳐 제3차 건강가정기본계획(2016~2020)이 국무회의를 통해 심의·확정되었다. 제3차 건강가정기본계획은 '모든 가족이 함께 행복한 사회 구현'이라는 비전 아래 '다양한 가족의 삶의 질 향상'과 '남녀 모두 일·가정 양립 실현'을 정책목표로 6개 정책과제로 구성되어 있다.

제3차 건강가정기본계획의 추진 방향은 생애주기별, 가족유형별 수요에 따른 맞춤형 가족정책 강화, 정부-가족-지역사회 연계를 통한 돌봄지원 강화, 남성과 기업의 참여를 기반으로 일·가정 양립 실천 강화, 남성과 기업의 참여를 기반으로 일·가정 양립 실천 강화, 가족정책 환경 변화에 대응한 추진체계 마련 등을 제시하고 있다. 그러나 법률 중심의 가족 개념 등 제도와 인식의 근본적 변화가 미흡

하고, 가족 유형별 지원 중심으로 정책의 사각지대와 사회적 낙인의 우려가 여전히 남아 있다는 한계를 가지고 있다. 특히, 가족 규모가 소규모로 변화함으로써 공적 돌봄의 대응에 대한 준비 미비와 일·가정 양립의 권리 보장 문제를 해결하기 위한 정책적 접근을 강화할 필요성이 요구되고 있다.

(1) 제4차 건강가정기본계획의 영역별 추진계획

제4차 건강가정기본계획(2021~2025)의 추진 방향은 변화하는 가족의 다양성을 포용하고, 모든 가족의 안정적인 삶의 여건을 보장하는 데 초점을 두고 있으며, 가족 구성원 개개인을 존중한다는 목적을 달성하기 위해 추진되었다. 이에 따라, 모든 가족과 가족구성원을 존중하는 사회를 구현한다는 비전과 이를 실현하기 위한 구체적인 목표는 '가족다양성 인정'과 '평등하게 돌보는 사회'로 설정하였다. 제4차 건강가정기본계획(2021~2025)의 영역별 추진계획은 ① 세상 모든 가족을 포용하는 사회 기반 구축, ② 모든 가족의 안정적 생활 여건 보장, ③ 가족 다양성에 대응하는 사회적 돌봄 체계 강화, ④ 함께 일하고 돌보는 사회환경 조성으로 구분하여 제시하고 있다.

구분	내용	
비전	"2025 세상 모든 가족 함께" 모든 가족, 모든 가족구성원을 존중하는 사회	
목표	가족 다양성 인정	평등하게 돌보는 사회
영역별 과제	**영역 [4개]**	**정책과제 [11개]**
	1. **세상** 모든 가족을 포용하는 사회기반 구축	1. 가족 다양성을 수용하는 법 · 제도 마련 2. 가족 다양성 인식과 평등한 가족문화 확산 3. 가정폭력 대응 강화 등 가족 구성원 인권 보호
	2. **모든** 가족의 안정적 생활 여건 보장	1. 가족 변화에 대응하는 경제적 기반 강화 2. 가족 특성을 고려한 자녀양육 여건 조성 3. 지역 중심의 통합적 가족서비스 체계 구축
	3. **가족** 다양성에 대응하는 사회적 돌봄 체계 강화	1. 지역 기반 다양한 가족의 돌봄지원 확대 2. 안전하고 촘촘한 돌봄 체계 구축 3. 가족 돌봄 지원의 양적 · 질적 강화
	4. **함께** 일하고 돌보는 사회 환경 조성	1. 남녀 모두의 일하면서 돌볼 수 있는 권리 보장 2. 성평등 돌봄 정착 및 돌봄 친화적 지역사회 조성

출처: 여성가족부 제4차 건강가정기본계획.

그림 6-1 제4차 건강가정기본계획 정책 체계

(2) 제4차 건강가정기본계획의 영역별 세부 내용

① 세상 모든 가족을 포용하는 사회 기반 구축

가족 다양성을 수용하는 법과 제도의 마련을 위한 내용으로는 가족 유형에 따라 자녀를 차별하는 제도를 찾고 정비하는 내용이 포함되어 있다. 특히 미혼부 자녀 등의 복지 사각지대를 해소하기 위한 출생신고 관련 절차에 대한 법률 지원이나 제도를 개선하고, 자녀의 성 결정에서 부성우선주의 원칙에서 '부모협의 원칙'으로 전환할 수 있도록 검토하고, 「건강가정기본법」에서 '건강가정' 용어를 가치중립적인 용어로 변경하고, 가족의 정의에서 혼인·혈연·입양 이외의 다양한 가족을 포함할 수 있도록 확대하여 가족형태에 따른 차별을 방지할 수 있도록 법률 개정을 추진하기로 하였다.

또한 가족의 다양성을 수용할 수 있도록 사회적 감수성을 높이기 위해 공무원 등 대상별 교육을 실시하고, 대중매체나 정부간행물 등에 대한 반편견 모니터링을 실시하고 홍보를 강화하도록 하였다. 가정폭력에 대응하고 가족구성원의 인권을 보호하기 위한 방안으로는 법률혼·사실혼이 아닌 다양한 가족 내에서 발생할 수 있는 가정폭력의 법률 적용을 위해 친밀한 관계 사이의 범죄에 대하여도 법률 적용 범위를 확대할 필요성을 검토하기로 하였다. 이와 함께, 가정폭력·아동학대 사건 조기발견 체계 구축, 아동학대 신고의무자 교육 강화, 지역사회 아동학대 의심사례에 대한 신고 활성화를 위한 홍보 등을 강화하였다.

② 모든 가족의 안정적 생활 여건 보장

가족 변화에 대응하는 경제적 기반 강화를 위하여 복지급여의 확대, 아동수당 등 아동양육가구를 위한 경제적 지원을 단계적으로 확대하는 방안을 검토하기로 하였다. 특히, 노인가구나 한부모가구의 기초생활보장제도에서 복지급여 개선, 긴급복지 급여의 확대 적용, 만0~1세의 집중돌봄을 위한 영아수당, 부모수당 도입, 한부모가족 아동양육비 지원 확대, 결혼이민자 취업 등 자립여건 확보를 위한 지원, 취약계층가족의 주거지원 확대 등도 가족의 안정적 생활 여건을 보장하기 위한 정책의 일환으로 제시되었다. 지역 중심의 통합적 가족서비스 체계 구축을 위해 건강가정·다문화가족지원센터 기능을 강화하여 가족센터로 전환하고, 지역 가족 특성을 반영한 돌봄, 교육·상담, 세대·가족 간 소통 등 자녀부터 노인에 이르기까지 생애주기별 가족 서비스를 지원할 수 있는 체계를 구축하기로 하였다.

③ 가족 다양성에 대응하는 사회적 돌봄 체계 강화

지역사회 내 다양한 가족유형에 따른 가족의 돌봄 지원의 필요성이 증대하고 있어, 초등학생 등 자녀돌봄에 있어 공백이 발생하지 않도록 돌봄체계를 강화하는 것이 목표이다. 이를 위해 마을과 학교를 기반으로 방과후 돌봄공간을 확충하고, 지역사회 유관기관 간의 협력을 강화하는 것이 핵심적인 과제로 제시되고 있다.

이를 위해 자녀를 동반한 부모 등 보호자에게 제공하는 돌봄공간을 제공하고, 양육 정보와 육아 물품 등을 교류하는 자조모임 기반인 공동육아나눔터를 확대하고, 초등 온종일 돌봄을 위한 지역사회 인프라를 확충하도록 하였다. 특히, 초등학교, 지역아동센터, 방과후 아카데미, 다함께돌봄센터 등 초등학생 돌봄 수요를 위한 지역사회 연계와 협력을 강화하는 방안을 마련하기로 하였다.

지역 공동체 기반의 일상 돌봄 지원은 1인가구의 일상적 돌봄을 위해 지역사회의 역할을 활성화하여 사회관계망을 지원하고, 중장년 · 노년가구의 일상생활을 유지할 수 있도록 지원하는 방안을 모색하기로 하였다. 이와 함께 여성 1인가구의 안전한 생활여건을 마련하기 위해 범죄 예방체계를 확충하고, 위기상황 발생 시 즉각 대응할 수 있는 시스템을 구축하기 위한 방안도 강화하기로 하였다.

④ 함께 일하고 돌보는 사회환경 조성

일하는 부모의 돌봄 권리를 보장하기 위한 육아휴직, 근로시간 단축 등 제도 이용을 활성화하고, 기업의 가족친화 경영을 확산하는 것이 핵심적인 목표이다. 이를 위해 육아휴직 적용 대상자를 임금근로자에서 고용보험가입 특수고용직, 예술인, 플랫폼노동자, 프리랜서, 자영업자 등 모든 취업자로 단계적 확대를 추진하고, 육아휴직 사용의 활성화, 가족돌봄휴가 사용 확대를 위한 사회적 인식 제고와 제도 개선도 지속적으로 추진하기로 하였다.

3. 「다문화가족지원법」

「다문화가족지원법」은 2008년 3월에 제정되어 2008년 9월부터 시행되었다. 본 법률은 '다문화가족구성원이 안정적인 가족생활을 영위하고 사회구성원으로서의 역할과 책임을 다할 수 있도록 함으로써 이들의 삶의 질 향상과 사회통합에 이바지함'을 목적으로 수립되었다.

1) 「다문화가족지원법」의 주요내용

(1) 다문화가족에 대한 정의

「다문화가족지원법」 제2조에는 다문화가족을 「재한외국인 처우 기본법」 제2조 제3호에 의한 결혼이민자, 「국적법」의 규정에 따라 대한민국 국적을 취득한 자로 이루어진 가족으로 명시하고 있다. 「재한외국인 처우 기본법」에서 결혼이민자는 대한민국 국민과 혼인한 적 있거나 혼인관계에 있는 재한외국인을 말하며, 출생 당시 부 또는 모가 대한민국 국민인 자, 출생하기 전에 부가 사망한 경우 사망 당시 부가 대한민국에서 출생한 자, 대한민국에서 발견된 기아는 대한민국에서 출생한 것으로 추정하고 있다. 또한, 「국적법」 제3조는 대한민국 국민이 아닌 자로서 대한민국 국민인 부 또는 모에 의해 인지된 자로 국적을 취득할 수 있음을 명시하고 있다. 대한민국 국적을 취득한 사실이 없는 외국인은 법무부장관의 귀화허가를 받아 대한민국 국적을 취득할 수 있다. 간이 귀화요건에서 배우자가 대한민국 국민인 외국인으로서 배우자와 혼인한 상태로 대한민국에 2년 이상 계속하여 주소가 있는 자, 대한민국 배우자와 혼인한 후 3년이 지나고 혼인한 상태로 대한민국에 1년 이상 계속하여 주소가 있는 경우 간이 귀화의 요건을 가진 것으로 본다.

(2) 다문화가족지원을 위한 기본계획 수립과 실태조사

「다문화가족지원법」 제3조에서는 국가와 지방자치단체는 다문화가족구성원이 안정적인 가족생활을 영위하고 경제·사회·문화 등 각 분야에서 사회구성원으로 역할과 책임을 다할 수 있도록 필요한 제도와 여건을 조성하고 이를 위한 시책을 수립·시행해야 한다고 규정하고 있다. 이와 함께 여성가족부장관은 다문화가족지원기본계획을 5년마다 수립하도록 되어 있다. 다문화가족지원기본계획에는 다문화가족지원정책의 기본 방향, 분야별 발전 시책과 평가, 제도 개선에 관한 사항, 다문화가족지원을 위한 재원 확보 및 배분에 관한 사항, 그 밖의 다문화가족지원을 위해 필요한 사항 등으로 구성되어 있다. 이와 함께 여성가족부장관은 다문화가족지원을 위한 정책을 수립하는 데 활용하기 위해 3년마다 다문화가족에 대한 실태조사를 실시하고 결과를 공표하도록 되어 있다.

(3) 다문화가족정책위원회 설치

「다문화가족지원법」 제3조의4에서는 다문화가족의 삶의 질 향상과 사회통합에 관한 중요사항을 심의·조정하기 위해 국무총리 소속으로 다문화가족정책위원회를 둔다고 명시하고 있다. 다문화가족정책위원회는 다문화가족정책에 관한 기본계획의 수립 및 추진에 관한 사항, 시행계획의 수립, 추진실적 점검 및 평가 등을 심의·조정하고, 각종 조사·연구 및 정책 분석·평가, 사업 조정 및 협력, 국가 간 협력 등에 관한 사항을 심의·조정한다.

(4) 다문화가족지원센터의 설치·운영과 전문인력 양성

「다문화가족지원법」 제12조에는 국가와 지방자치단체는 다문화가족지원센터를 설치하고 운영하도록 규정하였으며, 대통령령이 정하는 법인이나 단체에 위탁할 수 있도록 하였다. 다문화가족지원센터는 다문화가족을 위한 교육과 상담지원사업, 결혼이민자에 대한 한국어 교육, 정보 제공 및 홍보, 관련 기관과 서비스 연계,

일자리 알선, 통·번역지원사업, 그 밖의 다문화가족지원을 위해 필요한 사업을 수행한다.

2) 다문화가족지원정책 기본계획

(1) 다문화가족지원정책 추진 방향

다문화가족은 2002년 이후 도시 저소득층, 농촌지역 남성과의 결혼으로 인한 결혼이민자 중심으로 급속히 증가하였다. 2017년 현재, 다문화가족의 수는 결혼이민자, 귀화자, 이들의 자녀 및 배우자 등을 포함하여 89만 명으로 추산되고 있다. 점차 국제결혼의 증가세는 감소하고 있으나 일정 정도 지속될 전망이며, 이에 따라 2020년에는 다문화가족이 100만 명에 이를 것으로 예측된다.

여성가족부(2017)에 의하면, 다문화가족의 2015년 월평균 가구소득은 200만 원 미만인 경우가 32.6%에 이르는 등 일반가구에 비해 소득이 낮은 편이다. 또한, 결혼이민자의 84%가 5년 이상 국내에 거주하는 등 거주기간이 장기화됨에 따라 생애주기별 지원의 필요성이 요구된다. 다문화 학생 수는 전체 학생 대비 1.68%에 불과하지만 2016년 기준 99,186명이며, 새로운 정책 수요가 발생할 것으로 예상된다.

이에 다문화가족지원정책의 추진 방향은 다음과 같다.

첫째, 다문화가족 자녀의 성장에 따른 지원을 강화하는 것이 필요하다. 특히, 학령기에 이른 다문화가족 자녀와 중도입국 자녀가 증가함에 따라 공교육 등 학교생활 적응지원에 대한 욕구가 증가하고 있다.

둘째, 결혼이민자 등 사회경제적 진출 확대를 지원할 필요가 있다. 결혼이민자들의 경제활동에 대한 욕구가 늘어남에 따라 이들에 대한 일자리 발굴과 취업을 지원할 수 있는 프로그램의 중요성이 증대하고 있다. 이와 함께 다문화가족지원을 위한 서비스 전달체계의 개선이 요구된다. 다문화가족과 외국인 대상 서비스 전달체계의 일원화를 통해 원스톱 서비스를 제공해야 할 것이며, 건강가정·다문화가족지원센터 통합서비스 운영을 통해 다양한 가족을 대상으로 포괄적 서비스를 제공할 수 있도록 여건을 조성할 필요가 있다.

(2) 다문화가족지원정책 기본계획의 정책과제

다문화가족지원정책 기본계획은 '활기찬 다문화가족, 함께하는 사회'라는 비전 아래 '사회발전 동력으로서의 다문화가족 역량강화', '다양성이 존중되는 다문화 사회 구현'이라는 목표를 가지고 있다. 이를 실현하기 위한 가족정책은 6개의 정책과제와 86개 세부계획으로 구성되어 있다.

다문화가족정책 과제로는 다양한 문화가 있는 다문화가족 구현을 위해 쌍방향 문화교류 확대를 위해 노력하고, 다문화가족 자녀의 성장·발달지원을 위한 교육정책과 학교 적응지원, 안정적인 가족생활 기반 구축을 위한 결혼의 진정성 확보, 한국생활 초기 적응지원, 국제결혼 피해자 보호사업 등을 추진하고 있다. 결혼이민자 사회경제적 진출 확대를 위해서는 일자리와 직업훈련 등을 확충하고, 다문화가족에 대한 사회적 수용성 제고를 위해서는 법률 제정과 다문화 이해를 위한 환경 조성, 정책 추진체계 정비 등이 있다.

표 6-3 제4차 다문화가족정책 기본계획(안)(2023~2027)

다문화가족정책 과제	세부계획
정착주기별 맞춤형 지원	• 상황별 다문화가족 지원서비스 강화 • 교류 · 소통 활성화 • 자립 역량강화 및 취 · 창업 기회 확대 • 다양한 사회참여 기회 확대
자녀 성장단계별 학업 · 진로지원	• 영유아기 성장 발달 지원 • 초 · 중등기 학교생활적응 지원 • 청소년기 진로 및 사회진출 준비 • 다문화가족 자녀의 안정적 성장기반 조성

다문화가족정책 과제	세부계획
인권보호 및 차별 해소	• 건강한 국제결혼 환경 조성 • 가정폭력 예방 및 피해자 보호 • 다양성 존중을 위한 인식개선 • 다문화 이해교육 체계화
다문화가족 지원기반 강화	• 서비스 전달체계 내실화 • 정책 환경 점검 · 개선 • 정책추진체계 간 실질적 협력 강화

출처: 여성가족부(2023). 제4차 다문화가족정책 기본계획 수립을 위한 공청회 자료집.

2023년부터 2027년은 제4차 다문화가족정책 기본계획이 진행되는 시기이며, 여성가족부는 다문화가족정책 기본계획 수립의 비전을 '다문화가족과 함께 성장하는 조화로운 사회'로 설정하고, 이를 실현하기 위해 '정착주기별 맞춤형 지원', '자녀 성장단계별 학업 · 진로 지원', '인권보호 및 차별해소', '다문화가족 지원기반 강화'를 주요 과제로 추진한다. 또한, 다문화가족 자녀의 건강한 성장과 우리 사회의 인재가 될 수 있도록 성장단계별 맞춤형 지원을 강화하는 데 중점을 두고 있다.

4. 「한부모가족지원법」

「한부모가족지원법」은 1989년 「모자복지법」으로 제정되었다가 2002년 「모 · 부자복지법」, 2007년 「한부모가족지원법」으로 법제명이 변경되었다. 본 법은 총칙, 복지의 내용과 실시, 한부모가족복지시설, 비용, 보칙 등 모두 31조로 구성되어 있다.

「한부모가족지원법」은 한부모가족이 건강하고 문화적인 생활을 영위할 수 있도록 함으로써 한부모가족의 생활 안정과 복지증진에 이바지함을 목적으로 한다. 또한, 이혼율 증가로 인해 한부모가족이 증가함에 따라 이들의 가족문제를 해결하고 정부 차원에서 이들을 지원하기 위한 정책을 수립하기 위한 목적에서 제정되었다.

1) 한부모가족지원의 대상

「한부모가족지원법」은 국가와 지방자치단체가 한부모가족의 복지를 증진할 책임이 있고, 한부모가족의 권익을 지원하기 위해 노력해야 함을 명시하고 있다. 「한부모가족지원법」의 적용을 받는 대상은 배우자와 사별 또는 이혼하거나 배우자로부터 유기된 자, 정신이나 신체의 장애로 장기간 노동능력을 상실한 배우자를 가진 자, 교정시설·치료감호시설에 입소한 배우자 또는 병역 복무 중인 배우자를 가진 사람, 미혼자 등이며, 사실혼 관계에 있는 자는 제외한다.

본 법의 적용을 받는 한부모가족은 모자가족 또는 부자가족을 말하며, 청소년 한부모는 24세 이하의 모 또는 부이다. 모자가족 또는 부자가족은 모 또는 부가 세대주이거나 세대주가 아니어도 사실상 세대원을 부양하는 자를 의미한다. 본 법에서 아동은 18세 미만(취학 중인 경우는 22세 미만)을 말하며, 병역의무를 이행하고 취학 중인 경우는 병역의무를 이행한 기간을 가산한 연령 미만을 의미한다. 따라서 「한부모가족지원법」의 지원 대상은 아동의 연령을 초과하는 자녀가 있는 한부모가족의 경우 그 자녀를 제외한 나머지 가족구성원을 지원 대상으로 한다. 출산 후 해당 아동을 양육하지 않아도 미혼모는 미혼모자가족복지시설을 이용할 때에는 지원 대상자가 된다.

2) 복지급여 신청과 급여 대상

「한부모가족지원법」 지원 대상의 경우에는 당사자 또는 친척이나 이해관계인이 관할 지방자치단체장에게 복지급여를 신청해야 한다. 「한부모가족지원법」에 의한 복지급여의 내용으로는 생계비, 아동교육지원비, 아동양육비 그 밖의 대통령령으로 정하는 비용이 해당된다. 또한, 미혼모나 미혼부가 5세 이하의 아동을 양육하거나 청소년 한부모가 아동을 양육하는 경우에는 추가적인 복지급여를 제공할 수 있다.

3) 복지자금 대여

국가나 지방자치단체는 한부모가족의 생활 안정을 위해 사업에 필요한 자금, 아동교육비, 의료비, 주택자금, 그 밖의 대통령령으로 정하는 한부모가족의 복지를 위해 필요한 자금을 대여할 수 있다.

4) 고용촉진과 고용지원

국가 또는 지방자치단체는 한부모가족의 모 또는 부와 아동의 직업능력을 개발하기 위해 능력과 적성을 고려하여 직업능력개발훈련을 실시해야 한다. 한부모가족의 모 또는 부와 아동의 취업 기회를 확대하기 위해 한부모가족 관련 시설 및 기관과 연계를 도모하도록 되어 있다. 이와 함께 공공시설 매점 및 시설 설치를 허가하는 경우 한부모가족 또는 한부모복지단체에 우선적으로 허가할 수 있도록 조치를 취할 수 있다. 공공의 아동 편의시설과 그 밖의 공공시설을 우선적으로 이용할 수 있도록 노력해야 한다.

5) 가족지원서비스

국가나 지방자치단체는 한부모가족에게 가족지원서비스를 제공하도록 노력해야 한다. 이에 해당되는 가족지원서비스의 내용으로는 아동의 양육 및 교육 서비스, 장애인·노인·만성질환자의 부양 서비스, 취사·청소·세탁 등 가사 서비스, 교육·상담 등 가족관계증진 서비스, 인지 청구 및 자녀 양육비 청구 등을 위한 법률상담, 소송대리 등 법률구조 서비스, 그 밖의 대통령령으로 정하는 한부모가족에 대한 가족지원서비스 등이 있다.

핵심용어

- 가족정책, 가족정책의 유형, 「건강가정기본법」, 「다문화가족지원법」, 「한부모가족지원법」

학습 실천과제

- 국가의 가족에 대한 지원 정도에 따라 가족정책의 유형이 어떻게 달라질 수 있는지 토론해 봅시다.
- 「건강가정기본법」이 제정된 사회적 배경에 대해 논의해 봅시다.
- 「건강가정기본법」의 내용을 검토하고, 「건강가정기본법」이 우리 사회의 가족 변화에 적절히 대처하는 대안이 되기 위해서는 무엇이 필요한지 논의해 봅시다.
- 「다문화가족지원법」과 「한부모가족지원법」이 가족유형의 다양성에 따른 가족 욕구를 해결하는 데 어떻게 기여할 수 있는지 토론해 봅시다

Chapter

07

건강가정을 위한 서비스 전달체계[1]

학습목표

- 건강가정사업 서비스 전달체계를 이해할 수 있다.
- 가족센터의 역할에 대해 설명할 수 있다.

제7장에서는 건강가정사업에 대한 이해와 가족지원서비스의 전달체계의 특징 및 현황을 살펴보고, 그에 따른 문제점은 없는지 생각해 보고자 한다. 그리고 가족센터의 현황과 현재 진행되고 있는 사업을 중심으로 살펴보고자 한다.

1. 건강가정사업의 이해

1) 건강가정사업의 개념과 목적

건강가정사업이란 가족의 문제를 예방하고, 가족문제 발생 시 효율적으로 해결

---

1) 건강가정을 위한 서비스 전달체계는 여성가족부 2020년 가족사업안내(Ⅰ)를 중심으로 재구성하였다.

하여 가정의 건강성을 강화하기 위한 전문적인 가족복지 서비스로, 「건강가정기본법」 제3조 제4호에는 '건강가정사업'이라 함은 건강가정을 저해하는 문제(이하 '가정문제'라 한다.)의 발생을 예방하고 해결하기 위한 여러 가지 조치와 가족의 부양·양육·보호·교육 등의 가정기능을 강화하기 위한 사업을 말한다.'라고 명시되어 있다. 이에 여성가족부장관은 관계 중앙행정기관의 장과 협의하여 5년마다 건강가정기본계획을 수립하여야 한다. 국가 및 지방자치단체에서는 이러한 정책과제를 달성하기 위해 중앙, 시·도 및 시·군·구에 건강가정지원센터를 두고 건강가정사업을 수행하고 있다.

건강가정사업의 목적은 건강가정지원센터 설치·운영을 통해 수요자 중심의 서비스 전달체계를 갖추고, 지역주민의 특성을 고려한 맞춤형 가족지원서비스를 제공함으로써 가족의 안정성 강화 및 가족관계증진에 기여하는 데 있다.

2) 「건강가정기본법」과 건강가정사업

「건강가정기본법」 제3장에는 국가와 지방자치단체에서 지원해야 할 건강가정사업 내용이 제21조부터 제33조까지 제시되어 있다. 자세한 내용은 다음과 같다.

- 가정에 대한 지원(제21조)
- 위기가족긴급지원(제21조의2)
- 위기가족긴급지원에 관한 정보의 이용(제21조의3)
- 위기가족긴급지원에 대한 비용의 지원(제21조의4)
- 자녀 양육지원의 강화(제22조)
- 가족단위 복지증진(제23조)
- 가족의 건강증진(제24조)
- 가족부양의 지원(제25조)
- 민주적이고 양성평등한 가족관계의 증진(제26조)
- 가족단위의 시민적 역할증진(제27조)

- 가정생활 문화의 발전(제28조)
- 가정의례(제29조)
- 가정봉사원(제30조)
- 이혼 예방 및 이혼가정지원(제31조)
- 건강가정교육(제32조)
- 자원봉사활동의 지원(제33조)

3) 건강가정사업의 내용 변화

2004년 시범적으로 용산 · 여수 · 김해 3개소 건강가정지원센터에서 사업을 시작한 이래 현재까지 건강가정사업의 범위와 내용은 해마다 변화 · 발전하고 있다. 2005년에는 가족상담, 가족교육, 가족문화, 정보 제공 및 네트워크 사업 등 네 영역으로 분류되었다.

제1차 건강가정기본계획이 수립 · 시행된 2006년은 지역 건강가정지원센터의 수가 50개로 늘었고, 중앙 건강가정지원센터에서는 지역센터에 세부 운영지침을 제공하면서 공통사업과 공동협력 및 시범사업(아이돌보미사업 등)으로 분류하여 사업을 추진하도록 하였다. 공통사업은 상담, 교육, 문화, 가족지원사업의 네 영역으로 분류되었는데, 2005년과는 달리 정보 제공 및 네트워크 사업 대신 가족지원사업이 포함되었다.

2008년에는 건강가정지원센터 주무부처가 여성부에서 보건복지가족부로 변경되었고, 83개소 지역에서 공통필수사업 · 선택사업, 공동협력 및 시범사업으로 분류되어 수행되었다. 공통필수사업 · 선택사업영역에서 가족돌봄지원서비스, 가족친화문화조성사업, 가족문제예방 및 역량강화사업, 가족문제해결사업, 다양한 가족을 위한 통합서비스 등의 사업을 시행하였다.

2010년에는 정부조직이 보건복지가족부가 보건복지부로, 여성부가 여성가족부로 변경되면서 건강가정지원센터 주무부처는 다시 여성가족부로 지정되었다. 지역

건강가정지원센터는 101개소로, 사업은 2009년과 마찬가지로 6개 영역으로 분류되었는데, 센터사업 총회기 설정 및 공통사업 부문별 회기 설정을 통한 사업 운영의 유연화 및 패밀리데이(Family Day), 가정의 달 행사를 신설하였다. 지역 특성을 고려한 센터사업의 자율성 확보, 가족친화환경조성사업 추가 등 사업내용이 새롭게 정비되었다.

2015년 사업은 다양한 가족지원, 이용자 참여 확대를 통한 가족기능지원 강화, 맞벌이가정의 일·가정 양립 지원을 위한 프로그램을 강화하였다. 사업영역은 2014년도와 같은 6개 영역이었으나 가족교육영역에서 예비 부부·부모 대상 '고비용 혼례교육'이 센터당 연간 30명이 추가되었고, 남성대상 교육을 아버지 교육, 찾아가는 아버지 교육, 남성대상 자기돌봄교육 등 연간 20시간 이상으로 규정하여 남성대상 교육을 강화하였다.

가족의 건강성 증진, 가족관계 향상을 지원한 건강가정사업은 2014년 건강가정·다문화가족지원센터 통합서비스 운영기관 9개소, 2015년 22개소, 2016년 78개소, 2017년 101개소, 2018년 152개소, 2019년 183개소, 2020년 196개소가 지정됨에 따라 건강가정지원센터, 다문화가족지원센터에서 별도로 운영되던 사업이 통합·운영되어 가족센터로 명칭이 변경되었다.

표 7-1 시 · 군 · 구 건강가정지원센터 사업 주요내용

연도	구분	영역	내용
2005	공통사업	가족상담	• 가족상담
		가족교육	• 부부교육 • 부모교육 • 가정생활교육
		가족문화	• 가족문화조성사업 • 가족단위 자원봉사 문화조성사업 • 가족문화 캠페인 사업
		정보 제공 및 네트워크 사업	• 가정 관련 정보 및 자료 제공, 지역사회 네트워크 구축 사업

연도	구분	영역	내용
2010	공통필수 사업	가족교육	• 예비/신혼기 부부(결혼 준비교육), 남성대상 교육
		가족상담	• 가족상담(부부 및 가족관계 갈등상담), 이혼 전후 가족상담
		가족문화	• 가족봉사단, 가족품앗이사업, 패밀리데이 지원 프로그램, 5월 가정의 달 행사
		가족돌봄지원 서비스	• 초등 취학 적응 돌봄 서비스, 놀토 돌봄 서비스, 임시/단기방학 돌봄 서비스
		다양한 가족통합서비스	• 다양한 가족의 기능 강화 및 지원을 위한 교육, 문화, 상담 프로그램이 장기적으로 통합 제공되는 사업
		지역사회 연계	• 지역사회복지협의체 참여 및 연계사업 진행
2015	공통사업	가족돌봄나눔 *3개 사업 중 택 2	• 모두 가족봉사단 • 모두 가족품앗이 • 아버지–자녀가 함께하는 돌봄 프로그램 (토요일 2시간 이상, 연간 24시간 이상)
		가족교육	• 생애주기별 (조)부모교육 • 예부 부부 · 부모 대상 고비용 혼례교육(센터당 연간 30명 교육) • 남성대상 교육(연간 20시간)
		가족상담	• 가족(집단)상담
		가족문화	• 가족사랑의 날
		다양한 가족통합서비스	• 다양한 가족사업
		지역사회 연계	• 지역사회 협의체 참여, 협약 및 연계사업
2020	공통사업	가족돌봄나눔 *3개 사업 중 택 2	• 모두 가족봉사단 • 모두 가족품앗이 • 아버지–자녀가 함께하는 돌봄 프로그램
		가족교육	• 생애주기별 가족교육 • 남성대상 교육
		가족상담	• 가족(집단)상담
		가족문화	• 가족사랑의 날 • 가족관계개선을 위한 가족캠프, 가족축제, 가족체험활동 등
		지역사회 연계	• 지역사회 협의체 참여, 협약 및 연계사업

제3차 건강가정기본계획이 시작된 2016년 이후에는 가족관계증진을 위한 서비스, 가족유형별 맞춤형 서비스 제공, 정부－가족－지역사회 연계를 통한 돌봄지원 강화, 남성과 여성, 기업이 함께하는 일·가정 양립 실천, 생애주기별 출산친화적 사회문화 조성, 가족환경 변화에 대응한 정책 추진체계를 강화하고 건강가정지원센터에서는 이를 지원하고 있다.

2021년부터는 제4차 건강가정기본계획(2021~2025)을 수립하여 실행하고 있으며, 가족의 다양성에 대한 인정을 기반으로 평등하게 가족구성원을 돌보는 사회를 목표로 세상 모든 가족을 포용하는 사회기반 구축, 모든 가족의 안정적 생활 여건 보장, 가족 다양성에 대응하는 사회적 돌봄 체계 강화, 함께 일하고 돌보는 사회 환경 조성 등 4개 영역, 11개의 정책과제를 수립하고 실행하고 있다.

2. 건강가정지원센터의 이해

1) 건강가정지원센터 현황

건강가정지원센터는 수요자 중심의 서비스 전달체계를 구축하고, 지역주민의 특성에 맞도록 맞춤형 가족지원서비스를 제공하기 위한 목적으로 설치된 기관이다. 건강가정지원센터는 2005년 1월부터 시행된 「건강가정기본법」 제34조에 근거하여 건강가정사업을 전담수행한다. 동법 제35조에 따라 건강가정지원센터를 설치하여 수요자 중심의 서비스 전달체계를 갖추고, 지역주민의 특성을 고려한 맞춤형 가족지원서비스를 제공함으로써 가족관계증진 및 가족의 안정성을 강화한다. 즉, 건강가정지원센터는 국가 및 지방자치단체가 가정문제를 예방하고, 상담 및 치료, 건강가정의 유지를 위한 프로그램 개발, 가족문화운동의 전개, 가정 관련 정보 제공 등을 사업목적으로 한다. 건강가정지원센터는 2005년 1월에 「건강가정기본법」이 시행됨에 따라 시 · 군 · 구 건강가정지원센터 15개소가 설치되면서 지속적으로 확대되고 있다. 2013년 건강가정지원센터는 전국 151개소가 설치되었으며, 2020년 센터 유형별로 현황을 살펴보면, 건강가정 · 다문화가족지원센터 통합서비스 운영기관이 196개소, 건강가정지원센터 23개소가 운영되고 있다.

이와 함께 여성가족부는 2016년부터 건강가정지원센터 및 다문화가족지원센터 통합서비스를 실시하여 왔으며, 2021년에는 가족 유형별로 이원화된 가족지원서비스를 통합 지원하기 위해 건강가정 · 다문화가족지원센터를 가족센터로 명칭을 변경하여, 2023년 건강가정지원센터로 운영되는 기관은 전국 13개소이다.

2) 건강가정지원센터의 사업

(1) 시·군·구 건강가정지원센터의 사업

시 · 군 · 구 건강가정지원센터는 지역사회 주민들을 대상으로 건강가정지원사업을 직접 수행하는 기관으로 다양한 사업을 실천하고 있다. 시 · 군 · 구 건강가정지원센터의 사업은 지역 특성을 반영하여 특성화된 사업을 진행할 수 있으나 기본적으로 건강가정지원센터가 수행해야 할 공통사업을 중심으로 운영되고 있다. 시 · 군 · 구 건강가정지원센터가 수행하는 공통사업은 가족돌봄나눔, 가족교육, 가족상담, 가족문화, 지역사회 연계사업 등이며, 세부적인 내용은 〈표 7-2〉와 같다. 시 · 군 · 구 건강가정지원센터의 사업 방향은 다양한 가족을 지원하는 동시에 이용자 참여 기회를 확대하여 가족기능 지원을 강화하고, 생애주기별 부모교육 등 가족교육을 실시하는 것이다. 특히, 생애주기별 부모교육은 관공서 · 공공기관 · 학교 · 기업 · 군부대 등을 대상으로 찾아가는 가족교육을 실시하고, 직장맘의 남편을 위한 특화 프로그램 등을 운영하고 있다.

표 7-2 2023년 시 · 군 · 구 건강가정지원센터 공통사업

영역 \ 구분	시 · 군 · 구 센터 공통사업	설명
가족돌봄나눔 (3가지 사업 중 2가지 선택)	모두 가족봉사단	• 기존의 가족봉사단의 활동내용을 '돌봄'을 주제로 전환하여 운영
	모두 가족품앗이	• 전업주부와 맞벌이주부가 함께 운영하는 품앗이, 남성이 참여하는 품앗이 등 다양한 그룹 운영
	아버지-자녀가 함께하는 돌봄 프로그램	• 아빠와 자녀가 함께하는 돌봄프로그램 운영
가족교육	생애주기별 가족교육	• 가족 내에서 발생하는 문제를 예방하고 가족구성원의 역량을 강화시키기 위한 부모, 부부, 조부모, 자녀 등 가족을 대상으로 한 생애주기별 다양한 교육 • 예비 · 신혼기 · 중년기 · 노년기 부부교육 등 • 예비 부모교육, 영유아기 · 아동기 · 청소년기 자녀를 둔 부모교육 등
	남성대상 교육	• 아버지 교육, 찾아가는 아버지 교육, 남성대상 자기돌봄교육 등
가족상담	가족(집단)상담	• 생애주기에 따라 발생되는 가족 내 다양한 갈등과 문제의 해결을 위한 상담사업 • 개인을 대상으로 하는 개별적 접근과 가족구성원이 함께 참여하는 가족단위의 통합적 접근 포함 • 가족단위의 면접상담 유도 • 연간 상담 실적이 100명 이하인 센터는 가족집단 상담을 연간 2건 이상 반드시 포함
가족문화	가족사랑의 날	• 수요일, 가족이 모두 함께하는 프로그램
	가족친화문화 프로그램	• 가족캠프, 가족축제, 가족체험활동 등
지역사회 연계	지역사회 협의체 참여, 협약 및 연계사업	• 지역사회 협의체, 유관기관 네트워크 활용 및 참여

출처: 여성가족부(2023). 2023년 가족사업안내(Ⅰ).

(2) 시·도 건강가정지원센터의 사업

시 · 도 건강가정지원센터의 사업은 시 · 군 · 구 건강가정지원센터의 지원에 중점을 두되 직접 서비스는 지역상황에 맞게 실시하고 있다. 본 장에서는 시 · 도 건강가정지원센터의 사업내용을 공통사업을 중심으로 제시하였다.

시 · 도 건강가정지원센터는 첫째, 시 · 군 · 구 건강가정지원센터의 직원교육과 활동가 교육 등 직원들의 역량강화를 위한 교육지원사업을 실시하고 있다. 직원교육은 광역단위로 상담직원에 대한 교육과 워크숍 등을 중심으로 이루어지고, 연간 5과목 또는 30시간 이상 실시하도록 되어 있다. 활동가교육은 센터에서 활동하고 있는 인력이며 과목과 시간은 직원교육과 동일하다. 둘째, 특성화사업 및 정책지원사업이다. 이 사업은 시 · 도별 특성에 맞는 프로그램을 개발하는 것이며, 시범사업 운영과 모니터링과 컨설팅 등의 지원활동, 특성화 사업 지원활동, 사업운영 환경 개선을 위한 제한 등을 해야 한다. 셋째, 네트워크 활성화 사업은 광역단위 업무협의회를 구성하여 중앙과 시 · 군 · 구 센터를 연계하는 역할을 수행하며, 유관기관 연대사업을 위해 유관기관을 발굴하고 사업을 연계한다. 넷째, 홍보사업은 광역단위별로 건강가정지원센터에 대한 캠페인성 홍보사업을 진행하고, 시 · 군 · 구 센터를 홍보하기 위해 다양한 홍보매체 개발 및 활용사업을 진행한다.

표 7-3 2023년 시 · 도 건강가정지원센터 공통사업

구분 영역	시 · 도 센터 공통사업	설명
역량강화 (교육지원)	시 · 군 · 구 센터 직원교육	• 광역단위 상담직원교육, 직원 워크숍 등 • 연간 5과목 또는 30시간 이상
	시 · 군 · 구 센터 활동가교육	• 센터에서 활동하는 인력교육 • 연간 5과목 또는 30시간 이상
특성화 사업 및 정책지원 (사업지원)	시 · 도별 특성에 맞는 프로그램 개발	• 광역단위 특성에 맞는 시범사업 운영 및 매뉴얼 개발
네트워크 활성화 (연계)	광역단위 업무협의회	• 중앙과 시 · 군 · 구 센터의 연계 역할 • 시 · 군 · 구 센터 지원 방문, 모니터링 등
	유관기관 연대사업	• 유관기관의 발굴과 사업연계
홍보	광역단위 홍보	• 캠페인성 홍보사업 등
	시 · 군 · 구 센터 홍보지원	• 시 · 군 · 구 연계 홍보활동 • 홍보매체 개발 및 활용

출처: 여성가족부(2023). 2023년 가족사업안내(Ⅰ).

(3) 별도예산에 의한 여성가족부 추진사업

여성가족부 추진사업은 별도예산으로 운영되는 사업이다. 대표적으로 공동육아나눔터사업, 아이돌봄지원사업, 가족역량강화지원사업, 권역별 미혼모·부자 지원기관 운영지원사업 등으로 구분하여 제시할 수 있다. 공동육아나눔터사업은 지역의 육아를 담당하는 부모들이 함께 자녀를 양육할 수 있는 공동육아나눔터 지원과 가족품앗이 활동지원이다. 아이돌봄지원사업은 취업부모들의 양육 부담을 경감하고 가정에서 개별양육을 희망하는 수요에 탄력적으로 부응하기 위해 아이돌보미를 가정으로 파견하는 사업이다. 또한, 가족역량강화지원사업은 기준 중위소득 72% 이하 자녀를 양육하는 한부모가족, 조손가족, 미혼모·부자가족, 북한이탈가족 등을 포함하여 가족기능 및 역량강화를 위해 지원이 필요한 취약·위기가족, 긴급위기가족 등을 대상으로 사례관리, 자녀 양육 프로그램 및 자조모임, 생활도움지원, 긴급위기지원 등을 할 수 있다. 권역별 미혼모·부자 지원기관 운영지원사업은 미혼모, 미혼부가 자녀를 스스로 양육하고자 할 경우 초기위기에 대처할 수 있도록 상담, 출산비 등 병원비, 교육문화프로그램 및 자조모임 등 서비스를 제공함으로써 양육 및 자립을 지원하고자 서비스를 제공한다.

3. 다문화가족지원센터의 이해

1) 다문화가족지원센터의 현황

다문화가족지원센터는 「다문화가족지원법」에 근거하여 다문화가족의 안정적인 정착과 가족생활을 지원하기 위해 설치되었다. 다문화가족지원센터는 가족 및 자녀의 교육·상담, 통·번역 및 정보 제공, 역량강화지원 등 종합적인 서비스를 제공하여 다문화가족의 한국 사회 적응을 돕고 사회경제적으로 자립할 수 있도록 지원하는 기관이다.

다문화가정지원센터의 현황은 〈표 7-4〉에 제시했으며, 통합·운영되었던 건강가정·다문화가족지원센터가 가족센터로 명칭이 변경되면서 다문화가정지원센터는 2023년 전국에 20개소가 운영되고 있다.

표 7-4 다문화가족지원센터 설치 현황

(단위: 개소수)

유형		계	서울	부산	대구	인천	광주	대전	울산	세종	경기	강원	충북	충남	전북	전남	경북	경남	제주
		227	25	13	8	9	5	5	5	1	31	18	12	15	14	22	23	19	2
다문화가족 지원센터	가형	9	–	–	–	1	–	–	–	–	5	–	–	2	1	–	–	–	–
	나형	11	–	4	–	–	–	3	–	–	–	–	1	–	–	–	3	–	–
가족센터 (건강가정·다문화가족 지원센터)	가형	31	11	1	1	2	–	–	–	–	7	–	1	–	2	1	1	3	1
	나형	75	13	1	4	5	4	1	1	1	18	6	2	4	–	4	4	6	1
	다형	4	1	–	–	–	–	–	–	–	–	–	–	–	3	–	–	–	–
	라형	38	–	6	3	1	1	1	1	–	1	2	1	5	2	4	6	4	–
	마형	60	–	2	–	1	–	–	3	–	–	10	7	4	6	13	8	6	–
울릉군형		1	–	–	–	–	–	–	–	–	–	–	–	–	–	–	1	–	–

출처: 여성가족부(2023). 2023년 가족사업안내.

2) 다문화가족지원센터의 주요사업

(1) 가족 대상 프로그램

가족 대상 프로그램 중 다문화가족이중언어환경 조성 프로그램과 다문화가족 학령기 자녀의 입학 및 입시 정보 제공은 공통필수사업이며, 가족을 대상으로 가족의사소통 프로그램, 가족관계 향상 프로그램, 결혼과 가족의 이해, 가족의 의미와 역할, 아버지 교육, 부모–자녀관계 및 자긍심 향상 프로그램, 자녀교육 프로그램, 부모역할교육, 자녀 건강지도와 생활지도, 자녀성장 지원사업 등이 선택 사업으로 제시되고 있다. 이 사업들은 일회성이나 행사성 사업을 지양하고 학생 관련 프로그램은 교육청 사업과 중복 실시되지 않도록 유의할 필요가 있다.

(2) 성평등 및 인권 관련 프로그램

성평등 및 인권 프로그램은 가족 내 성평등 교육, 다문화이해교육, 인권감수성 향상교육, 이주여성과 한국인 배우자 및 부모대상 프로그램, 폭력피해 대처 및 예방 교육은 공동필수로 진행해야 하며, 이주여성을 대상으로 하는 프로그램과 다문화가족 관련법과 제도, 이주민과 인권, 찾아가는 폭력예방 교육을 선택사업으로 제시하고 있다.

(3) 사회통합 관련 프로그램

다문화가족구성원들의 사회통합은 다문화가족지원정책들이 달성해야 할 궁극적인 목표이다. 사회통합은 취업기초소양교육, 구직자 발굴 시 e새일시스템과 연계된 워크넷 등록 및 새일센터로 적극 연계하고 새일센터의 결혼이민자 대상 직업교육훈련 개설 시 적극 협조한다. 또한 다문화가족 나눔봉사단 소양교육(4시간 이상), 다문화가족 나눔봉사단 활동을 공통필수로 진행해야 하며, 그 외 한국 사회적응교육, 소비자·경제교육, 학업지원반 운영 및 연계, 다문화가족 자조모임, 다문화인식개선, 결혼이민자 멘토링 프로그램, 결혼이민자 정착단계별 지원 패키지 프로그램, 재난안전 교육, 다문화가족 교류·소통 공간 운영, 선거교육을 선택사업으로 제시하고 있다.

(4) 상담 관련 프로그램

가족상담은 다문화가족지원센터에서 공통적으로 운영해야 하는 프로그램이다. 개인상담, 집단상담, 사례관리, 위기가족 긴급지원, 외부 상담기관 연계 등을 실시할 수 있다. 이때, 연간 80회기 이상을 실시한다.

(5) 홍보 및 자원 연계 프로그램

홍보 및 자원 연계는 지역사회에 다문화가족지원센터를 알리고, 지역사회 네트워크를 구축하는 사업, 찾아가는 결혼이주여성 다이음, 홈페이지 운영 등을 포함한다.

4. 가족센터

1) 가족센터의 사업 개요

(1) 가족센터의 목적과 추진 경과

가족유형에 따라 이원화되어 있는 가족지원서비스를 가족유형에 상관없이 필요한 가족지원서비스를 이용하기 위해서는 건강가정지원센터와 다문화가족지원센터의 통합에 대한 논의가 있어 왔다. 이는 이용자 중심의 서비스 확대와 접근성을 제고한다는 측면에서 중요할 뿐만 아니라 지역여건 및 정책 수요자 특성에 맞는 맞춤형 서비스 강화와 모든 가족에 대한 가족의 안정성 강화 및 가족관계 증진에 기여한다는 의미에서 중요한 의의를 찾을 수 있다.

이에 가족의 유형에 상관없이 한 곳에서 다양한 가족에 대한 보편적이고 포괄적인 서비스 제공이 가능하도록 통합서비스 제공을 위한 법적 근거를 「건강가정기본법」과 「다문화가족지원법」에 의해 확보하고 2014년부터 2015년까지 전국 22개소 건강가정·다문화가정지원센터에서 통합서비스 시범사업을 실시하였다.

(2) 가족센터 설치 현황

건강가정·다문화가족지원센터는 2014년에 9개소가 시범운영되었다가 점차 센터 개소 수가 증가하고 있으며, 2017년 101개소, 2018년 152개소, 2019년 183개소, 2020년 196개소가 건강가정·다문화가족지원센터 통합서비스 운영기관으로 선정되어 통합서비스 운영기관으로 확대 및 시행하고자 한다. 2021년에는 건강가정·

다문화가족지원센터가 가족센터로 명칭이 변경되었으며, 2023년 211개소가 가족센터로 운영되고 있다.

통합서비스 사업의 목적은 가족의 유형별로 이원화되어 있는 가족지원서비스를 가족의 유형에 상관없이 한곳에서 다양한 가족에게 보편적·포괄적 서비스를 제공하고, 다문화가족의 안정적인 정착과 가족생활을 지원하기 위해 가족 및 자녀의 교육·상담, 통·번역 및 정보 제공, 역량강화지원 등 종합적인 서비스를 제공하여 다문화가족의 한국 사회 조기 적응 및 사회경제적 자립지원을 도모하기 위함이다.

표 7-5 연도별 가족센터 현황

(단위: 개소)

구분	계	서울	부산	대구	인천	광주	대전	울산	세종	경기	강원	충북	충남	전북	전남	경북	경남	제주
'14년	9	1	1	1	–	1	–	–	–	1	–	–	1	–	1	1	1	–
'15년	22	3	3	3	1	1	1	–	–	2	1	1	2	–	1	2	1	–
'16년	78	7	3	5	7	4	2	1	1	6	5	2	7	3	9	9	7	–
'17년	101	10	3	6	7	4	2	3	1	14	9	4	8	3	10	9	8	–
'18년	152	23	6	8	7	4	2	5	1	22	18	6	8	4	16	11	11	–
'19년	183	25	7	8	8	5	2	5	1	24	18	7	12	11	21	15	14	–
'20년	196	25	8	8	8	5	2	5	1	24	18	9	13	13	21	18	18	–
'21년	203	25	8	8	8	5	2	5	1	26	18	10	13	13	21	20	18	2
'22년	207	26	8	8	9	5	2	5	1	26	18	10	13	13	22	21	19	2
'23년	211	26	10	8	9	5	2	5	1	26	18	11	13	13	22	21	19	2

출처: 여성가족부(2023). 2023년 가족사업안내(Ⅰ).

(3) 가족센터의 사업 주체별 역할

① 여성가족부

여성가족부는 통합서비스 운영기관의 사업모델을 제시하고 운영계획을 수립하는 역할을 맡는다. 또한, 통합서비스 운영기관의 사업비를 교부하고 사업 실적에 대한 평가와 관리·감독 및 지도업무도 병행하고 있다.

② 시·도와 시·군·구

시·도와 시·군·구는 중앙정부와 통합서비스 운영기관을 연계하는 역할을 수행하며, 운영기관의 사업비를 교부·정산한다. 또한, 통합서비스 운영기관의 사업 운영현황과 사업결과를 보고받고, 운영기관을 직접 관리·감독하고 지도하는 역할을 담당한다. 이와 함께 지역별 특성에 맞는 사업을 개발하고 개발을 지원하는 역할을 담당한다.

③ 한국건강가정진흥원

한국건강가정진흥원은 가족서비스 프로그램 및 업무 매뉴얼을 개발하고 보급하는 역할을 수행하며, 가족서비스 전문인력 및 직원 역량강화교육을 실시한다. 이와 함께 가족서비스 조사 및 연구, 가족서비스 운영기관 현장점검 및 평가지원, 가족지원통합정보시스템 운영, 관련기관 네트워크 구축 및 홍보사업을 담당한다.

④ 시·도 가족센터

시·도 가족센터는 한국건강가정진흥원과 시·군·구 가족센터의 연계, 시·도별 특성에 맞는 가족지원프로그램 개발·보급, 시·군·구 가족센터 사업지원 및 관리, 시·군·구 가족센터 직원의 역량강화를 위한 교육, 상담 슈퍼비전 실시, 시·도 가족관련 정보 및 데이터베이스 구축·보급 업무를 담당한다.

⑤ 시·군·구 가족센터

시·군·구 가족센터는 지역사회 내 가족구성원을 위한 1차적 가족지원서비스를 제공하고, 지역단위 건강가정지원 및 다문화가족지원 업무를 실시한다. 또한 지원시간과 지원대상 확대 등을 통하여 가족지원서비스의 접근성을 향상시키고자 노력하는 업무를 담당한다. 특히, 시·군·구 가족센터는 지역사회 내 다문화·한부모·조손가족 등에 맞춤형 가족역량강화서비스를 지원하고, 지역사회 내 유관기관과의 연계를 통해 통합적 가족지원서비스를 제공하여, 지역사회에 맞는 가족특성화서비스 및 정보를 제공하도록 노력해야 한다.

2) 가족센터의 주요 사업

(1) 가족센터의 사업 방향

가족센터의 사업은 지역사회 가족지원 서비스 대상자를 확대하고 가족문제에 대응할 수 있는 능력을 강화하는 방향으로 추진된다. 또한, 다양한 가족의 특성과 생애주기별로 맞춤형 서비스를 강화하고, 일·가정생활의 이중고에 지친 워킹맘과 워킹대디의 고충해소, 자녀육아 등 가정에서의 부모 역할 강화 및 역할 갈등해소를 위한 가족지원사업을 수행한다. 이와 함께 다문화가족의 학령기 자녀에 대한 부모·자녀관계 향상, 사회성 발달 및 미래설계 지원 등 다문화가족 자녀의 특성을 반영한 프로그램과 다문화가족·한부모(미혼모 등)가족, 조손가족 등에도 특성화된 서비스를 제공하여 가족구성원의 역량강화 및 안정적인 가족생활과 사회통합을 지원하는 프로그램을 수행하는 방향으로 운영하고자 한다.

그리고 가족단위 여가 프로그램 제공 등을 통한 이용자 참여 확대 및 가족친화 지역문화 조성과 다양한 가족지원, 이용자 참여 확대를 통한 가족기능 지원 강화 및 지역사회 가용자원과 연계한 종합서비스가 가능하도록 지역사회의 다양한 유관기관과 연계 및 협력 지원을 강화하는 사업을 수행한다.

문화사업 영역에서는 유사사업 통합(나눔봉사단 및 가족봉사단, 공동육아나눔터 상시프로그램 등)을 통한 가족융합 및 사회인식개선을 위해 노력하고, 수요자의 특성 및 수요에 적합한 프로그램 운영, 아빠의 육아참여 지원프로그램 강화 및 찾아가는 교육 활성화 등 가족관계 개선을 도모하고 있다.

이와 함께, 다문화/비다문화 통합 시 비언어적 프로그램 확대 등으로 다양한 참여자의 진입 장벽을 개선하고자 한다. 또한, 다문화가족, 한부모가족, 워킹맘들의 적극적인 참여와 활동가로 유도하여 시민의식 고취, 가족편견 해소를 위한 가족친화문화사업을 강화하고, 가족기능강화를 위한 별도 집단상담 프로그램을 활성화하고자 한다.

(2) 가족센터의 영역별 수행사업

통합서비스 운영기관의 사업은 기본사업 외에 지역특성화 사업을 운영할 수 있으며, 영역에 맞는 기본사업은 지역의 여건과 수요 등에 따라 운영할 수 있다.

① 가족관계사업

가족관계사업은 임신이나 출산과 관련된 지원, 영유아기 부모지원, 학부모지원, 혼례가치교육, 아버지 역할 지원 등의 부모역할 지원과 부부갈등예방·해결지원, 노년기 부부지원 등의 부부역할지원, 이혼전·후 가족지원, 다문화가족관계 향상 지원, 다문화가족이중언어환경 조성, 다문화가족자녀성장지원, 가족상담을 지원하는 것이다.

② 가족돌봄사업

가족돌봄사업은 일시적이거나 장기적인 가족구성원의 부재로 인해 가족기능이 약화된 가족을 대상으로 돌봄 서비스를 지원하는 것이다. 가족유형의 특성에 따른 가족기능 강화 서비스를 운영할 수 있다. 가족돌봄과 관련된 사업으로는 가족역량 강화, 긴급돌봄, 자녀돌봄, 다문화가족 방문 서비스 등이 있으며, 교육과 상담을 통해 전문상담이 필요한 경우 의뢰를 할 수 있다. 또한, 돌보미 파견사업이나 사례관리를 통해 가족돌봄사업을 진행할 수 있다. 가족역량사업은 취약·위기가족을 대상으로 하며, 한부모가족이나 조손가족, 미혼모부자가족, 북한이탈가족 등을 대상으로 할 수 있다. 이와 함께 긴급돌봄지원은 가정폭력이나 자살, 사망, 사고, 경제적 위기 등에 처한 가족들에게 심리·정서지원서비스 및 돌봄 서비스를 제공한다.

③ 가족생활사업

가족생활사업은 맞벌이가정의 일·가정 양립지원, 다문화가족 초기 정착지원, 결혼이민자 통·번역지원, 결혼이민자 취업지원 등이 있다. 특히, 가족생활사업은 일과 가정을 양립하는 과정에서 발생할 수 있는 고충을 상담하고, 필요한 경우 생활 정보를 제공하거나 초기 정착지원 등을 제공한다. 결혼이민자 통·번역지원은 입국 초기 결혼이민자의 초기 정착단계에서 의사소통 문제를 해결하기 위해 지원하는 사업이다.

④ 가족과 함께하는 지역공동체 사업

지역공동체 사업으로는 가족봉사단(다문화가족나눔봉사단), 공동육아나눔터(가족품앗이), 다문화가족 교류·소통공간 운영, 가족사랑의 날, 결혼이민자 정착단계별 지원 패키지, 인식개선 및 공동체 의식, 가족친화문화프로그램, 찾아가는 결혼이주여성 다이음사업 등이 있다. 이 사업은 양성평등한 가족문화, 지역사회 공동체 문화, 가족친화 사회환경 조성, 다문화인식개선 등 가족과 지역사회연계 프로그램을 운영하고자 한다. 인식개선 및 공동체 의식을 위해서는 다문화, 한부모, 조손, 북한이탈가족 등 다양한 가족의 특성 이해 및 편견해소를 지원하고, 가족친화문화 프로그램으로는 가족캠프, 가족축제, 가족체험활동 등 가족구성원 전체가 참여하는 프로그램을 운영하고자 한다. 그리고 가족봉사단으로는 가족단위 자원봉사활동, 다문화가족자조모임을 운영하며 '자녀함께 키우기' 가족품앗이 및 공동육아나눔터를 운영하고, 다문화가족 교류 및 소통을 위한 공간 지원과 매주 수요일 가족이 함께 참여하는 프로그램 및 지역사회연계 가족친화 프로그램 운영을 통한 가족사랑의 날 사업과 결혼이민자의 정착단계별 지원을 위한 패키지 사업, 결혼이주여성들이 지역사회 다문화활동가로 참여하여 다양한 지역공동체를 '찾아가는 다문화 친화활동'을 지원하는 다이음사업을 운영하고자 한다.

(3) 별도예산에 의한 추진사업

아이돌봄 지원사업, 가족희망드림 지원사업, 권역별 미혼모·부자 지원기관 운영지원 사업, 공동육아나눔터 사업, 이중언어가족환경 조성사업, 방문교육지원사업, 통번역지원사업, 다문화가족 자녀언어발달지원사업, 다문화가족 사례관리 사업, 결혼이민자 역량강화지원 사업 등이 운영되고 있다. 가족센터는 기본사업 외에 특성화 사업을 운영할 수 있고, 기본사업은 지역의 여건과 수요 등에 따라 운영할 수 있다.

표 7-6 가족센터 영역별 수행사업

주요사업	기본사업	비고
가족관계	부모역할 지원(임신출산(부모)지원, 영유아기 부모지원, 학부모지원, 가족가치교육, 아버지 역할 지원), 부부역할지원(부부갈등예방·해결 지원, 노년기 부부지원), 이혼전·후가족지원, 다문화가족관계향상지원, <u>이중언어 가족환경조성</u>, <u>다문화가족자녀성장지원</u>, 가족상담, (손자녀 돌봄)조부모 역할 지원, 노부모 부양가족 지원	교육, 상담(정보제공 및 초기상담), 문화프로그램 등
가족돌봄	가족희망드림 지원	교육, 상담(정보제공 + 초기상담 → 전문상담), 돌보미 파견, 사례관리 등
가족생활	맞벌이가정 일가정양립지원, 다문화가족 초기정착지원, 결혼이민자 취업지원, 1인가구 지원, 다문화가족자녀 사회포용안전망 사업	교육, 상담, 정보제공, 문화프로그램 등
가족과 함께하는 지역공동체	가족봉사단(다문화가족나눔봉사단), 공동육아나눔터(자녀돌봄 품앗이), 다문화가족 교류·소통공간 운영, 가족사랑의 날, <u>결혼이민자 정착단계별 지원 패키지</u>, 인식개선 및 공동체 의식, 가족친화문화프로그램, 찾아가는 결혼이민자 다이음사업, 다함께 프로그램, 기타(사업 영역에 속하지 않는 사업)	모임, 활동, 문화프로그램 등

주: ______ 밑줄의 3개 사업은 다문화가족지원 프로그램 중 우선적으로 시행하는 사업임.

출처: 여성가족부(2023). 2023년도 가족사업안내(Ⅰ).

(4) 가족상담 전문인력 운영

가족상담은 생애주기에 따라 발생하는 가족 내 다양한 갈등을 해결하기 위하여 부모-자녀간, 부부간 가족관계 개선 등 가족상담을 실시한다. 가족상담은 1차 초기상담으로 가족상담전화(1644-6621)나 지역별 가족센터 전화상담을 통해 이루어지고, 2차는 심층상담 및 연계서비스를 제공하고 있다. 긴급전화의 경우 경찰청, 병원, 여성긴급전화 등과 연계하고 있다. 3차는 전문기관과 연계를 하고 있으며, 연계기관으로는 한부모가족복지시설, 미혼모·부모거점기관, 입양기관, 청소년쉼터, 폭력피해여성쉼터 등이다.

(5) 1인가구 사회적관계망 형성 지원

1인가구 사회적관계망 형성 지원은 급속히 증가하고 있는 1인가구의 일상생활을 유지할 수 있는 기능을 향상시키고, 사회 참여를 증진시키는 것을 목적으로 지원하고 있다. 1인가구는 1명이 단독으로 생계를 유지하고 있는 생활단위를 의미하며, 1인가구의 생애주기별, 성별, 지역특성별, 경제적 여건 등을 고려한 맞춤형 지원이 이루어지도록 하고 있다.

3) 가족센터의 특징

가족센터의 특징을 기존의 건강가정지원센터, 다문화가족지원센터와 비교한 내용은 〈표 7-7〉과 같다. 건강가정지원센터는 2005년부터 본격적으로 실시되었고, 다문화가족지원센터는 2006년 결혼이민자 가족지원센터에서 출발했으나 설치 수는 다문화가족지원센터가 더 많은 것이 특징이었다. 또한, 사업 방향은 건강가정지원센터와 다문화가족지원센터의 주 이용자들이 각각 다름에도 불구하고, 가족센터는 가족유형과 상관없이 다양한 가족에게 보편적·포괄적인 서비스를 제공한다는 점에서 차이를 보인다. 가족센터는 기존의 건강가정지원센터와 다문화가족지원센터의 역할과 기능을 통합적으로 운영한다는 의미에서 향후에도 지속적으로 늘어날 것으로 예상되며, 특성화된 사업 개발과 효과적인 전달체계 구축에 대해서는 논의해 나가야 한다.

표 7-7 건강가정지원센터, 다문화가족지원센터, 가족센터 특성 비교

기관명	건강가정지원센터	다문화가족지원센터	가족센터
법적 근거	• 「건강가정기본법」령 – 법 제34조(건강가정사업 전담수행) – 법 제35조(건강가정지원센터의 설치) – 시행령 제3조(건강가정지원센터의 조직 등) – 시행규칙 제6조(건강가정지원센터의 위탁운영)	• 「다문화가족지원법」 – 제12조(다문화가족지원센터의 설치 · 운영 등)	• 「건강가정기본법」 – 법 제21조(가정에 대한 지원) – 법 제35조(건강가정지원센터의 설치) • 「다문화가족지원법」 – 법 제6조(생활 정보 제공 및 교육 지원) – 법 제12조(다문화가족지원센터의 설치 · 운영 등)
연혁	• '05년 건강가정지원센터 본격 실시 • 시 · 군 · 구 센터 15개소 신규 설치 및 확대 • '13년 건강가정지원센터 전국 151개소 설치 • '16년 통합서비스 실시	• '06년 4월 결혼이민자가족지원센터 지정 · 운영 • '08년 「다문화가족지원법」 제정 및 '다문화가족지원센터'로 명칭 변경 • '13년 다문화가족지원센터 전국 211개소 설치 • '16년 통합서비스 실시	• '14~15년 통합서비스 시범사업(22개소) • '16년 통합서비스 운영기관(78개소) • '17년도 확대(101개소) • '18년도 확대(152개소) • '19년도 확대(183개소)
사업 방향	• 다양한 가족지원, 이용자 참여 확대를 통한 가족기능 지원 강화 • 생애주기별 부모교육 등 가족교육 활성화	• 다문화가족의 한국 사회 조기 적응 및 사회 · 경제적 자립지원 도모	• 가족유형과 상관없이 다양한 가족에 대한 보편적 · 포괄적 서비스 제공 • 다문화가족을 위한 종합적인 서비스를 제공하여 다문화가족 한국 사회 조기 적응 및 사회 · 경제적 자립지원 도모
수요 사업	• 가족돌봄나눔 – 모두 가족봉사단 – 모두 가족품앗이 등 – 아버지-자녀가 함께하는 돌봄 프로그램 • 가족교육 – 생애주기별 가족교육 – 남성대상 교육 등 • 가족상담	• 가족 – 이중언어 가족환경조성 사업 – 다문화가족 학령기 자녀 입학 및 입시 정보 제공 • 성평등 · 인권 – 가족 내 성평등 교육 – 다문화이해교육 – 인권감수성 향상 교육	• 가족관계 – 부모역할 지원 – 부부역할 지원 – 이혼전후 가족지원 – 다문화가족관계 향상지원 등 – 다문화가족 이중언어환경 조성 – 다문화가족 자녀 성장 지원

기관명	건강가정지원센터	다문화가족지원센터	가족센터
	• 가족문화 – 가족사랑의 날 – 가족관계 개선을 위한 캠프, 축제, 체험활동 등 • 다양한 가족통합서비스 • 지역사회 연계	• 사회통합 – 취업 기초소양교육 – 다문화가족 나눔봉사단 • 상담 • 홍보 및 자원 연계	• 가족돌봄 – 가족역량강화지원 – 다문화가족 방문서비스 • 가족생활 – 다문화가족 초기정착지원 – 결혼이민자 취업 지원 – 맞벌이가정 일 · 가정 양립지원 – 결혼이민자 통번역 지원 • 가족과 함께하는 지역공동체 – 다문화가족 교류소통공간 운영 – 가족친화프로그램 – 결혼이민자정착단계별 지원 패키지 – 공동육아나눔터

출처: 한국건강가정진흥원 홈페이지.

핵심용어

• 한국건강가정진흥원, 건강가정지원센터, 다문화가족지원센터, 가족센터

학습 실천과제

• 다양한 가족을 지원하고 있는 건강가정지원센터에서 추가될 수 있는 사업들은 어떤 것들이 있는지 토론해 봅시다.

• 가족센터, 건강가정지원센터, 다문화가족지원센터의 사업과 사회복지관의 가족복지 사업과 비교하여 토론해 봅시다.

• 가족센터의 전달체계에 개선될 부분이 있다면 어떤 것인지 토론해 봅시다.

Chapter 08

건강가정사의 역할과 자격

학습목표

- 건강가정사의 역할과 직무를 이해할 수 있다.
- 건강가정사의 자격에 대해 이해할 수 있다.
- 건강가정사의 현장실습을 이해할 수 있다.
- 가족센터, 건강가정지원센터, 다문화가족지원센터의 종사자 자격기준을 이해할 수 있다.

제8장에서는 건강가정을 위해 건강가정정책과 사업 방향 그리고 목적, 건강가정서비스의 전문가인 건강가정사의 역할과 직무, 자격을 이해하고 건강가정사의 현장실습과 역량 개발을 위해 무엇을 해야 하는지 점검해 본다. 또한, 가족센터, 건강가정지원센터, 다문화가족지원센터 종사자의 자격기준을 중심으로 살펴보고자 한다.

1. 건강가정사의 역할과 직무

1) 건강가정사의 업무

업무란 사회생활상의 지위에 기해 계속 또는 반복해서 행하는 사무이며, 사회생활상의 지위에 기한 사무란 사람이 사회생활을 유지하면서 행하는 사무이다. 업무는 객관적으로 상당한 횟수를 반복하면서 행해지거나 반복·계속할 의사로 행해진다. 따라서 업무는 사회생활에서 계속성을 가지는 사무여야 한다.

2005년 「건강가정기본법」의 시행 이후로 가족센터·건강가정지원센터·다문화가족지원센터에는 건강가정사업을 수행하기 위하여 관련분야에 대한 학식과 경험을 가진 전문가로 건강가정사를 양성하였다. 건강가정사는 서비스 제공 주체로서 업무를 담당한다. 즉, 가족의 건강성을 증진시키기 위해 서비스 전달체계의 최종단계에서 가족지원서비스를 전달하는 업무를 담당한다(강유진, 차승은, 2013). 즉, 건강가정사는 「건강가정기본법」이 지향하는 철학과 이념의 실천가이며 건강가정사업의 운영자·전달자로서 서비스 전달의 전문인력으로서의 역할을 수행해야 한다.

건강가정사는 「건강가정기본법」에서 명시하는 기본철학과 이념을 명확히 이해해야 한다. 「건강가정기본법」에서는 건강한 가정생활을 영위하고 가족을 유지 및 발전시키는 것을 국민의 권리와 의무이자 국가 및 지방자치단체의 책임으로 명시하였다. 따라서 건강가정사는 국민과 국가 및 지방자치단체의 유기적인 연계를 인식하고 가족구성원의 복지를 증진시킬 수 있는 지원책을 실천하는 데 전문가적 자질을 발휘해야 한다. 이를 위해서는 가정의 기능을 강화하고 가정의 잠재력을 개발하며, 가족공동체 문화를 조성하고 다양한 형태의 가정이 가지고 있는 욕구를 충족시키며, 가정과 사회의 통합을 이룰 수 있도록 해야 한다(조희금 외, 2015).

2) 건강가정사의 직무

직무란 직업상 담당자에게 맡겨진 임무이다. 행정학에서의 직무란 직위(position)에 배당된 업무(일)로 직무에는 그 수행과 관련된 권한과 책임이 따른다. 또한, 직무란 생산활동에 종사하는 개별 종사자 한 사람에 의해 정규적으로 수행되었거나 수행되도록 설정·교육·훈련되는 일련의 업무 및 임무이다.

(1) 「건강가정기본법 시행령」 제4조에 의한 업무

건강가정사는 전국 시·도 및 시·군·구 가족센터·건강가정지원센터·다문화가족지원센터에서 다음과 같은 업무를 담당한다.

① 가정문제의 예방·상담 및 개선

가족구성원 간에 '소통'이 되지 않아 발생하는 가정 내 고민거리를 논의하고 예방 및 상담을 통해 현재의 상황을 인식하고 어려움을 해소하기 위한 개선방안을 모색하는 가족단위의 예방과 상담(예 이혼 전/후 가족상담, 부모자녀상담, 부부상담, 재혼가족상담, 고부갈등상담, 가족관계에 의한 갈등상담 등), 해결을 위한 프로그램 개발 및 운영을 위한 업무를 담당한다.

② 건강가정의 유지를 위한 프로그램의 개발

가족구성원의 욕구가 충족되면서 인간다운 삶이 보장될 수 있도록 가족단위의 프로그램(예 모두가족품앗이, 아버지-자녀가 함께하는 토요프로그램, 모두가족봉사단, 공동육아나눔터 등) 개발 및 운영을 위한 업무를 담당한다.

③ 건강가정 실현을 위한 교육

가족구성원 간의 가족갈등, 즉 부부 및 세대 간에 가족갈등이 있는 경우 이들 예방하고 상담하여 민주적이고 양성평등한 가족관계를 증진시킬 수 있도록 가족지원서비스를 지원한다. 이를 위해 생애주기별 (조)부모교육, 남성대상 교육(예 아버지교육, 남성대상 돌봄참여 및 자기돌봄교육), 가족상담, 평등가족 홍보 등을 위한 다양한 교육업무를 담당한다.

④ 가정생활문화운동의 전개

가정은 가장 작은 단위의 사회로 아이들은 가정을 통해 그 사회가 갖고 있는 문화를 학습하게 된다. 따라서 건강한 가정의 생활문화를 경험하면서 건강한 사회를 만드는 기초가 된다. 이를 위해서 가족여가문화, 양성평등 가족문화, 건강한 의식주 생활문화, 합리적인 소비문화, 가족단위 자원봉사활동(예 모두가족봉사단), 지역사회 공동체 문화를 형성할 수 있도록 가정생활문화운동을 전개하는 업무를 담당한다.

⑤ 가정 관련 정보 및 자료 제공

가족생활주기에 따른 발달과업을 잘 수행하여 다음 단계로 가족 변화를 경험하게 될 때 어려움이 발생하지 않도록 부부교육, 아동양육방법, 아동 및 청소년기의 발달특성, 부모와 자녀의 관계와 소통에 관한 교육 등 가정 관련 정보와 자료를 제공한다. 가정 관련 정보 및 자료를 제공받은 가족구성원은 서로를 이해할 수 있도록 돕고 서로 지지할 수 있는 기반이 되도록 한다.

⑥ 가정에 대한 방문 및 실태 파악

지역사회에 거주하는 가정을 방문하여 가정 내 고민거리, 숨겨져 있는 어려움을 찾아내 문제를 예방하고 가족구성원이 주체가 되어 문제를 해결할 수 있도록 지지와 지원, 협조하여 건강성을 유지할 수 있도록 돕는다. 또한, 가족구성원을 대상으로 실태조사를 실시해 가정문제를 이해하고 전문화된 서비스를 제공하기 위해 노력한다.

⑦ 아동보호전문기관 등 지역사회 자원과의 연계

가족구성원 간의 갈등과 개인적 · 경제적 특성에 의해 발생되는 부부간 갈등(가정폭력, 성폭력, 부부싸움 등), 아동학대, 노인학대 등에 대해 지역사회 전문기관(예 가정폭력 · 성폭력상담센터, 아동보호전문기관, 노인보호전문기관 등)과 연계하여 문제를 해결할 수 있도록 지역사회 네트워크를 통한 안전망이 형성될 수 있도록 업무를 담당한다.

⑧ 그 밖의 건강가정사업과 관련하여 여성가족부장관이 정하는 활동

건강한 가정을 만들기 위한 그 밖의 건강가정사업에 관심을 갖고 지역사회와 지역주민의 특성을 고려한 가족센터 · 건강가정지원센터 · 다문화가족지원센터의 특성화 사업 및 운영을 위한 업무를 담당한다.

(2) 직위 · 직책에 따른 직무

건강가정사는 대인 서비스를 담당하는 일선 실무자에서부터 중간 실무자 그리고 관리자로서의 직무를 수행한다. 즉, 건강가정사의 업무는 관리적 업무와 실무적 업무, 대민 서비스 업무 등으로 세분화되므로 건강가정사의 자격도 다양한 직무의 성격에 따라 실무자급 및 관리자급으로 등급화할 필요가 있다(강기정 외, 2014).

(3) 직무영역별 책무 및 세부과업

건강가정사의 직무는 총괄책임, 상담사업, 교육사업, 문화사업, 행정지원, 아이돌보미사업 등의 영역으로 구분할 수 있다. 이윤정, 정은희(2008)에 의해 연구된 각 영역의 책무 및 세부과업을 살펴보면 〈표 8-1〉과 같다.

표 8-1 건강가정사 직무영역별 책무 및 세부과업

구분			세부과업
직무	해당 종사자	책무	
총괄책임	센터장, 사무국장 등 중간 관리자 이상 종사자	센터 사업 총괄	• 중장기 사업목표 및 방향 설정·조정 • 센터 연간 및 월간 계획 수립·조정 • 팀별 사업 기획 총괄·조정 및 업무 총괄 • 팀 간 연계사업 조정 등 업무 조정 • 팀별 업무 관련 서류 결재 및 일일업무일지 점검 • 업무평가체계 구축 및 평가회의 운영 • 프로젝트 사업(외부지원사업) 및 협력사업 기획총괄·조정
		센터 운영 총괄	• 예산계획 수립·편성·조정 • 센터 제반규정(운영내규, 인사복무규정 등) 제정·관리 총괄 • 인사위원회, 자문위원회 등 운영 • 센터 내부회의 주관(센터 직원회의 등)
		인사 관리 및 인력 개발	• 직원 인사관리(공개채용 공고, 면접 등) • 직원 복지후생에 대한 총괄 • 직원 인력 개발 및 보상 관련 업무 총괄 • 직원 슈퍼비전(정기) 및 직원 업무지도(수시) • 건강가정 현장실습/슈퍼바이저 활동/실습생 평가
		대외 협력 활동	• 센터 협력기관업무 총괄(한국건강가정진흥원, 여성가족부, 지방자치단체, 위탁법인 등과의 협력업무) • 지역사회 네트워크 구축(유관기관 네트워킹, 협업체계 구축 등) • 각종 외부회의 참석 등 대외적 활동 • 센터 및 사업 홍보(매체 응대 등 일반 홍보 제외)
상담사업	상근 팀장 및 팀원	기획	• 상담 접수 및 초기 사정 • 집단상담 프로그램 기획, 강사 섭외, 참여자 모집 • 상담 자원봉사자 모집 • 사업비 지출계획 수립 • 프로그램 계획서 등 기안문 작성 • 사업 홍보
		수행	• 개별 및 가족상담 • 심리검사 및 내담자 의뢰 • 상담일지, 프로그램 과정일지 등 수행에 따른 문서 작성 • 집단상담 프로그램 운영 • 상담 자원봉사자 교육 및 활용 • 사업비 지출(지출결의서 작성 등)
		평가	• 사례회의 및 슈퍼비전 • 기관 연계 및 사후관리 • 집단상담 프로그램 평가 • 상담 자원봉사자 관리

구분			세부과업
직무	해당 종사자	책무	
			• 사업결과 홈페이지 게시 • 프로그램(사업) 실적 보고서 등 서류 작성
교육사업	상근 팀장 및 팀원	기획	• 교육 프로그램 기획(참여자 모집, 강사 섭외, 교육자료 제작, 프로그램 제반 사항 준비 등) • 사업비 지출계획 수립 • 프로그램 계획서 등 기안문 작성 • 사업 홍보
		수행	• 강사활동(센터 프로그램 직접 강의) • 프로그램 진행 및 참여자 관리 • 프로그램 일지 등 수행에 따른 문서 작성 • 사업비 지출(지출결의서 작성 등)
		평가	• 프로그램 평가 • 참여자 관리 • 사업결과 홈페이지 게시 • 프로그램(사업) 실적 보고서 등 서류 작성
문화사업	상근 팀장 및 팀원	기획	• 문화 프로그램 기획(참여자 모집, 강사 및 장소 섭외, 프로그램 제반사항 준비 등) • 가족봉사단 프로그램 기획 • 사업비 지출계획 수립 • 프로그램 계획서 등 기안문 작성 • 사업 홍보
		수행	• 프로그램 진행 • 가족자원봉사 프로그램 운영 • 가족자원봉사단 교육 • 프로그램 일지 등 수행에 따른 문서 작성 • 사업비 지출(지출결의서 작성 등)
		평가	• 프로그램 진행 및 참여자 관리 • 가족봉사단 관리 • 사업결과 홈페이지 게시 • 프로그램(사업) 실적 보고서 등 서류 작성
행정지원	상근 팀장 및 팀원	기획	• 수신 · 발신 공문관리 • 센터 홍보물 관리 • 우편물 접수 및 발송 • 기타 서류관리
		수행	• 예산 편성 • 회계처리(사업비 지출 등) • 급여 정산 및 지급, 4대 보험관리 • 회계 관련 장부, 문서 작성

구분			세부과업
직무	해당 종사자	책무	
		평가	• 직원 인사 복무(신규채용 업무 등) • 운영위원회 등 각종 위원회 설치 및 운영 • 센터 시설관리 • 물품 구매 및 비품관리
아이돌보미사업	상근 팀장 및 팀원	기획	• 아이돌보미 전화 및 면접상담 및 모집 • 이용자 가정 전화 및 면접상담 및 선정 • 아이돌보미 양성교육 기획(강사 및 장소 섭외) • 모니터 요원 모집
		수행	• 아이돌보미 양성교육 • 이용자 가정과 아이돌보미 연계 및 방문 • 활동일지 관리 • 모니터 요원 활동관리 • 육아휴게소 운영 • 월례회의
		평가	• 사례관리 • 아이돌보미 데이터베이스 관리 및 보수교육 • 아이돌보미 급여 정산 및 지급 • 예산관리 • 실적 보고서 등 서류 작성

출처: 이윤정, 정은희(2008). 건강가정지원센터의 건강가정사 직무분석을 위한 기초연구: 표준직무 도출을 중심으로. 한국가정관리학회지.

2. 건강가정사의 자격

1) 건강가정사의 자격기준

「건강가정기본법」에 의하면 건강가정사의 자격기준은 대학 또는 이와 동등한 학교에서 사회복지학·가정학·여성학 등 여성가족부령이 정하는 관련 교과목을 이수한 졸업자로 명시하고(동법 제35조 제3항), 건강가정사의 자격과 직무에 관해 필요한 사항은 대통령령으로 정하도록 하고 있다(동법 제35조 제4항).

2) 건강가정사의 이수교과목

대학에서 이수한 경우 건강가정사 이수교과목 중 총 12과목(핵심과목 5과목, 기초이론 4과목, 상담교육 등 실제 3과목) 이상 36학점을 이수하면 자격을 취득할 수 있다. 대학원에서 이수한 경우 건강가정사 이수교과목 중 총 8과목(핵심과목 4과목, 기초이론 2과목, 상담교육 등 실제 2과목) 이상 24학점을 이수하면 자격을 취득할 수 있다. 다만 핵심과목 1/2, 관련 과목 1/2 범위 안에서 대학 또는 이와 동등 이상의 학교에서 이수한 교과목도 대학원에서 이수한 것으로 본다.

표 8-2 건강가정사 이수교과목

<table>
<tr><th colspan="2">구분</th><th>교과목</th><th>대학 졸업</th><th>대학원 졸업</th></tr>
<tr><td colspan="2">핵심과목</td><td>• 건강가정론, (건강)가정(족)정책론, 가족상담(및 치료), 가정(족)생활교육, 가족복지론, 가족과 젠더, 가족(정)과 문화, 건강가정현장실습, 여성과 (현대)사회, 비영리기관 운영관리</td><td>5과목 이상</td><td>4과목 이상</td></tr>
<tr><td rowspan="2">관련 과목</td><td>기초이론</td><td>• 가족학, 가족관계(학), 가족법, 아동학, 보육학, 아동(청소년) 복지론, 노년학, 노인복지론, 인간발달, 인간행동과 사회환경, 가족(정)(자원)관리, 가계경제, 가사노동론, 여가관리론, 주거학, 생애주기 영양학, 여성복지(론), 여성주의이론, 정신
• 건강(정신보건사회복지)론, 장애인복지론, 가정생활복지론, 상담이론, 자원봉사론, 성과 사랑, 법여성학, 여성과 문화, 일과 가족(정), 사회복지(학)개론</td><td>4과목 이상</td><td>2과목 이상</td></tr>
<tr><td>상담교육 등 실제</td><td>• 생활설계상담, 아동상담, 영양상담 및 교육, 소비자상담, 주거상담, 부모교육, 부부교육, 소비자교육, 가정생활과 정보, 가계재무관리, 주택관리, 의생활관리, 지역사회 영양학, 프로그램 개발과 평가, 사회복지실천기술론, 지역사회복지론, 연구(조사)방법론, 부부상담, 집단상담, 가족(정)과 지역사회, 여성과 교육, 여성과 리더십, 여성주의 상담, 사회복지실천론, 위기개입론, 사례관리론</td><td>3과목 이상</td><td>2과목 이상</td></tr>
</table>

비고: 교과목당 이수학점은 3학점으로 한다.

출처: 건강가정지원센터 홈페이지(http://www.familynet.or.kr).

3) 동일 교과목으로 인정되는 교과목

교과목의 명칭이 동일하지 아니하더라도 교과내용이 동일한 것으로 여성가족부 장관이 인정하는 경우에는 동일 교과목으로 본다.

표 8-3 동일 교과목으로 인정되는 교과목

영역	관련 교과목	동일교과 인정 교과목
핵심과목	가정(족)생활교육	가족생활교육프로그램, 가족생활교육 및 실습
	가족과 문화	한국가정(족)생활문화, 한국가정(족)생활사, 가족(정)생활문화
	가족과 젠더	(여)성과 가족
	가족복지론	가족복지 및 정책
	가족상담(및 치료)	가족치료, 가족상담(이론) 및 실습(연습), 가족치료(및 실습), 가족상담 및 가족치료
	비영리기관 운영관리	공공가정경영, 사회복지행정론
	여성과 (현대)사회	여성학(기초), 여성학의 이해
기초이론	가계경제	가정경제학
	노년학	노인학
	보육학	보육학개(특)론
	상담이론	상담심리학, 상담(의) 이론과(및) 실제
	비영리기관 운영관리	공공가정경영, 사회복지행정론
	가족(정) (자원)관리	가정경영(원)론
	아동학	아동발달
	여성주의 이론	여성학 이론
	인간발달	발달심리
상담·교육 등 실제	부부상담	부부치료, 부부문제와 상담
	연구(조사)방법론	사회복지조사론, 여성학방법론, (아동가족)연구방법론, 상담연구방법론, 연구 및 조사방법, 생활과학연구법, 사회조사방법론, 가정(관리)학연구법
	여성주의 상담	(한국)여성상담(실습)
	영양상담 및 교육	영양교육 및 상담

비고: 위 과목은 별도의 신청 없이 동일 과목으로 인정된다.

출처: 건강가정지원센터 홈페이지(http://www.familynet.or.kr).

학습 TIP 행정 사항

- 건강가정사 자격요건에 관한 지침개정(2020.11) 전에 「별첨 1」의 동일교과목으로 인정되는 교과목을 이수한 경우에도 별도의 동일교과목 인성 신청 절차 없이 관련교과목 중 하나를 이수한 것으로 본다.
- 이 지침 개정 전에 2개 이상의 학교에서 교과목을 이수하였으나, 학교 간 학점인정이 되지 않는 경우에 교과목을 이수(각 학교의 졸업학점으로 인정된 것에 한한다.)한 것으로 인정한다.
- 과목 명칭에 "학", "론", "특론", "~의"의 유무는 차이가 없는 것으로 본다.
- 과목 명칭에 "및"과 "과(와)"의 차이는 과목명에 차이가 없는 것으로 본다.
- 건강가정사가 되기 위하여 이수하여야 하는 교과목의 3가지 구분 영역에 각각 학점제한은 없는 것으로 본다.

4) 건강가정사 자격 취득방법

건강가정사 자격 취득은 국가에서 따로 정한 인증시험 또는 국가공인시험과 인증서, 자격증 취득에 관한 발급절차가 별도로 있지 않다. 즉, 「건강가정기본법」에서 규정하는 관련 교과목을 이수하고 이를 증명할 수 있는 성적증명서와 졸업증명서를 해당 기관에 제출하면 건강가정사로서의 자격을 인정받는다.

5) 교과목 이수 인정 가능 대학 범위

「건강가정기본법」에 의해 건강가정사 관련 교과목을 이수한 것으로 인정이 가능한 대학의 범위는 다음과 같다(여성가족부, 2012).

(1) 「고등교육법」 제2조에 명시된 학교

대학, 산업대학, 교육대학, 전문대학, 방송대학·통신대학 및 방송통신대학, 기술대학이 있다.

(2) 「평생교육법」에 의한 학위 취득자

교육부장관의 인가를 받아 설치한 사내대학, 원격대학(사이버대학)의 학위 취득자를 말한다.

(3) 「독학에 의한 학위 취득에 관한 법률」에 따른 학위 취득자

「독학에 의한 학위 취득에 관한 법률」에 따른 학위 취득자를 말한다.

(4) 「학점인정 등에 관한 법률」에 의한 학위 취득자

「학점인정 등에 관한 법률」에 의한 학위 취득자로 단 「학점인정 등에 관한 법률」에 따른 학점은행제를 통해 부분적인 교과목 이수도 가능(이수교과목 수, 이수학점 등 제한 없음)하다.

6) 교과목 이수에 관한 경과조치

「건강가정기본법 시행규칙」 중 교과목 이수에 관한 경과조치를 살펴보면 다음과 같다(부칙 2007.09.10.).

(1) 시행일

이 규칙은 공포한 날부터 시행한다.

(2) 교과목 이수에 관한 경과조치

이 규칙 시행 당시 대학 또는 이와 동등 이상의 학교에서 종전의 규정에 따라 관련 교과목을 이수하였거나 이수 중인 자는 별표의 개정규정에 불구하고 다음 각 호의 구분에 따라 별표의 개정규정에 따른 관련 교과목을 이수하였거나 이수 중인 것으로 본다.

- 전공과목 중 (여)성과 가족을 이수하였거나 이수 중인 경우에는 별표의 개정규정에 따른 핵심과목 중 가족과 젠더를 이수하거나 이수 중인 것으로 본다.
- 전공과목 중 한국가정(족)생활문화를 이수하였거나 이수 중인 경우에는 별표의 개정규정에 따른 핵심과목 중 가족(정)과 문화를 이수하거나 이수 중인 것으로 본다.
- 전공과목 중 가족복지실천기술론을 이수하였거나 이수 중인 경우에는 별표의 개정규정에 따른 핵심과목 하나를 이수하였거나 이수 중인 것으로 본다.
- 기초이론 중 여성학이론을 이수하였거나 이수 중인 경우에는 별표의 개정규정에 따른 기초이론 중 여성주의이론을 이수했거나 이수 중인 것으로 본다.
- 기초이론 중 공공가정경영론을 이수하였거나 이수 중인 경우에는 별표의 개정규정에 따른 기초이론 하나를 이수하였거나 이수 중인 것으로 본다.
- 상담·교육 등 실제 중 여성학방법론을 이수하였거나 이수 중인 경우에는 별표의 개정규정에 따른 상담·교육 등 실제 하나를 이수하였거나 이수 중인 것으로 본다.

이 규칙 시행 당시 종전의 규정에 따라 12과목 이상 36학점(대학원의 경우 8과목 이상 24학점)으로 관련 교과목을 이수한 자는 별표의 개정규정에 따라 관련 교과목을 이수한 것으로 본다.

7) 동일 교과목 인정신청과 신청절차

동일 교과목 인정신청이란 건강가정사 자격 취득을 위해 자신이 이수한 교과목이 「건강가정기본법」에서 제시하는 교과목과 동일한 교과목인지 판단하기 곤란한 경우에는 여성가족부에 신청절차에 따라 일정 양식을 통해 인정 가능 여부 심의를 요청한다.

(1) 신청절차

동일 교과목 심의는 격월(매 짝수 월) 자문위원회를 거쳐 이루어진다. 매 짝수 월 10일까지 '건강가정사 자격요건에 관한 지침 및 인정신청서 양식'을 작성하고, 강의계획서와 성적증명서를 첨부하여 우편 또는 메일로 신청하며, 결과 통보는 그 이후 처리되므로 충분한 시간을 가지고 불이익이 없도록 해야 한다.

신청자 → 신청서 다운로드 → (여성가족부 가족정책과) 신청서 및 관련 서류 우편 및 전자우편으로 제출 → 동일 교과목 자문위원회 개최 → 동일 교과목 인정 여부 판정 → 결과 처리 및 통보

학습 TIP 건강가정사 자문위원회

- 기능 : 동일교과목 인정여부에 대한 자문
- 구성 : 현 관련교과목의 전공분야를 고려하여 가정학 분야 전문가 2명, 사회복지학 분야 전문가 2명, 여성학 분야 전문가 1명, 상담학 분야 전문가 1명으로 구성한다. (단, 자문위원회는 관련학회의 추천을 받아 구성할 수 있다.)
- 회의개최 : 격월 1회(짝수월)를 원칙으로 함

  ※ 필요시 수시개최 및 안건이 없을 경우 개최 생략 가능
- 운영기간 : 관련법령 개정 시까지

(2) 동일 교과목 인정신청 담당부서 및 민원 안내처

동일 교과목 인정신청 담당부서는 여성가족부의 가족정책과이며, 민원안내는 각 지역 가족센터가 담당한다.

3. 건강가정사의 현장실습

1) 건강가정사 현장실습의 이해

건강가정 현장실습은 장차 건강가정사가 갖추어야 할 실무능력의 배양 및 현장 교육경험을 제공하기 위한 것으로 학교 교과과정을 통해 학습한 이론적 지식을 바탕으로 이론을 실천에 적용하는 구체적인 방법을 습득하는 것이다(여성가족부, 2013).

(1) 건강가정사 현장실습의 의의

건강가정사는 「건강가정기본법」의 시행에 따른 건강가정사업 수행을 위한 전문 인력이며, 개별 가족에게 건강가정 서비스를 최종적으로 전달하는 공적 서비스 전달체계이다(강유진, 차승은, 2013). 따라서 건강가정사는 건강가정의 철학과 이념에 따라 개별 가족단위로 가족의 욕구 충족과 건강한 가정을 위한 전문 서비스를 제공할 수 있는 역량을 갖추기 위한 이론 학습과 더불어 건강가정사업 실천현장인 각 지역별 가족센터에서 활동 중인 건강가정사에 의한 건강가정 현장실습은 매우 중요하다.

(2) 건강가정 현장실습의 목적

건강가정 현장실습의 목적은 대학에서 교과과정을 통해 학습한 건강가정 이수교과목에 의한 이론적 지식을 바탕으로, 현장실습지도자들이 실습지도내용과 현장의 상황을 이해하여 건강가정이론을 현장에 적용하는 구체적인 방법을 습득하고 전문적인 지식과 실천능력을 가진 가정문제해결의 전문가인 건강가정사를 양성하는 것이다. 즉, 가족복지현장에 맞는 건강가정사업을 담당할 수 있도록 예비 건강가정사에게 학교에서 배운 개념, 이론 및 방법을 점검할 수 있도록 하고 건강가정

실천현장의 건강가정사로 성장할 수 있도록 직접 관찰부터 다양한 가족을 대상으로 실천경험을 할 수 있도록 하는 것이다.

2) 건강가정 현장실습의 원칙

건강가정 현장실습을 지도하는 실습지도자는 다음과 같은 원칙을 준수해야 한다.

첫째, 예비 건강가정사가 「건강가정기본법」의 이념과 목적, 철학을 갖고 있는지 점검한다.

둘째, 예비 건강가정사가 세운 실습목적과 실습목표를 얼마나 성취하고 있는지 점검할 수 있도록 지도한다.

셋째, 건강가정 현장실습지도자의 지도에 따라 실습에 잘 참여하고 있는지 점검한다.

넷째, 건강가정 실천현장에 대한 영역별 건강가정사의 직무와 역할을 충분히 이해하고 전체적인 그림을 보여 줄 수 있도록 실습교육을 진행한다.

다섯째, 건강가정 현장실습에 참여한 예비 건강가정사가 건강가정사업에 대해 이해할 수 있도록 돕고, 실무능력에 대한 평가로 강점을 찾으면서 접근할 수 있도록 지지와 격려를 한다.

여섯째, 실습지도자는 실습생이 마무리를 잘할 수 있도록 건강가정 실천현장의 선배 건강가정사와 관계를 잘 맺고 마무리할 수 있도록 지도한다.

건강가정 현장실습에 참여하고자 하는 예비 건강가정사(실습생)는 다음과 같은 원칙을 준수해야 한다.

첫째, 예비 건강가정사는 건강가정 현장실습의 목적을 어느 정도 성취하고 있는지 점검한다.

둘째, 건강가정 현장실습지도자의 지도에 따라 실습에 잘 참여하고 있는지 점검받으며 건강가정 현장실습 활동현황, 현장실습 주제별 내용과 결과를 점검한다.

셋째, 건강가정 현장실습에 참여하면서 이해되지 않는 부분이 있다면 실습지도자에게 꼭 문의하여 배울 수 있도록 한다.

넷째, 예비 건강가정사는 건강가정 실천현장에 대한 이해를 위해 적극적인 자세와 태도로 선배 건강가정사와의 관계, 기관 서비스 이용 가족과의 관계 등에 관심을 갖고 실습에 임할 수 있도록 한다.

다섯째, 예비 건강가정사는 현장실습을 마무리할 때까지 준전문가로 인식하고 책임감 있는 자세로 현장실습에 참여한다.

3) 건강가정 현장실습의 주체

건강가정 현장실습이 이루어지기 위해서는 4개의 주체가 있어야 한다. 건강가정 현장실습을 진행할 수 있는 실습기관, 건강가정 사업에 대해 실습생의 실습을 지도하는 실습지도자, 건강가정 현장실습의 기관에서 실습지도자의 지도를 받는 실습생, 실습생이 이론적 지식을 쌓기 위해 건강가정 교과목을 이수할 수 있도록 교육을 담당하는 교육기관으로 구성된다. 4개의 주체를 살펴보면 다음과 같다(한주빈 외, 2013).

(1) 실습기관

실습기관은 건강가정사업을 운영할 수 있는 미래의 건강가정사를 양성시키며, 건강가정사업의 질적 향상과 건강가정 사업 분야를 발전시키는 매개역할을 담당한다. 건강가정 현장실습의 실습 공간 확보 및 시설을 제공하며, 교육기관과 긴밀한 연락을 유지한다. 실습지도 준비와 실습생 오리엔테이션을 실시하며 건강가정사의 역할모델을 제공한다. 또한, 건강가정 실습의 평가와 건강가정사의 전문가적 정체성 형성을 위한 원조를 담당한다.

(2) 실습지도자

실습지도자는 건강가정 관련 이론적 지식과 경력으로 미래의 건강가정사를 양성시키기 위한 슈퍼비전을 준다. 건강가정사의 정체성 확립을 위한 건강가정사업에 대한 이해를 돕고 건강가정 현장실습생의 욕구와 직무능력에 맞게 실습업무를 경험할 수 있도록 지도한다.

(3) 실습생

실습생은 건강가정사 이수교과목을 이수하여 건강가정 현장실습을 준비하는 자로서 건강가정 사업의 이해를 도모하고, 건강가정사업을 운영하는 실습기관을 찾아 예비 건강가정사로서 활동한다.

(4) 교육기관

교육기관은 건강한 가정을 위한 전문인력 양성의 필요성을 인식하여 건강가정 자격취득 관련 교과목을 개설하고 학생들이 이수할 수 있도록 설명한다. 그리고 건강가정 현장실습을 희망하는 학생들에게 건강가정 현장실습에 대한 오리엔테이션을 진행하며 건강가정 현장실습기관과 연계하여 행정처리 및 실습 관련 지도를 담당한다.

4) 실습기관(실습지도자) 및 실습생 자격기준

건강가정사를 양성하기 위한 건강가정 현장실습을 위해서는 실습기관, 실습지도자, 실습생의 자격기준을 살펴보아야 한다(한국건강가정진흥원, 2013).

(1) 실습기관의 자격기준

실습기관은 「건강가정기본법」 제35조에 의해 건강가정사업을 행하는 가족센터 · 건강가정지원센터 · 다문화가족지원센터로 자격 있는 실습지도자가 있는 기관이어야 한다. 그리고 실습지도자에게 업무 조정 및 인센티브를 줄 수 있는 기관이어야 한다. 지역별 가족센터 · 건강가정지원센터 · 다문화가족지원센터는 센터의 상황에 따라 실습생을 모집하여 실습지도자에 의해 실습지도를 진행한다.

(2) 실습지도자의 자격기준

실습지도자는 가족센터 · 건강가정지원센터 · 다문화가족지원센터 팀장급 이상 또는 가족에 관한 연구 및 실무경력 3년 이상인 자이어야 한다.

(3) 실습생의 자격기준

「건강가정현장실습」 과목을 이수하면서 건강가정사 이수 교과목 중 핵심 및 관련 과목 각각 3과목 이상 이수한 자가 실습받는 것을 권장하지만 실습지도자의 판단에 따라 재량적으로 실습생을 선발할 수 있다. 참고로 건강가정사 자격취득을 위해 「건강가정현장실습」 과목은 필수과목이 아니다.

5) 건강가정 현장실습 진행절차

건강가정 현장실습은 실습 준비단계, 실습단계, 실습 종결 및 평가단계로 구분할 수 있다. 각 주체의 단계별 역할을 살펴보면 〈표 8-4〉와 같다.

표 8-4 건강가정 현장실습 주체별 역할

구분	실습기관	실습지도자	실습생	교육기관
실습 준비단계	• 실습 공고 • 실습 행정처리 • 실습 환경 조성	• 실습지도 계획 수립	• 실습기관 정보 검색 • 실습기관 신청 • 실습기관 방문, 면접 • 실습 전 학습 • 실습 행정처리	• 실습기관 정보 제공 • 실습기관 선정 • 실습기관 배정 • 실습 행정처리 • 실습 오리엔테이션

구분	실습기관	실습지도자	실습생	교육기관
실습단계	• 실습 오리엔테이션 • 업무 실시 • 실습지도	• 실습생 면담 • 실습생 교육 • 실습업무 지도	• 실습업무 실시 • 실습과제 수행	• 실습상황 점검
실습 종결 및 평가단계	• 실습 행정처리	• 실습생 평가 • 실습지도 평가	• 실습 자기평가 • 실습 보고서 작성	• 실습 교육평가 • 실습생 성적평가

출처: 한국건강가정진흥원(2013). 2013 건강가정지원센터 운영가이드북의 자료를 재구성함.

6) 건강가정 현장실습의 구성과 내용

건강가정 현장실습은 필수업무와 선택업무로 구분된다. 필수업무는 기관 및 지역사회와 서비스 대상에 대한 이해, 실습 일정과 과제에 대한 오리엔테이션, 가족센터 · 건강가정지원센터 · 다문화가족지원센터의 행정업무, 프로그램 운영을 위한 보조 진행, 실습평가회 등으로 구성된다. 선택업무는 지역사회 조직사업, 지역사회 홍보활동, 프로그램 개발과 평가, 사례관리 및 타 기관 방문 등으로 구성된다.

표 8-5 건강가정지원센터 현장실습의 구성과 내용

구분		내용	과제물
필수	오리엔테이션	• 기관 소개 • 지역 소개 • 대상 집단의 이해 • 실습생의 자세와 역할 • 실습 일정과 과제 안내	
	행정업무	• 각종 기안서(공문, 품의서 작성 및 결재과정 참여) • 기관 운영과 관련된 규정 검토 • 사업수행 절차(매 사업별 계획서, 실행서, 만족도 조사, 피드백 등의 절차를 체계화하는 과정 및 관련된 문서 관찰 등)	• 관련 서식 작성 및 제출
	프로그램 보조 진행	• 가족생활교육 프로그램 보조 진행 • 가족문화 프로그램 보조 진행 • 기타 센터의 특화사업 보조 진행	• 프로그램 계획서 평가서, 과정일지, 기타 해당 자료
	실습평가회	• 과제에 대한 슈퍼비전 • 실습생의 자세 등 전반에 대한 슈퍼비전	• 실습평가서

<table>
<tr><th colspan="2">구분</th><th>내용</th><th>과제물</th></tr>
<tr><td>선택</td><td>선택</td><td>• 지역사회 조직사업
– 지역사회 자원 개발, 주민교육, 건강가정 네트워크 구축
• 지역사회 홍보활동
• 프로그램 개발 및 평가
• 사례관리
• 타 기관 방문 및 지역 탐방</td><td>• 활동기록서(프로그램 계획서, 프로그램 평가서, 사례관리 기록서. 기관 방문 보고서, 지역 탐방 보고서 등)</td></tr>
</table>

출처: 한국건강가정진흥원(2013). 2013 건강가정지원센터 운영가이드북.

7) 건강가정 현장실습의 실습시간

건강가정 현장실습은 방문실습 2학점(64시간) 이상을 포함하도록 교과가 구성되어 있으며, 총 64시간의 방문실습 중 48시간 이상은 가족센터 · 건강가정지원센터 · 다문화가족지원센터를 통해 실습을 하고 나머지 시간은 가족 관련 서비스 제공기관(가족상담센터, 사회복지관 등)의 실습을 인정한다(여성가족부, 2013). 즉, 건강가정 현장실습은 이론 16시간, 실습 48시간의 총 64시간으로 구성된다. 건강가정 현장실습은 실습생의 실습시기에 따라 학기 중 실습과 방학 중 실습으로 나눌 수 있다.

(1) 학기 중 실습

학기 중 실습은 학기 시작부터 종료까지 주 1회 8시간 실습기관에 출석하여 최소 48시간 이상 시행해야 한다.

(2) 방학 중 실습

방학 중 실습은 방학기간 중 1일 8시간 연속된 6일 동안 실습기관에 출석하여 최소 48시간 이상 실습해야 한다.

4. 가족센터, 건강가정지원센터 및 다문화가족지원센터 직원의 자격기준

1) 직원의 자격 일반원칙

「건강가정기본법」 제35조 제2항의 규정에 의한 전문가(이하 '건강가정사')를 두어야 하며, 동조 제3항 및 동법 시행규칙 제5조 별표 및 부칙 제2항의 규정에 따라 임용해야 한다.

2) 상담직원의 채용 자격기준

가족상담 실무자는 팀원 기준에 준하되, 상담 실무자가 상담을 수행할 때는 가족상담 전문인력(위촉직 및 상근직)의 자격을 갖춘 자이어야 한다. 이때 가족상담 전문인력은 다음 기준 중 어느 하나의 자격을 갖춘 자를 말한다.

첫째, 가족상담 관련 전공[2]학과의 석사과정 이상을 수료한 자 둘째, 관련 전문학회에서 발급하는 2급 이상 자격증 소지자 셋째, 관련 전문학회에 소속되어 100시간 이상의 상담 실무경력자 또는 이에 상당하다고 인정되는 경력을 가진 자이다. 넷째, 관련분야 석사학위를 취득한 후 1년 이상 관련 기관 상담원으로 근무한 경력이 있는 사람 다섯째, 관련분야 학사학위를 취득한 후 2년 이상 관련기관[3] 상담원으로 근무한 경력이 있는 사람 여섯째, 기타 위와 동등한 자격이 있다고 인정되는 자이다(단, 가족상담 전문인력(상근직)은 팀원 기준에 준하여 인건비 집행, 교육 및 복무관리를 원칙으로 하되, 경력 등을 고려하여 달리 정할 수 있음).

다문화상담 전문인력은 다음 기준 중 어느 하나의 자격을 갖춘 자를 말한다. 첫

---

2) 가족상담 관련전공(대학원) : 가족(부부) 상담, 가족치료, 교육심리(아동 · 청소년 · 노인) 상담, 가족관계, 정신의학 등을 말한다.

3) 관련기관 : 사회복지시설, 건강가정지원센터, 다문화가족지원센터, 청소년상담복지센터, 상담 관련 비영리법인 및 비영리민간단체, 초중등교육법 및 고등교육법 등의 법률에 의한 각급 학교 등

째, 가족상담관련 석사학위 소지자 둘째, 가족상담관련 학사학위 소지자로서, 상담 경력 2년 이상 실무 경력자이다[(기존 다문화가족지원센터의 상담인력을 말하며, 단독 건강가정지원센터는 적용 제외이며, 가족상담관련 학과는 가족상담(치료)학, 가족(복지)학, (임상)심리학, 교육학, 사회복지학을 말한다)].

3) 가족센터, 건강가정지원센터 및 다문화가족지원센터 직급별 채용 자격요건

가족센터, 건강가정지원센터 및 다문화가족지원센터 직급별 채용 자격요건은 〈표 8-6〉과 같다. 가족센터는 기존 건강가정지원센터와 다문화가족지원센터의 종사자 승계를 원칙으로 하고, 신규채용 직원은 건강가정사, 사회복지사 등 센터 종사자 자격기준을 적용하며, 행정 및 일반사무 전담을 위한 운영지원 사무원(행성지원인력)을 배치할 수 있다. 일반직 직급별 채용 시 공통 필수 사항으로는 건강가정사 또는 2급 이상의 사회복지사 자격증을 소지해야 한다.

표 8-6 가족센터, 건강가정지원센터 및 다문화가족지원센터 직원 채용 자격요건

구분	종사자	자격요건
시·도 및 시·군·구 가족센터	센터장	• 관련 사업 3년 이상 근무경력자(관련 학과 석사학위 취득자) • 관련 사업 5년 이상 근무경력자(관련 학과 학사학위 취득자) • 관련 사업 7년 이상 근무경력자 • 시 · 군 · 구가 직영하는 경우 5급 이상 공무원 가능 • 기타 위 각 호에 상당하다고 인정되는 경력을 가진 자
	부센터장 (사무국장, 총괄팀장) ※ 가족센터	※ 가족센터의 경우 센터장 밑에 1인의 부센터장 또는 총괄팀장(사무국장)의 직위를 둘 수 있음(센터의 여건에 따라 자율적으로 운영) • 관련 사업 2년 이상 근무경력자(관련 학과 석사학위 취득자) • 관련 사업 4년 이상 근무경력자(관련 학과 학사학위 취득자) • 관련 사업 6년 이상 근무경력자 • 시 · 군 · 구가 직영하는 경우 5급 이하 공무원 가능
	팀장 / 팀장 또는 과장	• 관련 사업 1년 이상 근무경력자(관련 학과 석사학위 취득자) • 관련 사업 3년 이상 근무경력자(관련 학과 학사학위 취득자) • 건강가정사 또는 사회복지사 자격요건을 갖춘 자로서, 관련 사업 3년 이상 근무경력자 • 관련 사업 5년 이상 근무경력자 • 시 · 군 · 구가 직영하는 경우 6급 이하 공무원 가능

구분	종사자	자격요건
	팀원	• 관련 학과 학사학위 이상 소지자(졸업예정자 포함) • 건강가정사 또는 사회복지사 자격요건을 갖춘 자 • 관련 사업 2년 이상 근무경력자 • 시 · 군 · 구가 직영하는 경우 7급 이하 공무원 가능
	행정인력 등	• 관련 사업 2년 이상 근무경력자(고등학교 졸업 또는 이와 같은 수준이상의 학력이 있다고 다른 법령에서 인정받은 자) • 전산, 회계 관련 자격증 소지자 •기타 위 각 호에 상당하다고 인정되는 경력을 가진 자
시 · 도 센터	센터장	• 관련 사업 2년 이상 근무경력자(관련 학과 박사학위 취득자) • 관련 사업 4년 이상 근무경력자(관련 학과 석사학위 취득자) • 관련 사업 6년 이상 근무경력자(관련 학과 학사학위 취득자) • 관련 사업 8년 이상 근무경력자 • 시 · 도가 직영하는 경우 4급 이상 공무원 가능 • 기타 위 각 호에 상당하다고 인정되는 경력을 가진 자
	팀장	• 관련 사업 1년 이상 근무경력자(관련 학과 석사학위 취득자) • 관련 사업 3년 이상 근무경력자(관련 학과 학사학위 취득자) • 관련 사업 5년 이상 근무경력자 • 시 · 도가 직영하는 경우 5급 이하 공무원 가능
	팀원	• 관련 학과 학사학위 이상 소지자 • 관련 사업 2년 이상 근무경력자 • 시 · 도가 직영하는 경우 6급 이하 공무원 가능
	행정인력 등	• 관련 사업 2년 이상 근무경력자(고등학교 졸업 또는 이와 같은 수준 이상의 학력이 있다고 다른 법령에서 인정받은 자) • 전산, 회계 관련 자격증 소지자 • 기타 위 각 호에 상당하다고 인정되는 경력을 가진 자
시 · 군 · 구 센터	센터장	• 관련 사업 2년 이상 근무경력자(관련 학과 석사학위 취득자) • 관련 사업 4년 이상 근무경력자(관련 학과 학사학위 취득자) • 관련 사업 6년 이상 근무경력자 • 시 · 군 · 구가 직영하는 경우 5급 이상 공무원 가능 • 기타 위 각 호에 상당하다고 인정되는 경력을 가진 자
	팀장	• 관련 사업 1년 이상 근무경력자(관련 학과 석사학위 취득자) • 관련 사업 3년 이상 근무경력자(관련 학과 학사학위 취득자) • 관련 사업 5년 이상 근무경력자 • 시 · 군 · 구가 직영하는 경우 6급 이하 공무원 가능
	팀원	• 관련 학과 학사학위 이상 소지자(졸업예정자 포함) • 건강가정사 또는 사회복지사 자격요건을 갖춘 자 • 관련 사업 2년 이상 근무경력자 • 시 · 군 · 구가 직영하는 경우 7급 이하 공무원 가능

구분	종사자	자격요건
	행정인력 등	• 관련 사업 2년 이상 근무경력자(고등학교 졸업 또는 이와 같은 수준 이상의 학력이 있다고 다른 법령에서 인정받은 자) • 전산, 회계 관련 자격증 소지자 • 기타 위 각 호에 상당하다고 인정되는 경력을 가진 자

비고: 1. 관련 사업 근무경력이란 일정기간 기관에 소속되어 상근으로 근무한 경력을 의미함.
2. 2018년 12월 31일 이전 기준에 채용된 경우 종전 자격 유지
3. 관련 학과 : 사회복지학, 가정학, 여성학, 아동학, 청소년학, 노년학, 보육학, 교육학, 상담학, 다문화학 등
4. 관련 사업 : 가족 관련 업무(가족상담, 가족교육, 가족문화, 다문화가족지원, 가족역량강화, 사회복지, 여성가족부 관련기관 근무 등) 종사 경력
5. 2021년 12월 31일 이전 기준에 채용된 시 · 도 건강가정지원센터 직원이 시 · 도 가족센터로 변경된 경우 종전 자격 유지

출처: 여성가족부(2023). 2023년 가족사업안내.

4) 다문화가족 특성화사업 직원 채용 자격요건

2023년 가족사업안내(Ⅰ)를 살펴보면 방문교육지도사(한국어교육지도사, 생활지도사), 다문화가족 사례관리사, 다문화가족 자녀언어발달지도사, 이중언어코치, 운영지원 사무원 등에 대한 자격요건을 설명하고 있다(단, 단독 건강가정지원센터는 적용 제외).

(1) 방문교육지도사

① 한국어교육지도사

- 국어기본법 시행령에 따른 한국어 교원 3급 이상 자격 소지자
- 국어기본법 시행령 별표 1의 한국어교원양성과정(필수이수시간 120시간) 이수자로써 정부기관 및 시민단체 등*에서 이민자 대상 한국어교육 경력 120시간 이상 확인 가능자

* '시민 · 사회단체 등'이란 수익사업을 하지 않는 비영리법인 및 국가기관 등에 부여하는 고유번호증을 소지한 기관이거나 법인을 말함.

② 생활지도사

- 건강가정사 · 보육교사 · 교원(유치원교사자격 포함) 자격을 보유한 전문학사학위 이상 소지자

(2) 다문화가족 사례관리사

- 관련 학과(사회복지학, 상담학, 가족복지학 등 사례관리 관련 학과) 학사학위 이상 소지자 또는 사회복지사 1급 자격증 소지자

※ 사회복지분야 관련 경력자 우대

(3) 다문화가족 자녀언어발달지도사

- 언어치료학과, 언어병리학과 등 언어발달 · 촉진학과 전문학사학위 이상 소지자(졸업예정자 포함)로 언어재활사 자격증을 취득한 자

(4) 통번역 전담인력

- 결혼이민자, 한국어능력시험(TOPIK) 4급 이상

(5) 이중언어코치

- 결혼이민자, 한국거주기간 2년 이상, 한국어능력시험(TOPIK) 4급 이상

5) 기타 사항

2023년 가족사업안내(Ⅰ)를 살펴보면 회계업무 담당자는 신원보증보험을 매년 가입하여야 하며, 기관 화재 및 안전사고 등으로 인한 손해배상보험을 매년 가입해야 한다. 만약, 사회복지시설의 경우, 보험에 미가입한 상황에서 센터 운영 시 300

만 원 이하의 과태료에 처한다. 그리고 가족센터 종사자의 사회복지시설 종사자 경력으로 100% 인정한다(단, 경력합산은 2016.1.1. 이후 통합서비스 사업 기간부터 인정된다).

5. 가족센터, 건강가정지원센터 및 다문화가족지원센터 종사자의 교육

2023년 가족사업안내(Ⅰ)를 살펴보면 가족센터, 건강가정지원센터 및 다문화가족지원센터 종사자의 교육을 〈표 8-7〉과 같이 명시하고 있다.

1) 교육 기준

센터장을 제외한 모든 직원은 전문성 향상을 위하여 연간 30시간 이상 의무적으로 업무관련 교육을 수료하여야 한다. 이때, 기본예산으로 채용된 상근직원(공동육아나눔터, 가족역량강화지원사업 등 사업 전담자 및 다문화가족 사례관리사 포함)을 말한다. 단, 방문교육지도사, 언어발달지도사, 통번역전담인력, 이중언어코치, 배움지도사, 키움보듬이, 지지리더는 각 사업 운영지침에 근거하여 양성 및 보수교육을 수료한다.

그리고 30시간의 교육시간 중에는 한국건강가정진흥원에서 실시하는 교육 10시간을 포함해야 한다. 단, 5년 이상 근무한 종사자의 경우 10시간 미만으로 이수 가능하고, 1년 미만 근무한 종사자의 경우 '10시간/12개월×근무개월수 이상'을 준수해야 한다. 또한, 직원의 역량강화를 위해 기관에서는 워크숍 등의 자체교육을 실시하여야 한다. 이때, 30시간 의무교육에 포함되지 않는다. 다만, 법정 의무교육에 대해서는 10시간 이내로 교육시수 인정이 된다.

센터장(비상근 포함) 및 모든 센터 직원은 다음의 교육을 센터 자체교육 혹은 사이버 교육과정을 통해 각각 1시간 이상 반드시 수료하여야 한다.

표 8-7 **센터 종사자의 교육**

구분	내용
성희롱 예방교육 성매매 예방교육 성폭력 예방교육 가정폭력 예방교육	• 자체교육 시 예방교육 통합관리 홈페이지(shp.mogef.go.kr)에서 교육교재 다운로드 가능 • 폭력예방 사이버 기관교육 홈페이지 : www.kigepe.or.kr/elearning ※ 성희롱 · 성매매 · 성폭력 · 가정폭력 예방교육의 경우 통합하여 교육 가능하며, 통합교육 시 연 4시간 이상 수료하여야 함
아동학대 신고의무자교육	• 자체교육 시 교재 또는 동영상은 중앙아동보호전문기관 홈페이지(korea1391.org) 〉 정보 〉 교육 자료 게시판에서 다운로드 가능 • 신고의무자 사이버교육 홈페이지 : duty.kohi.or.kr
노인학대 예방 및 신고의무 관련 교육	• 자체교육 시 교재 또는 동영상은 중앙노인보호전문기관 홈페이지(noinboho.or.kr) 〉 자료실 〉 교육 자료 게시판에서 다운로드 가능 • 신고의무자 교육 : 중앙장애인권익옹호기관 발간자료(www.naapd.or.kr → 정보→ 발간자료 → 장애인학대 신고의무자 교육자료), 유튜브 영상 및 한국보건복지인력개발원 사이버교육센터(duty.kohi.or.kr)
장애인학대 및 장애인대상 성범죄 예방 및 신고의무 관련 교육	• 자체교육 시 교재 또는 동영상은 보건복지부 홈페이지(www.mohw.go.kr) 〉 정책 〉 장애인 〉 알림마당 〉 교육홍보자료 게시판에서 다운로드 가능 • 신고의무자 사이버교육 홈페이지 : duty.kohi.or.kr
장애인 인식개선교육	• 자체교육 시 교육관련 자료는 한국장애인고용공단 홈페이지(www.kead.or.kr) 〉 직장 내 장애인 인식개선 교육 게시판에서 다운로드 가능
개인정보보호교육	• 개인정보처리자(센터)는 개인정보의 적정한 취급을 보장하기 위해 개인정보취급자(직원)에게 정기적으로 필요한 교육을 실시하여야 함 • 개인정보보호 종합포털(www.privacy.go.kr)을 통해 온라인교육 및 교육자료 이용 가능
긴급복지지원 신고의무자교육	• 긴급복지지원법 제7조 4항에 따라 교육 이수 필요 • 자체교육 시 보건복지부 홈페이지(정보 〉 연구 · 조사 · 발간자료)에서 ppt 형태 교육자료 다운로드 가능 • 신고의무자 사이버교육 홈페이지 : 한국보건복지인력개발원 사이버교육센터(duty.kohi.or.kr), 국가평생교육진흥원 국가평생학습포털(lifelongedu.go.kr)

6. 가족센터, 건강가정지원센터 및 다문화가족지원센터 종사자의 의무사항

2023년 가족사업안내(Ⅰ)를 살펴보면 가족센터, 건강가정지원센터 및 다문화가족지원센터 종사자의 의무사항을 〈표 8-8〉과 같이 명시하고 있다.

표 8-8 센터 종사자의 의무사항

구분		자격요건
사회보장 급여 지원 대상자	의무사항	• 출산, 양육, 실업, 노령, 장애, 질병, 빈곤 및 사망 등의 사회적 위험으로 인하여 사망 또는 중대한 정신적 · 신체적 장애를 입을 위기에 처한 지원대상자를 발견한 경우 지체없이 보장기관에 알리고, 지원대상자가 신속하게 지원을 받을 수 있도록 노력하여야 함
	신고방법	• 관할 읍면동 주민센터(또는 시군구 희망복지지원단)에 직접 방문 또는 전화로 신고하거나, '희망의 전화' 129에 전화로 신고 • 또는 인터넷 '복지로(www.bokjiro.go.kr)' 사이트에서 도움신청하기 메뉴를 활용하여 신고
	근거법령	• 사회보장급여의 이용 · 제공 및 수급권자 발굴에 관한 법률 제13조(지원대상자 발견 시 신고의무)
가정폭력	의무사항	• 직무를 수행하면서 가정폭력범죄를 알게 된 경우에는 정당한 사유가 없으면 즉시 수사기관에 신고하여야 함
	신고방법	• 전화 : 국번없이 112
	근거법령	• 가정폭력범죄의 처벌 등에 관한 특례법 제4조(신고의무)
아동학대	의무사항	• 직무를 수행하면서 아동학대범죄를 알게 된 경우나 그 의심이 있는 경우에는 아동보호전문기관 또는 수사기관에 즉시 신고하여야 함
	신고방법	• 전화 : 국번없이 112 / 방문 : 관할 지역아동보호전문기관 • 관련 사이트 : korea1391.go.kr
	근거법령	• 아동학대범죄의 처벌 등에 관한 특례법 제10조(아동학대범죄 신고의무와 절차)
노인학대	의무사항	• 직무를 수행하면서 노인학대를 알게 된 때에는 즉시 노인보호전문기관 또는 수사기관에 신고하여야 함 ※ 노인학대 사실을 알고도 신고하지 않은 자에 대해 500만 원 이하의 과태료 부과
	신고방법	• 전화 : 1577-1389 및 국번없이 112 / 방문 : 관할 노인보호전문기관 • 관련 사이트 : noinboho.or.kr

구분		자격요건
	근거법령	• 노인복지법 제39조의6(노인학대 신고의무와 절차 등) • 노인복지법 제61조의2(과태료)
발달 장애인 유기 등	의무사항	• 직무를 수행하면서 발달장애인에 대한 유기 등의 발생 사실을 알게 된 경우에는 즉시 발달장애인지원센터 또는 수사기관에 신고하여야 함
	신고방법	• 전화 : 국번없이 112 / 방문 : 관할 발달장애인지원센터 • 관련 사이트 : www.broso.or.kr
	근거법령	• 발달장애인 권리보장 및 지원에 관한 법률 제15조(신고의무)
장애인 학대 및 장애인 대상 성범죄	의무사항	• 직무를 수행하면서 장애인학대 및 장애인 대상 성범죄를 알게 된 경우에는 지체 없이 장애인권익옹호기관 또는 수사기관에 신고하여야 함
	신고방법	• 전화 : 국번없이 112
	근거법령	• 장애인복지법 제59조의4(장애인학대 및 장애인 대상 성범죄 신고의무와 절차)
긴급 복지 지원 대상자	의무사항	• 상담 등 직무수행과정에서 긴급지원대상자가 있음을 알게 된 경우에는 시장 · 군수 · 구청장에게 이를 신고하고, 지원대상자가 신속하게 지원을 받을 수 있도록 노력하여야 함
	신고방법	• 관할 읍면동 주민센터에 직접 방문 또는 전화로 신고 • 또는 인터넷 '복지로(www.bokjiro.go.kr)' 사이트에서 '복지도움요청' 메뉴를 활용하여 신고
	근거법령	• 긴급복지지원법 제7조(지원요청 및 신고)

핵심용어

• 건강가정사의 역할과 직무, 이수과목, 자격, 건강가정 현장실습, 종사자의 채용 자격요건

학습 실천과제

• 건강가정사업을 담당하는 건강가정사의 역할은 무엇인지 토론해 봅시다.
• 건강가정사의 역량 개발을 위해 필요한 교육에는 무엇이 있는지 기술해 봅시다.
• 건강가정사의 전문성 강화와 정체성 형성을 위한 건강가정 현장실습 교육 방향에 대해 논의해 봅시다.
• 가족센터의 건강가정사와 사회복지사, 청소년상담사, 청소년지도사 등의 전문인력과의 처우를 비교할 때, 중앙 및 지방정부 차원의 지원으로 무엇이 필요한지 조사하여 토론해 봅시다.

04 Part

건강가정을 위한 실천적 접근

Chapter 09

건강가정사업 실천과정 및 운영관리

학습목표

- 건강가정사업 운영 및 이용방법을 이해할 수 있다.
- 건강가정사업의 프로그램 운영 및 평가를 이해할 수 있다.

지역사회의 실천현장에서 지역주민의 특성을 고려한 가족지원서비스를 제공하기 위해서 건강가정사업의 실천과정과 운영관리에 대한 이해는 필수이며 이를 살펴보면 다음과 같다.

1. 건강가정사업 운영

건강가정사업을 운영하기 위해서는 「건강가정기본법」과 여성가족부의 가족사업 안내 지침에 대한 이해가 충분히 있어야 한다. 종사자는 왜 이 사업을 운영해야 하는지에 대한 명확한 이해가 있어야 하고, 사업의 목표와 목적에 맞게 합리적으로 사업을 운영하여 성과를 이루어야 한다. 「건강가정지원법」과 「다문화가족지원법」에 나타난 프로그램 운영원칙은 다음과 같다.

1) 「건강가정기본법」과 「다문화가족지원법」

(1) 「건강가정기본법」 제26조(민주적이고 양성평등한 가족관계의 증진)

국가 및 지방자치단체는 부부 및 세대 간에 가족갈등이 있는 경우 이를 예방·상담하고, 민주적이고 양성평등한 가족관계를 증진시킬 수 있도록 가족지원서비스를 확대해야 한다. 또한, 다양한 가족생활교육, 부모교육, 가족상담, 평등가족 홍보 등을 추진해야 한다.

(2) 「다문화가족지원법」 제7조(평등한 가족관계의 유지를 위한 조치)

국가와 지방자치단체는 다문화가족이 민주적이고 양성평등한 가족관계를 누릴 수 있도록 가족상담, 부부교육, 부모교육, 가족생활교육 등을 추진해야 한다. 이 경우 문화 차이 등을 고려한 전문적인 서비스가 제공될 수 있도록 노력해야 한다.

2) 건강가정 사업

여성가족부에서는 해마다 건강가정 사업안내를 발행하고 있다. 이 사업안내에는 당해 연도에 건강가정지원센터, 다문화가족지원센터, 가족센터에서 실행해야 하는 각종 사업에 대한 안내, 기준, 운영절차, 서식 등이 제시되어 있다. 2023년 여성가족부 가족사업안내에서 제시하는 영역별 사업은 다음과 같다.

(1) 건강가정지원센터 사업

① 가족돌봄나눔 영역 ⇒ 3개 사업 중 택 2

가. 모두가족봉사단('가족 함께 돌보기'를 위한 지역 봉사단)

- 기존 가족봉사단의 활동 내용을 '돌봄'을 주제로 전환하여 운영

- 센터 내 또는 지역사회 돌봄 프로그램과 결합하여 운영
- 2인 이상의 가족이 돌봄봉사활동에 참여(돌봄 목표시간 설정)
- 자녀돌봄에서 출발하여 노인, 장애아, 환자 등 돌봄이 필요한 다양한 대상으로 확대
- 봉사활동을 위한 교육, 자조모임도 활동내용에 포함

나. 모두가족품앗이('자녀 함께 키우기'를 위한 지역 품앗이)

- 기존 구성원 간의 재능나눔, 돌봄나눔 활동을 넘어 지역사회와 타 공동체로 돌봄 품앗이 확대
- 전업주부와 맞벌이 주부가 함께 운영하는 품앗이, 남성이 참여하는 품앗이 등 다양한 그룹 운영
- 품앗이 활동을 위한 전체가족 예비교육, 전체가족회의 등은 가족품앗이 활동에 포함

다. 아버지-자녀가 함께하는 돌봄 프로그램

- 아버지의 양육 참여 확대를 위해 유아나 초등학생을 위한 돌봄프로그램 운영
- 아이 돌봄, 품앗이, 상담 등 기타 다양한 프로그램과 연계한 운영

② 가족교육 영역

가. 생애주기별 가족교육

- 가족 내에서 발생하는 문제를 예방하고 가족구성원의 역량을 강화시키기 위한 부모, 부부, 조부모, 자녀 등 가족을 대상으로 한 생애주기별 다양한 교육
- 예비/신혼기 · 중년기 · 노년기 부부교육 등
- 예비부모교육, 영유아기 · 아동기 · 청소년기 자녀를 둔 부모교육 등

나. 남성대상 교육

- 일 · 가정 양립과 가족생활의 남성참여 활성화를 위한 교육
- 남성대상 자기돌봄 교육
- 찾아가는 아버지교육을 통한 아빠 대상 육아교육

학습 TIP 매뉴얼 활용 부모교육

- 생애주기별 부모교육 및 남성대상 교육을 실시할 때 「부모교육 매뉴얼(2017년 개발)」을 적극 활용하여야 함 *매뉴얼은 여성가족부 홈페이지에서 다운로드 가능
- 부모교육 매뉴얼 : 생애주기별(예비부모, 영유아기, 학령기), 가족특성별(맞벌이, 한부모, 재혼, 다문화, 조손, 비동거), 아버지, 상담 등으로 구성된 12권의 매뉴얼(PPT, 동영상 포함)
- 산부인과, 산후조리원, 군부대, 어린이집, 초·중·고등학교, 대학교, 관공서, 기업 등 찾아가는 가족교육 운영 시 매뉴얼 활용
- 강사풀은 건강가정지원센터 부모교육강사정보(www.familynet.or.kr/parenteducation) 활용
- 실적입력 시 해당강사에 대한 평가를 반드시 연동하여 입력

③ 가족상담 영역

- 생애주기에 따라 발생되는 가족 내 다양한 갈등과 문제의 해결을 위한 상담사업
- 개인을 대상으로 하는 개별적 접근과 가족구성원이 함께 참여하는 가족단위의 통합적 접근을 포함
- 가족단위의 면접 상담 유도

  ※ 단, 연간 상담실적이 100명 이하인 센터는 가족집단상담을 연간 2건 이상 반드시 포함
- 기타 사례회의 및 정기 슈퍼비전 관련 직원교육 지침 참조

④ 가족문화 영역

- 가족사랑의 날 실시
  - 매주 수요일 가족이 함께 할 수 있는 프로그램 실시(참여자 여건 등을 고려하여 요

일변경 가능)

- 가족관계 개선을 위한 가족캠프, 가족축제, 가족체험활동 등 실시

⑤ 지역사회 연계

- 지역사회협의체, 유관기관 네트워크 적극 활용 및 참여 추진
- 기관 협약을 통한 연계사업 추진

표 9-1 시 · 군 · 구 건강가정지원센터 공통사업

영역 \ 구분	시 · 군 · 구 센터 공통사업	설명
가족돌봄 나눔 * 3가지 사업 중 2가지 선택	모두가족 봉사단	• 기존의 가족봉사단의 활동 내용을 '돌봄'을 주제로 전환하여 운영
	모두가족 품앗이	• 전업주부와 맞벌이 주부가 함께 운영하는 품앗이, 남성이 참여하는 품앗이 등 다양한 그룹 운영
	아버지-자녀가 함께하는 돌봄 프로그램	• 아빠와 자녀가 함께하는 돌봄프로그램 운영
가족교육	생애주기별 가족교육	• 가족 내에서 발생하는 문제를 예방하고 가족구성원의 역량을 강화시키기 위한 부모, 부부, 조부모, 자녀 등 가족을 대상으로 한 생애주기별 다양한 교육 • 예비/신혼기 · 중년기 · 노년기 부부교육 등 • 예비부모교육, 영유아기 · 아동기 · 청소년기 자녀를 둔 부모교육 등
	남성대상 교육	• 아버지교육, 찾아가는 아버지 교육, 남성대상 자기돌봄 교육 등
가족상담	가족(집단)상담	• 생애주기에 따라 발생되는 가족 내 다양한 갈등과 문제의 해결을 위한 상담사업 • 개인을 대상으로 하는 개별적 접근과 가족구성원이 함께 참여하는 가족단위의 통합적 접근을 포함 • 가족단위의 면접 상담 유도 • 연간 상담실적이 100명 이하인 센터는 가족집단상담을 연간 2건 이상 반드시 포함
가족문화	가족사랑의 날	• 수요일, 가족이 모두 함께하는 프로그램
	가족친화문화 프로그램	• 가족캠프, 가족축제, 가족체험활동 등
지역사회 연계	지역사회 협의체 참여, 협약 및 연계사업	• 지역사회 협의체, 유관 기관 네트워크 활용 및 참여

⑥ 유의사항

- 독립형센터는 5개 영역 수행사업을 모두 실시하고, 다기능화센터는 4개 영역* 의 사업을 수행
  * 필수(3개영역) : 가족교육, 가족상담, 가족문화
    선택(1개영역) : 가족돌봄, 지역사회연계 중 택일
- 사업의 실적보고는 가족지원통합시스템의 입력 기준에 따라 실시
- 사업 수행 후 사업별로 만족도 조사와 성과 평가를 실시하고, 평가 결과는 추후 사업에 반영
  - 만족도 설문은 7문항을 준수하되, 프로그램의 성격에 알맞게 자유롭게 구성 가능(가족지원통합시스템에 반드시 입력)
  - 가족관계 위기징후 척도 및 가족스트레스 척도를 사용하여 이용자에게 맞는 서비스를 계획하고 성과를 측정할 수 있도록 함
- 참가자에 대한 제한이 없는 모든 프로그램에 한부모가족, 다문화가족, 조손가족 등의 다양한 가족이 참가할 수 있도록 기획
  ※ 공통사업 외 사업은 건강가정사업의 취지와 5개 영역에 맞추어 자유롭게 실시할 수 있음
- 상담사업 실시 시 참고 2의 가족상담 운영규정(안)에 의거하여야 하며, 가족상담 매뉴얼을 적극 활용하여야 함
- 가족지원서비스 우선 제공대상
  - 프로그램 제공 시 한부모 · 조손 · 이혼위기 가족 등 가족기능이 약화된 가족 및 저소득 취약계층 가족을 우선 지원하도록 노력

(2) 다문화가족지원센터 사업

① 가족

구분	공통필수	선택(예시)	비고
가족	• 이중언어가족환경 조성사업 (연간 10시간) • 다문화가족 학령기 자녀 입학 및 입시 정보 제공 (부모 대상, 연간 4시간) ※ 상 · 하반기 각 1회	• 가족의사소통프로그램 • 가족관계향상 프로그램 • 결혼과 가족의 이해 • 가족의 의미와 역할 • 아버지교육 • 부모-자녀관계 및 자긍심향상 프로그램 • 자녀교육프로그램 / 자녀성장지원사업 등 • 부모역할교육, 자녀건강지도 • 자녀생활지도 • 다문화가족자녀 사회포용안전망 구축 사업	연간 필수 14시간, 선택 26시간 이상 (이중언어코치 배치 센터는 공통필수 중 이중언어환경조성 프로그램 160시간 이상)

● 가족 프로그램 운영 시 유의할 점

일회성 또는 행사성 사업을 지양하고 학생관련 프로그램은 교육청 사업과 중복하여 실시되지 않도록 주의하여야 함

② 성평등 · 인권

구분	공통필수	선택(예시)	비고
성평등 · 인권	• 가족 내 성평등 교육 • 다문화이해교육 • 인권감수성 향상교육 • 결혼이민자와 한국인 배우자 · 부모 대상 프로그램(多함께 프로그램) 등(2시간) • 폭력피해 대처 및 예방교육	• 결혼이민자 대상 인권교육 프로그램 • 다문화가족 관련법과 제도 • 이주민과 인권 • 찾아가는 폭력예방교육	20시간 이상 실시

③ 사회통합

구분	공통필수	선택(예시)	비고
사회 통합	• 취업기초소양교육 • 구직자 발굴시 새일시스템과 연계된 워크넷 등록 및 새일센터로 적극 연계 • 새일센터의 결혼이민자 대상 직업교육훈련 개설 시 적극 협조(교육과정 설계 · 모집 등)	–	새일시스템과 연계된 워크넷 등록 및 새일센터 연계(10건 이상)
	• 다문화가족 나눔봉사단 소양교육(4시간 이상) • 다문화가족 나눔봉사단 활동	• 한국 사회적응교육 • 소비자 · 경제교육 • 학업지원반 운영 및 연계 • 다문화가족 자조모임 • 다문화인식개선 • 결혼이민자 멘토링프로그램 • 결혼이민자 정착단계별 지원 패키지프로그램*(결혼이민자 자립지원 패키지 프로그램) 등 *가족센터는 공통 필수 사업으로 실시 • 재난안전교육 • 다문화가족 교류 · 소통 공간 • 선거교육	15시간 이상 실시(봉사자 소양교육 필수 4시간 포함)

④ 상담

구분	공통필수	선택(예시)	비고
상담	가족상담	• 개인상담 • 집단상담 • 사례관리 • 위기가족 긴급지원 • 외부상담기관 연계 등	연간 80회기 이상

⑤ 홍보 및 자원연계

구분	세부프로그램 영역	비고
홍보 및 자원연계	• 지역사회 홍보 • 지역사회네트워크 • 찾아가는 결혼이민자 '다이음' • 홈페이지 운영 등	센터 홈페이지 프로그램 안내 게시판에 익월 프로그램에 대한 안내글 게시(매월 30일까지)

⑥ 참고사항

- 위 제시된 사업 외에 지역사회 특성 및 수요를 감안하여 센터 고유사업 실시 권장
- 사업 종료 후 매 사업 프로그램마다 만족도 조사 및 자체분석을 통하여 추후 프로그램 운영에 반영

(3) 가족센터 사업

① 영역별 사업의 내용

사업영역	기본사업	비고
가족관계	부모역할 지원(임신출산(부모)지원, 영유아기 부모지원, 학부모지원, 혼례가치교육, 아버지 역할 지원), 부부역할 지원(부부갈등예방 · 해결지원, 노년기 부부지원), 이혼 전 · 후가족지원, 다문화가족관계향상지원, 이중언어 가족환경조성, 다문화가족자녀성장지원, 가족상담, (손자녀돌봄)조부모 역할 지원, 노부모 부양가족 지원	교육, 상담(정보제공 및 초기상담), 문화프로그램 등
가족돌봄	가족희망드림 지원	교육, 상담(정보제공 + 초기상담 → 전문상담) 돌보미 파견, 사례관리 등
가족생활	맞벌이가정 일가정양립지원, 다문화가족 초기정착지원, 결혼이민자 취업지원, 1인가구 지원, 다문화가족자녀 사회포용안전망 사업	교육, 상담, 정보제공, 문화프로그램 등
가족과 함께하는 지역공동체	가족봉사단(다문화가족나눔봉사단), 공동육아나눔터(자녀돌봄 품앗이), 다문화가족 교류 · 소통공간 운영, 가족사랑의 날, 결혼이민자 정착단계별 지원 패키지, 인식개선 및 공동체의식, 가족친화문화프로그램, 찾아가는 결혼이민자 다이음사업, 다함께 프로그램, 기타(사업 영역에 속하지 않는 사업)	모임, 활동, 문화프로그램 등

※ ______ : 밑줄의 3개 사업은 다문화가족지원 프로그램 중 우선적으로 시행

※ 사업영역별 기본사업 외의 건가 또는 다가사업, 지역특성화 사업 등 운영 가능

- 서비스방법: 영역에 맞는 기본사업은 지역적 여건, 특성, 수요에 따라 운영
  - 교육 · 상담 · 정보제공 · 사례관리 · 문화프로그램 등을 연계하여 센터에서 자율적으로 선택가능

(단, 단기성 또는 행사성 사업, 직접적인 현금·현물지원 사업 지양)

- 가족의 유형에 상관없이 모든 가족에게 수요에 맞는 서비스 지원하되, 가족의 특성별로 특화된 별도 프로그램 운영가능
- 지역 내 유관기관(어린이집, 학교, 기업, 청소년상담센터, 가정폭력상담소 등)과 네트워크 구축·연계 운영 강화

• 서비스시간: 서비스 이용 제고를 위해 서비스 제공시간을 주중, 야간, 주말 등 다양화하여 운영

② 가족관계

부모역할 및 가족관계 개선, 가족의사소통, 가족구성원의 역량강화를 위한 맞춤형 서비스 지원, 가족형태·생애주기·문제유형별 가족 갈등과 문제 해결, 성평등·인권의식 고취를 위한 교육·상담·문화프로그램 등 운영

• 부모역할지원: 영유아기 - 아동청소년기 - 성년기 자녀를 둔 부모의 생애주기 및 가족특성에 따른 부모됨의 의미, 올바른 부모역할 및 부모자녀간 관계 형성 방법, 자아존중감 향상, 역량강화 지원, 아버지 역할지원
  - 임신·출산(부모)지원 : 임신, 출산 관련 교육·정보제공·문화프로그램 등을 제공
  - 영유아기 부모지원 : 영유아 자녀 관련 부모역할 지원
  - 학부모지원 : 초·중·고등학생 자녀 이해하기 및 소통 등 부모역할 지원
  - 예비부부·부모지원 : 자기에 대한 이해, 결혼의 의미, 행복한 부부관계, 부모됨의 의미 등 역할 지원
  - 예비부부·부모대상 건전한 혼례문화 확산을 위한 교육 운영
  - 아버지 역할 지원 : 일·가정 양립의 중요성 및 가정 내 아버지 역할 지원, 자녀와의 상호작용 방법 등에 대한 지원, 육아 및 가정생활에 적극적인 아빠들의 자조모임 운영, 아버지-자녀가 함께하는 돌봄 프로그램 등

• 부부역할지원: 부부의 생애주기에 따른 양성평등한 부부역할지원

- 부부갈등예방 · 해결지원 : 양성평등하고 민주적인 가족관계지원, 가족발달주기에 따른 생애설계와 역할 훈련, 배우자 이해, 부부갈등해결 등을 위한 생애주기별 부부교육, 부부상담 등의 서비스 제공
- 노년기 부부지원 : 노년기의 발달 및 가족관계의 특성 이해하기, 부부 및 부모역할 재조정하기, 가정자원관리(가계재무, 시간관리 등) 관련 서비스 제공

• 이혼전 · 후가족지원: 18세 미만의 자녀의 관점에서 이혼신청 가족 및 이혼전 · 후 가족 대상 가족기능 강화를 위한 상담 · 교육 · 문화 서비스 등 제공

학습 TIP　부모교육 콘텐츠 활용 안내

• 부모역할지원 교육 시 「부모교육 매뉴얼」을 적극 활용
  - 부모교육 매뉴얼 : 생애주기별(예비부모, 영유아기, 학령기), 가족특성별(맞벌이, 한부모, 재혼, 다문화, 조손, 비동거), 아버지, 상담 등으로 구성된 12권의 매뉴얼
  - 교육에 직접 활용 가능한 PPT, 동영상 포함
• 직접 참석이 어려운 부모를 대상으로 부모교육 동영상 강의 적극 안내
  * 모든 콘텐츠는 여성가족부 홈페이지(www.mogef.go.kr → 좋은 부모 행복한 아이)에서 다운로드 가능하며, 동영상은 포털(유튜브·네이버)에도 게시됨
• 부모교육 강사는 한국건강가정진흥원 양성 강사 적극 활용
  - 강사풀 검색 방법 : 패밀리넷 → 부모교육 강사 정보(강사 프로필, 연락처 등 수록)

• 다문화가족 관계향상지원: 다문화가족 부부간의 성평등, 가족 간 성평등 인식고취 등 성평등 교육, 다문화이해교육 및 인권감수성 교육 등

※ 배우자 · 부부 교육 : 다문화가족 참여자를 대상으로 운영(일반가족과 통합하여 운영하는 경우 다문화가족이 50% 이상 참여하는 경우 실적으로 인정)

• 이중언어가족환경 조성사업: 영유아 자녀를 둔 다문화가족 대상으로 이중언어 환경 조성을 위한 이중언어 부모코칭, 부모 · 자녀 상호작용 프로그램, 이중언어 활용 프로그램을 지원하는 사업

※ 연간 10시간(20가정) 이상

- 다문화가족자녀성장지원: 학령기 다문화가족 자녀 및 부모 대상 부모·자녀관계 향상 프로그램 및 정체성·사회성·리더십 개발을 위한 맞춤형 프로그램 지원, 기존 서비스 기관과 연계 등
  ※ 세부 내용은 사업참고자료 1 다문화가족 자녀성장지원 사업 참조
- 가족상담: 생애주기에 따라 발생하는 가족 내 다양한 갈등을 해결하기 위하여 부모-자녀간, 부부간 가족관계 개선, 비혼청소년 임신갈등상담 등 다문화가족 및 비다문화가족 대상 가족상담 제공
  ※ 일반상담, 정보제공상담, 집단상담 등 실시
  ※ 비혼청소년 임신갈등상담의 경우 별도 세부지침 제공
- (손자녀돌봄) 조부모 역할 지원: 자녀의 맞벌이, 자녀가족의 해체 등의 이유로 손자녀를 돌보는 조부모에게 심리·정서 상담 및 교육 등 제공
- (노부모 부양가족) 장애·질병 노부모 부양가족에 대한 심리·정서 상담, 부양가족들 간 소통 커뮤니티 운영, 노부모 케어 교육* 등 제공
  * 노인마음 이해하기, 노인과의 의사소통, 노인돌봄(보건, 영양, 건강운동 등) 등 교육

③ 가족돌봄

가족구성원의 일시적 장기적 부재, 상황적 위기 등으로 가족기능이 약화된 가족에 대한 돌봄서비스 지원, 가족 유형 특성에 따른 맞춤형 가족기능 강화 서비스 운영

- 가족희망드림 지원: 가족기능이 취약한 1인가구·한부모·조손가족 및 긴급위기 가족 등에게 가족기능 및 역량강화를 도모할 수 있는 서비스 제공
- 면접교섭서비스: 이혼 후 자녀를 양육하지 않는 부 또는 모가 자녀와 만날 수 있도록 면접교섭 서비스 제공

④ 가족생활

가족특성에 따른 고충상담, 생활정보제공, 초기정착지원 등 맞춤형 가족생활 프

로그램 운영

- 맞벌이가정 일 · 가정양립지원: 직장 내 고충 및 가정 생활정보 등 맞벌이 가정의 일 · 가정 양립의 지원 프로그램 운영
  ※ 지역 여건 · 특성에 따라 직장생활지원 또는 가정생활지원 선택 가능
  ※ 워킹맘 · 대디지원사업을 위한 서비스 매뉴얼 참조하여 운영
- 다문화가족 초기정착지원: 결혼이민자 한국어 교육 등 입국 초기 결혼이민자 및 그 가족을 대상으로 내 · 외부 자원 연계 등을 통한 다문화가족 초기정착 지원 서비스
- 결혼이민자 취업지원: 결혼이민자 취업기초 소양교육, 취업훈련 전문기관 연계, 자격증 · 면허증 반 운영 등 결혼이민자에 대한 취업지원서비스
- 1인가구 지원사업: 1인가구를 대상으로 고독 · 고립 예방과 문제 해결을 위한 심리정서 상담지원, 돌봄지원, 사회적 관계망 지원 및 사례관리
- 다문화가족자녀 사회포용안전망: 취학 전 다문화가족 자녀들에게 기본학습을 지원하고, 학령기 다문화가족 자녀들을 대상으로 상담 및 진로탐색 지원

⑤ 가족과 함께하는 지역공동체

양성평등한 가족문화, 지역사회 공동체 문화, 가족친화 사회환경 조성, 다문화인식개선 등 가족과 지역사회연계 프로그램 운영

- 인식개선 및 공동체 의식: 다문화, 한부모, 조손, 북한이탈 가족 등 다양한 가족의 특성 이해 및 편견해소 지원
  ※ 서비스방법 : 가족단위 동아리 조성, 이웃 간 품앗이 조성, 캠페인, 자치활동 공간조성(공동육아나눔터 등), 지역사회협의체, 유관기관 네트워크 적극 활용 및 참여 추진, 기관이나 기업 등과의 가족지원 사업 협력, 지역 내 유관시설 등과의 가족지원을 위한 가족서비스협의체 구성 등
- 가족친화문화 프로그램: 가족캠프, 가족축제, 가족체험활동 등 가족구성원 전체가 참여하는 프로그램 운영
- 가족봉사단(다문화가족나눔봉사단): 가족단위 자원봉사활동, 다문화가족 자조모임

- 공동육아나눔터 운영: 육아 공간 및 돌봄프로그램 제공, 이웃 간 자녀돌봄 품앗이 활동 조성 지원 등
- 다문화가족 교류·소통공간: 다문화가족 자녀돌봄 및 성장 지원, 결혼이민여성 자조활동, 지역사회 통합 등 다문화가족의 사회 참여·소통을 위한 공간 지원
- 가족사랑의 날: 정시퇴근 문화 확산 등 캠페인, 매주 수요일 가족이 함께 참여하는 프로그램, 지역사회연계 가족친화 프로그램 운영 등
- 결혼이민자 정착단계별 지원 패키지: 한국생활 초기적응이 이루어진 결혼이민자를 대상으로 결혼이민자가 스스로 본인의 정착과정을 설계하고 관련서비스 탐색, 실행계획 수립 등을 수행할 수 있도록 지원

  ※ 세부 내용은 참고 2 결혼이민자 정착단계별 지원 패키지 사업 참조
- 찾아가는 결혼이민자 다이음사업: 결혼이민자들이 지역사회 다문화 활동가로 참여하여 유치원, 어린이집, 아동복지센터, 학교, 시설, 모임 등 다양한 지역공동체를 '찾아가는 다문화 친화 활동' 지원
- 다(多)함께 프로그램: 결혼이민자와 배우자, 배우자의 부모 등 다문화가족구성원 간 상호이해를 강화하고 다문화가족의 긍정적 정체성 형성과 문화공존을 유도

다함께 프로그램 세부 추진절차

추진단계	추진내용
사업준비	• 프로그램 기획
대상자 모집	• 센터 회원 대상 대상자 모집 및 홍보 ※'결혼이민자 조기적응 프로그램(법무부)'을 운영하는 센터에서는 배우자와 그 부모를 포함하여 프로그램 참여 독려
프로그램 운영	• 상대국 문화 이해, 가족 간 소통 방법, 가정폭력 예방 등 ※ 공동활동, 발표, 이야기 나누기 등 다양한 방법으로 진행(2시간)

⑥ 유의사항

- 가족센터는 4개 영역의 사업을 모두 수행
- 사업 수행 후 사업별로 만족도 조사와 성과 평가를 실시하고, 평가 결과는 추후 사업에 반영
  - 만족도 설문은 공통 서식을 준수하고, 프로그램의 성격에 알맞게 추가 구성 가능
  - 가족관계 위기징후 척도 및 가족스트레스 척도를 사용하여 이용자에게 맞는 서비스를 계획하고 성과를 측정할 수 있도록 함
- 상담사업 실시 시 가족상담 운영규정(안)에 의거하여 운영하여야 하며, 가족상담 매뉴얼을 적극 활용하여야 함
- 가족지원서비스 우선 제공대상
  - 프로그램 제공 시 한부모 · 조손 · 이혼위기 가족 등 가족기능이 약화된 가족 및 저소득 취약계층 가족 우선 지원

⑦ 별도예산에 의한 센터 추진사업

- 아이돌봄 지원사업

  취업 부모들의 양육부담을 경감하고 가정에서의 개별 양육을 희망하는 수요에 탄력적으로 부응하기 위해 가정으로 아이돌보미를 파견하여 가정 내 개별 돌봄 서비스를 제공하는 사업

- 가족희망드림 지원사업

  가족기능이 취약한 한부모 · 조손가족 등과 경제 · 사회적 위기사건을 직면한 긴급위기가족에 대한 가족기능 및 역량강화 지원

- 권역별 미혼모 · 부자 거점기관 운영지원 사업

  미혼모 · 부가 자녀를 스스로 양육하고자 할 경우 초기위기에 대처할 수 있도

록 상담, 출산비 등 병원비, 교육문화프로그램 및 자조모임 등 서비스를 제공함으로써 양육 및 자립 지원

- 공동육아나눔터 사업

육아 공간 및 돌봄프로그램 제공, 이웃 간 자녀돌봄 품앗이 활동 조성 지원 등

- 이중언어가족환경 조성사업

영유아 자녀를 둔 다문화가족 대상으로 이중언어 환경 조성을 위한 이중언어 부모코칭, 부모·자녀 상호작용 프로그램, 이중언어 활용 프로그램을 지원하는 사업

- 방문교육지원사업

센터를 방문하기 어려운 다문화가족을 대상으로 한국어교육, 부모교육, 자녀생활서비스를 제공

- 통번역지원사업

입국 초기 결혼이민자의 초기 정착단계에서 경험하는 의사소통 문제해결을 위하여 통번역서비스를 지원하는 사업

- 다문화가족 자녀언어발달 지원 사업

언어발달 교육이 필요한 자녀와 부모 대상 교육 및 상담서비스를 제공하는 사업

- 다문화가족 사례관리 사업

다문화가족의 복합적·만성적 문제해결을 위하여, 다문화가족지원센터 내·외부 자원 연계 등을 통한 맞춤형 종합 서비스를 제공하는 사업

- 결혼이민자 역량강화지원 사업

결혼이민자, 중도입국자녀가 한국어를 학습하여 한국의 일상생활과 사회생활에 적응할 수 있도록 지원하기 위하여 다문화가족지원센터를 통하여 한국어 교육 실시

⑧ 가족상담 전문인력 운영

- 역할: 가족상담(임신출산갈등상담* 등) 실시
  - 가족상담: 생애주기에 따라 발생하는 가족 내 다양한 갈등을 해결하기 위하여 부모-자녀간, 부부간 가족관계 개선 등 가족상담

  * 임신·출산에 따른 갈등상담, 입소시설·전문지원기관 등 연계, 출산·자녀양육 정보 제공 등

  ※ 일반상담, 정보제공상담, 집단상담 등 실시

가족상담 흐름도

(1차) 초기상담	(2차) 심층상담 및 연계서비스	(3차) 전문기관(입소시설 등) 연계
가족상담전화 (1644-6621) 전화상담	• 전화상담 또는 대면상담 * 가족상담전화를 통해 연계된 내담자 등 대상	• 한부모가족복지시설 • 미혼모 · 부자거점기관 • 입양기관 • 청소년쉼터 • 폭력피해여성쉼터
지역별 가족센터 전화상담	• (긴급) 경찰청, 병원, 여성긴급전화 등 연계	

※ 가족상담전화(1644-6621)를 통해 연계된 내담자 등을 대상으로 심층상담(전화상담 또는 대면상담) 우선 실시 및 관련기관 연계 등 실시

⑨ 1인가구 사회적관계망 형성 지원

- 목적

급속히 증가하는 1인가구 일상생활 유지 기능 향상과 사회 참여 증진을 통해 1인가구의 고독·고립 방지와 안전하고 건강한 생활 도모

• 근거

「건강가정기본법」 제3조(정의*) 및 제15조(건강가정기본계획의 수립**)

* "1인가구", 1명이 단독으로 생계를 유지하고 있는 생활단위

** 1인가구의 복지 증진을 위한 대책

• 추진 방향

생애주기별(청년, 중장년, 노년 등) · 성별 · 지역특성별 · 경제적 여건 등을 고려한 맞춤형 지원

• 예산액 및 사업규모

- 예산액: 1,838백만 원 * 국비 : 서울 30%, 지방 50%
- 사업규모: 36개 가족센터

• 지역 협의체 구성 · 운영

- 목적: 지역별 유관기관 협의체를 구성하여, 취약 1인가구 발굴을 위한 다양한 지역기관과의 협력 및 연계 등을 위한 네트워크 기반 마련
- 주관: 사업수행기관(가족센터)

※ 지자체는 협의체 구성 · 운영 시 적극 협조하여 사업이 활성화될 수 있도록 조치

- 구성(예시)
  - 행정복지센터, 지방자치단체, 경찰서 등
  - 종합사회복지관, 주거복지센터, 청년센터, 아동보호시설 등
  - 병원, 정신건강복지센터 등
- 역할: 1인가구 사회적관계망 형성 지원 사업의 효율적 추진을 위해 대상자 발굴, 정보공유, 서비스 지원 등 유관기관 간 연계 · 협력 강화방안 논의
- 운영: 연 4회 이상

※ 사업의 효율적 운영을 위한 목적을 가진 협의는 사업수행기관에서 판단하여 수시로 실시

• 지원내용

1인가구를 대상으로 고독·고립 예방과 문제 해결을 위한 심리정서 상담 지원, 돌봄 지원, 사회적 관계망 지원 및 사례관리

생애주기별 1인가구 지원 프로그램

구분	프로그램
공통	• (돌봄) 일상 · 감정 돌봄 및 질병, 위기상황 시 병원동행 등 • (상담) 당사자 및 원가족 상담 지원 • (관계) 자조모임 등 사회관계망 형성 지원
청년	• 사회진입 예정자 독립생활 준비교육(정서 · 경제 · 생활유지 등) • 독립생활 전 원가족 등과의 문제 해결을 위한 집단 프로그램
중장년	• 홀로서기를 위한 심리상담 및 교육 • 자기돌본, 일상생활 유지관리 및 생애후반기 진입 준비 교육 • 떨어져 사는 자녀나 가족과의 문제 해결을 위한 집단 프로그램
노년	• 가사, 가정관리 등 일상생활의 돌봄기술 교육 • 독립한 성인자녀 등과의 긍정적 상호관계 유지를 위한 교육 • 인생 되돌아보기 등 건강한 노년 준비 교육과 상담

– 심리정서 지원: 1인가구의 고독·고립 문제, 관계 갈등 등의 문제해결을 위한 전문적인 심리·정서 상담

– 사회적관계망 지원: 자조모임, 동아리 활동 등 사회적관계망 형성 지원

지역모임 참여를 통한 사회적관계망 형성 모임(예시)

구분	내용
일상 나눔모임	• 지역 내 식사나눔 모임 • 산책, 운동, 산행, 음악 등 취미나 특기를 함께 하고 재능을 나누는 모임 • 같이 도전하고 배우는 동아리 모임
정서 나눔모임	• 서로 믿고 말하고 들어주는 모임 • 원가족과의 갈등, 생애주기별 공통 고민 등을 함께 나누고 해결하는 모임
서로돌봄모임	• 자기돌봄 공백상황 발생 시 상호 한시적 돌봄 나눔 • 안부나 기념일 등을 상호 정기적으로 챙기는 모임 등

- 돌봄 지원
  - 일상 돌봄: 일상생활관리, 건강관리, 재무관리 등 스스로 돌봄 역량강화를 위한 교육·문화 프로그램 운영
  - 감정 돌봄: 스트레스 관리, 감정코칭 등 고독·고립감 해소를 위한 교육·문화 프로그램 운영

자기돌봄 역량강화 프로그램(예시)

구분	내용
일상돌봄	•나혼자 생활 노하우 콘텐츠 제작 •청소와 정리를 통한 생활관리 교육 •간단한 수리 수선법 익히고 나누기 활동 •식사 준비 및 상호 돌봄 품앗이 모임 •함께 산책하는 모임 구성 지원 •내 인생 설계, '나 알기, 나 돌아보기' 교육
감정돌봄	•당사자 및 원가족 상담 지원 •고민 나누기 집단 프로그램과 모임 지원 •가족의 의미 찾기 집단 상담 •나를 알고 상대방 이해하기 •상실감과 스트레스 다루기

- 긴급 돌봄: 질병, 위기상황 등으로 도움이 필요한 1인가구의 건강한 삶 회복 지원을 위한 병원동행 및 단기 가사·간병 지원서비스

※ 가족센터 내 가족봉사단·나눔봉사단, 돌봄가용인력(아이돌보미, 배움지도사 등) 및 지역 자원봉사센터 협력을 통한 자원봉사자 활용 등

추진체계

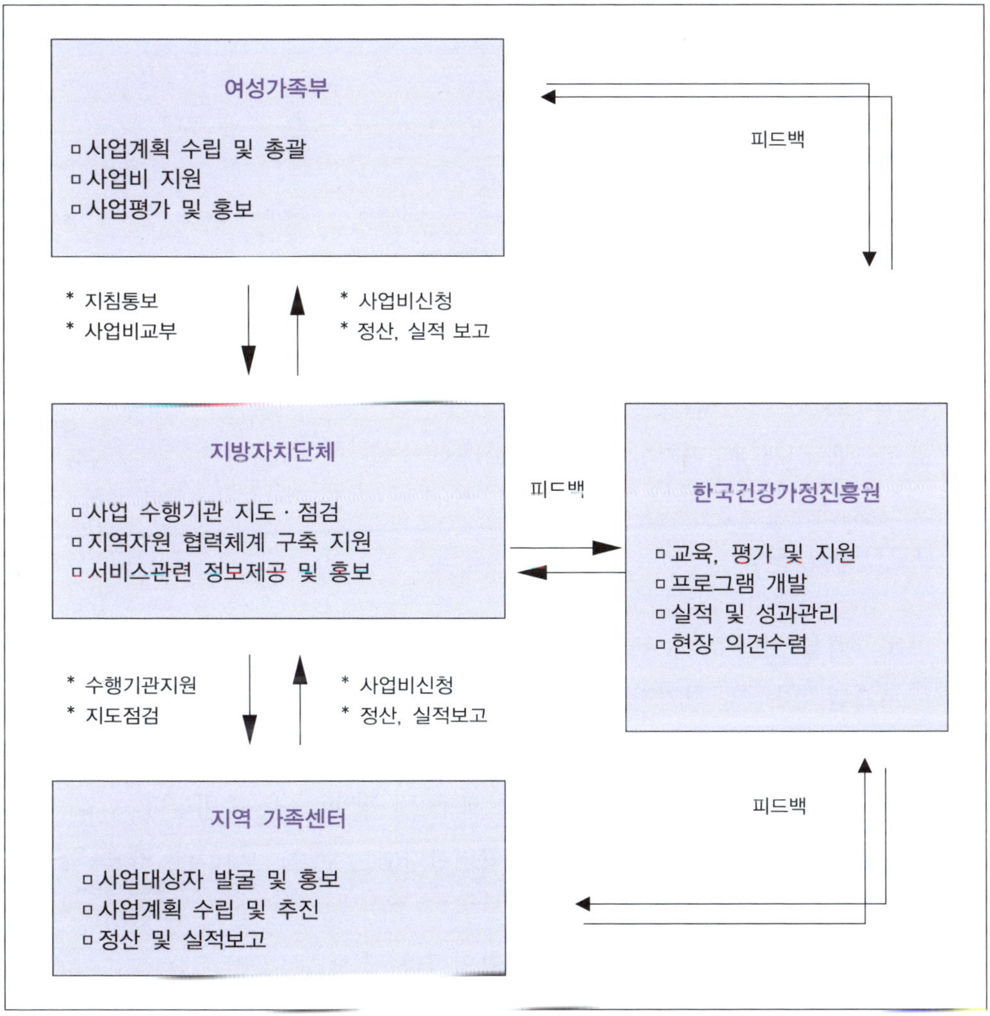
여성가족부
□ 사업계획 수립 및 총괄
□ 사업비 지원
□ 사업평가 및 홍보
피드백
* 지침통보
* 사업비교부
* 사업비신청
* 정산, 실적 보고
지방자치단체
□ 사업 수행기관 지도 · 점검
□ 지역자원 협력체계 구축 지원
□ 서비스관련 정보제공 및 홍보
피드백
한국건강가정진흥원
□ 교육, 평가 및 지원
□ 프로그램 개발
□ 실적 및 성과관리
□ 현장 의견수렴
* 수행기관지원
* 지도점검
* 사업비신청
* 정산, 실적보고
피드백
지역 가족센터
□ 사업대상자 발굴 및 홍보
□ 사업계획 수립 및 추진
□ 정산 및 실적보고

2. 건강가정사업 실천과정

1) 사업기획 및 계획서 작성

- 프로그램의 필요성 및 기본 방향을 설정한다.
- 교육 대상을 결정하고 목적과 목표를 설정한다.
- 프로그램 실천계획을 수립한다.
- 프로그램 진행 인력 및 예산을 편성한다.
- 프로그램 실시 후 평가방법을 제시한다.

2) 프로그램의 진행

- 프로그램을 진행할 강사를 섭외하고 교육 참여자를 모집한다.
- 프로그램 홍보 및 참가자를 점검한다.
- 외부자원을 모집하고 교육 장소를 섭외한다.
- 프로그램에 필요한 물품을 구매하고 교구 및 장비 등을 준비한다.
- 행사 당일 준비물품 및 점검사항을 확인한다(명찰, 수료증, 안내표지판, 카메라, 음료, 다과 등).

  예 체크리스트를 작성하여 하나씩 확인한다.

3) 사업평가

- 사업계획서 작성 시 제시한 평가방법에 따라 평가한다.
- 평가는 정량평가 및 정성평가로 실시한다.
- 계획, 집행 성과로 구분하여 영역별 평가를 한다.
- 사전·사후평가, 과정평가 및 만족도 분석을 통해 사업을 평가한다.

4) 결과 보고서

- 사업을 종료한 후 결과 보고서를 작성한다.

5) 환류

- 환류(피드백)를 통해 사업을 계속 추진할지의 여부를 검토한다.
- 사업을 변환하여 진행할지 또는 폐기할지의 여부를 검토한다.
- 사업을 진행하면서 드러난 개선사항 및 발전방안을 검토하여 다음 사업에 반영한다.

3. 프로그램 계획서 작성 실제

건강가정사업을 실행하기 위해서는 교육 대상자의 문제 및 욕구를 파악하고 프로그램을 시행을 위해 검토해야 한다. 검토 완료 후 해당 사업이 센터의 목적과 부합한다면 예산 및 제반 사항을 고려하여 사업계획을 수립해야 하며, 교육을 실시하고 평가한 후 결과를 보고해야 한다. 사업 운영 순서는 〈그림 9-1〉과 같다.

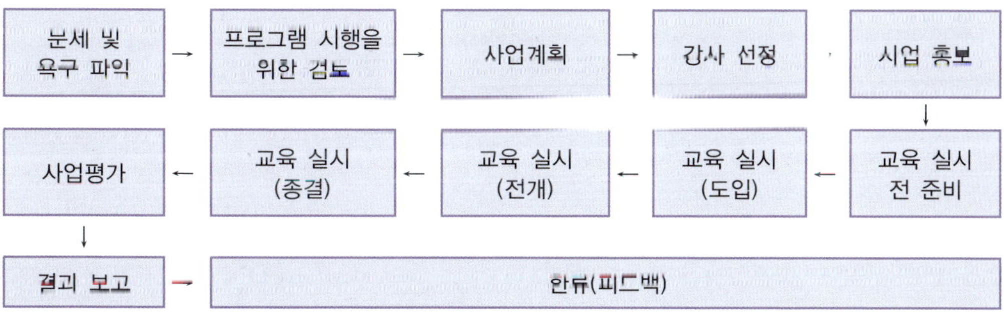

그림 9-1 건강가정사업의 사업 운영 순서

1) 사업계획서 작성 실제

다음 사례를 읽고 사업(프로그램)계획서를 직접 작성해 보고 〈표 9-2〉의 양식을 활용하여 운영계획을 세워 본다.

사례

나는 1남 1녀를 키우며 '행복시'에 살고 있다. 지금은 전업주부지만 2년 뒤에 둘째 아이가 초등학교에 입학하면 취업할 계획이다. 남편은 매일 1시간 정도 버스를 타고 '고당시'로 출근한다. 첫째 아이가 올해 초등학교 1학년에 입학했는데, 같은 반에 엄마가 베트남에서 온 친구가 있다고 해서 깜짝 놀랐고, 아이들을 어떻게 키워야 하는지 걱정이 많다. 매일 출퇴근하느라 힘든 남편은 가사에 도움도 주지 못하면서 아이들과 잘 놀아 주지도 않고 틈만 나면 잠을 자려고 해서 아이들과 나는 불만이 많다. 행복시에는 공장시설이 없어 환경이 쾌적하고, 대형마트, 종합사회복지관, 육아정보지원센터, 어린이집, 유치원, 학교가 있어 아이들을 키우기에 적당하다. 공원도 조성이 잘되어 있는데 신규 아파트가 계속 건설 중이어서 1년 후에 입주가 시작되면 조금 복잡해질 것 같다.

학습 TIP 사업계획서 작성요령(Ⅰ)

- 대상자의 욕구나 문제가 무엇인지 찾아보세요.
- 만약 내가 대상자라면 어떤 프로그램이 필요한지 생각해 보세요.

표 9-2 사업계획(보고)서 양식

'사업계획서 제목' – 사업내용을 알 수 있게 압축·함축하여 작성

부제: – 필요할 경우 사용

부 서	OO 팀
작 성 자	김샛별
작 성 일	2OOO.OO.OO.
프로그램명	

1. 사업의 필요성
 1) 대상자의 욕구 및 문제점:
 2) 지역환경적 특성:
 3) 경험적 근거:
 4) 본 사업과 관련된 지역 프로그램 현황
 * 프로그램 환류내용
  지난 사업에서 나온 문제점 및 개선점을 기록하고 이번 사업에 반영하는 내용 기재

2014년도	2015년도	2016년도	2017년도 반영 여부

2. 서비스 대상 및 실인원수
 1) 서비스 대상
 2) 서비스 대상 선정기준 및 방법
 3) 실인원수

대상 구분	산출 근거	단위 수(명)

출처: OO시청 홈페이지 통계지표. 인구통계(최근 자료).

3. 사업목적 및 목표

목적		
목표	목표 1	
	하위목표 1	
	목표 2	
	하위목표 1	

4. 사업내용

1) 세부 사업내용

목표	프로그램	세부내용	시행 시기	장소	수행 인력	참여 인원	회기/ 시간	강사

2) 세부 사업내용 평가방법

목표	프로그램	목표에 대한 평가방법		
		평가방법	평가지표	평가도구

3) 담당 인력 구성 및 업무분장표

이름	담당 부서/ 직위	투입시간 (단위: 1주일)	주요업무(업무분장)	자격증

4) 사업 진행 일정

기간 / 내용	1월	2월	3월	4월	5월	6월	7월	8월	9월	10월	11월	12월

5) 홍보계획

구분	홍보방법	횟수(수량)	활용매체	비고

6) 지역사회 기관연계 활용계획

지역사회기관	활용방법	활용매체	비고

5. 예산계획

<table>
<tr><td colspan="2">관</td><td colspan="6">사업비</td></tr>
<tr><td colspan="2">항</td><td colspan="6">사업비</td></tr>
<tr><td colspan="2">목</td><td colspan="6">가족교육사업비</td></tr>
<tr><td colspan="2" rowspan="2">세목</td><td rowspan="2">산출 근거</td><td rowspan="2">계</td><td colspan="4">예산 조달계획</td></tr>
<tr><td>보조금</td><td>비율
(%)</td><td>자부담</td><td>비율
(%)</td></tr>
<tr><td colspan="2">총계</td><td></td><td></td><td></td><td></td><td></td><td></td></tr>
<tr><td rowspan="4"></td><td></td><td></td><td></td><td></td><td></td><td></td><td></td></tr>
<tr><td></td><td></td><td></td><td></td><td></td><td></td><td></td></tr>
<tr><td></td><td></td><td></td><td></td><td></td><td></td><td></td></tr>
<tr><td></td><td></td><td></td><td></td><td></td><td></td><td></td></tr>
</table>

6. 기대효과

학습 TIP 사업계획서 작성요령(Ⅱ)

- 제목을 읽고 대상자, 욕구, 내용 등을 알 수 있도록 정한다.
- 예산을 정할 때는 투입할 전체 예산을 정한 후 필요한 항목별로 소요예산을 기록한 후 예산을 조정하는 것이 좋다.

2) 사업계획서 작성 시 점검해야 할 사항

(1) 문제 및 욕구 파악하기

- 프로그램에 대한 지역사회의 요구도 조사를 실시한다.
- 지역사회의 유관기관에서 실시하고 있는 프로그램을 조사하여 계획하는 프로

그램과 중복되지 않는지 파악한다.

- 신문기사, SNS 및 보도자료 등을 통해 실행할 프로그램에 대한 욕구를 조사한다.
- 선행사업을 조사하여 프로그램에 대한 욕구를 조사한다.

(2) 프로그램의 효과적인 시행을 위한 검토

- 센터 내의 타 부서와 업무 협조가 가능한지 여부와 활용이 가능한 자원이 무엇인지 파악한다.
- 프로그램을 수행하는 인력 간에 상호 협조할 수 있도록 좋은 관계를 형성한다.
- 센터 내외의 물리적 환경이 프로그램 시행에 적합한지 검토한다.

(3) 사업 계획하기

- 사업계획서를 작성할 때는 목적, 목표, 하위목표를 설정한다. 이때 하위목표는 사업평가의 기준이 되므로 측정할 수 있도록 작성한다.
- 사업계획에 대한 기관 내 슈퍼비전을 통해 사업의 효율성을 꾀한다.
- 사업의 실용성, 지역성 및 효율성을 검토하여 사업이 원활하게 이루어지도록 한다.
- 참가자, 실시 주체, 주관, 실시방법, 장소 및 소요예산 등을 정확하고 꼼꼼하게 작성한다.

(4) 강사 선정

- 한국건강가정진흥원의 실적정보시스템 내의 전문강사 인력풀을 활용하거나 기존에 센터 강의 경험이 있는 자 중 프로그램에 적합한 강사를 선정한다.
- 프로그램의 목적 및 내용에 대해 강사에게 구체적으로 설명한다.
- 강의의뢰서를 프로그램 실시 2~3주 전 강사에게 송부한다.

- 강의의뢰서에는 프로그램의 내용, 참가자에 대한 설명, 강의 장소, 약도, 강의 시 요청사항, 강의계획서, 개인정보제공동의서, 강사카드 등을 첨부해야 한다.

표 9-3 **강의의뢰서 양식**

강의의뢰서			
강사명	홍길동		
교육과정	찾아가는 부모교육	대상	드림스타트 이용자 (학령기 자녀를 둔 부모) 30명
강의제목	찾아가는 부모교육		
강의내용	1. 추진 방향 • 부모교육의 사각지대를 찾아내 지역사회 내 부모교육 접근이 취약한 곳을 대상으로 찾아가는 부모교육을 실시한다. • 일 · 가정 양립 문화 확산에 기여하고 부모역할 이해에 도움이 되고자 한다. • 찾아가는 부모교육을 통해 부모교육의 필요성을 알리고, 행복 시민의 적극적 참여를 도모한다. 2. 요청 강의내용 • 학령기 자녀를 둔 부모를 대상으로 하여 자녀양육에 대한 고민 나눔 • 바람직한 자녀양육방법과 부모역할의 중요성		
강의 일시	2023. 02. 07.(화) 19:00~21:00	강의 장소	00시 주민자치센터 3층 소회의실
강의시간	120분	강의 원고	A4 2매 이상
강의료	건강가정지원사업 강사료 기준에 준함.		
활용 기자재	빔프로젝터(✔), 노트북(✔), 포인터( ), CD플레이어 ( ), 마이크( ) 기타 교육용 자재( )		
의뢰기관	00시 건강가정지원센터	담당자	가족교육팀원 김샛별 ☎ 02) 700-7000
연락처	Tel. 02-770-7700 Fax. 02-770-7700 E-mail. 사업 담당자 메일 주소 작성		
요청사항	이력서, 통장사본, 강의계획서, 강의원고 ※개인정보이용동의서(센터에서 서명)		
기타 (준비물)			

(5) 프로그램 홍보 전단지 작성

- 홍보용 전단지를 작성할 때는 프로그램의 제목, 내용, 모집 인원, 강의 일시, 장소, 연락처, 참가비 등을 기록하여 작성한다.
- 그림이나 사진 자료 등을 사용할 때는 저작권에 위배 되지 않는 자료를 사용하도록 주의한다.
- 전단지는 간결하고 명확하게 작성하여 가독성을 좋게 한다.

2022년 가을 프로그램 안내 * 자세한 일정은 홍보지 참조 및 전화문의

	프로그램명	일정	대상	인원	내용
가족교육	아버지-자녀 프로그램 "아빠와 함께 아자!!"	10/15(토) 14:00	3세-6세 자녀와 아빠	12가족	아버지교육, 아버지 자녀활동 및 미션
	행복한 가족 프로그램 "행복을 그려요. 통통가족 "	10/13(목) 19:00	학령기전 자녀를 둔 가족	13가족	부모교육, 부모자녀 활동 및 체험
	부모교육 강사양성과정 '완전정복 부모교육 "	11/5(토) 10:00	부모교육 예비 강사	10명	강의스킬 및 정보, 부모교육관련 교육
가족상담	가족상담전문가 교육 "해결중심 상담 "	10/17(월) 10:00	소속 가족상담 전문가	5명	해결중심상담 기법 및 상담 실습
	상담 사례회의	10/24(월) 16:00	소속 가족상담 전문가	5명	상담 사례회의 및 수퍼비전
가족돌봄	아이돌보미 집담회	10/19(수) 11:00	아이돌보미 활동가	50명	지침변경사항, 활동 사례 공유 등
	사업지원인력 " 정기회의 및 보수교육"	10/24(월) 10:00	배움지도사, 키움보듬이	10명	정기회의 및 역량강화를 위한 보수교육
	취약위기가족 사례관리	주중 시간 협의	중위소득 100% 이하 가족	20가정	가족 역량강화 서비스 제공 및 자원연계
	희망 장난감 도서관	주중 이용	미취학 자녀를 둔 가족	-	장난감 및 육아도서 대여
다문화	결혼이민자 정착패키지 " 우리동네 투어 "	10/21(금) 14:00	결혼이민자	10명	복지, 문화, 레저 등 지역 내 기관 방문
	다문화가족 방문교육 서비스	주중 시간 협의	다문화가족	25명	교사가 방문하여 한국어 및 가족생활지도
	결혼이민자 자조모임 "모여라 무지개가족 "	매주 화요일 10:00	다문화가족	10명	자조모임 그룹활동 (손뜨개, 책읽기)
	다문화가족 자녀 멘토링 "참-참 온누리 멘토링 "	주중 시간 협의	다문화자녀 초등 4-6학년	10명	1:1 멘토링을 통한 자녀학업능력 향상
	다문화가족 교류소통 공간	월 - 금 9시-18시	다문화가족 및 지역주민	-	열린 문화 상호교류 공간 운영

서울시 중구 건강로 1가 77번지
Tel. 02-700-7000 Fax 02-770-7700
happygajok@naver.com

가족센터 **서울 000 가족센터**

그림 9-2 홍보 전단지 사례

(6) 프로그램 홍보

- 센터 홈페이지, 유관기관 홈페이지, 시 · 군 · 구 홈페이지, 포털사이트(카페 및 블로그 등) 등에 홍보 전단지를 게시한다.
- 관내 주민센터, 유관기관에 전단지 및 홍보물을 제작하여 배포한다.
- 보도자료를 작성하여 신문 및 언론기관에 배포하여 홍보를 요청한다.
- 정보를 제공받기 희망한 이용자를 대상으로 문자 전송, 우편 발송, 이메일 발송을 통해 홍보한다.
- 관내 아파트에 공문을 발송하여 아파트 게시판에 전단지를 게시하여 홍보한다.

표 9-4 보도자료 사례

<table>
<tr><td colspan="2"></td><td colspan="4">보도자료</td></tr>
<tr><td colspan="2">결재</td><td>제공일</td><td>2023. 2. 3</td><td colspan="2">2023년 3월 30일 이후 보도</td></tr>
<tr><td>담당</td><td>센터장</td><td>기관명</td><td colspan="3">○○시 가족센터</td></tr>
<tr><td rowspan="2"></td><td rowspan="2"></td><td>제공자</td><td colspan="3">가족교육팀</td></tr>
<tr><td>담당자</td><td>김샛별</td><td>전화</td><td>02)700 – 7000</td></tr>
<tr><td colspan="6">00시 가족센터 생애주기별 부모교육
영유아기 부모 대상 ‘우리 아이 어떻게 잘 키울까’ 실시

○ 가족의 행복을 소망하는 00시 가족센터(센터장 홍길동)에서는 2월 6일부터 4월 10일까지 매주 월요일에(총 6회) 00시의 영유아 자녀를 둔 부모를 대상으로 ‘우리 아이 어떻게 잘 키울까’ 교육을 실시하고 있다.
○ ‘우리 아이 어떻게 잘 키울까?’는 육아로 어려움을 겪거나 자녀 양육 방법에 대해 도움받기를 원하는 부모에게, 자녀를 잘 양육하기 위한 깨알 비법을 제공하는 시간으로 이루어졌다.
○ 1회기는 자녀와의 긍정적인 소통 방법, 2회기는 올바른 식습관 지도법, 3회기는 부모로서의 나 이해하기, 4회기는 자녀의 인터넷, 스마트폰 중독 예방 방법이 진행되었고 앞으로 5회기는 아이의 발달 특성과 훈육법, 6회기는 우리 아이에게 알맞은 성교육방법에 대한 주제가 준비되어 진행될 예정이다.
○ 이전에 교육을 들은 참가자들은 ‘지금 저에게 필요한 말들과 공감되는 이야기가 많았어요.’, ‘강의내용이 알차서 좋았어요! 이런 강의가 지속되었으면 좋겠어요.’ 등 긍정적인 반응을 보였으며 ○○시 가족센터에서는 앞으로도 지역주민을 위한 다양한 교육을 실시 할 예정이므로, 지속적인 관심을 갖고 참여하여 가족의 행복을 가꾸어 나가는 데 도움이 되길 소망한다.</td></tr>
</table>

(7) 교육 실시 전 해야 할 일

- 모집된 교육 대상자에게 전화나 문자를 전송하여 안내한다.
- 교육 실시 전 강사에게 안내할 사항은 다음과 같다.
  - 강의자료 및 원고를 요청한다.
  - 강의 장소, 교육의 목적, 교육 대상자 특성, 인원 등을 안내한다.
  - 강의 시 필요한 기자재를 확인하고, 강의장 약도 및 주차 여부를 안내한다.
- 강의자료 및 기자재(음향장비, 마이크, 레이저 포인트 등)를 사전에 점검한다.
- 강의 장소를 잘 찾아올 수 있도록 곳곳에 프로그램 안내 이정표를 부착한다.
- 잔잔한 배경음악을 준비하여 강의 장소에 준비한다.
- 강의 장소에 현수막을 게시하고 배너도 설치한다.

(8) 교육 실시: 준비단계

- 참가자들이 서명할 출석부, 신청서, 개인정보제공동의서를 준비한다.
- 참가자별로 명찰을 준비한다.
- 센터 프로그램 안내지, 리플릿 및 기타 홍보물을 준비한다.
- 사전·사후 척도 검사지 및 만족도 조사지를 준비한다.
- 교재 또는 메모지 및 필기도구를 준비한다. 필기도구는 사용이 가능한지 확인하고 파손되지 않은 것으로 준비한다.
- 비상구급함을 준비하여 만일의 상황에 대비한다.
- 비상탈출구를 확보하고 안내하여 만일의 상황에 대비한다.
- 화장실, 정수기, 와이파이(Wi-Fi: Wireless Fidelity) 안내문을 작성하여 설치한다.
- 재활용 및 일반용 휴지통을 비치한다.
- 실무자가 사용할 사무용 문구를 준비한다(테이프, 가위, 칼, 매직(검정·빨강·파랑), A4용지 등을 준비한다).
- 다과를 제공할 경우 1인 1세트씩 배부할지, 자유롭게 이용할지 등 배부방법을

결정하여 준비하고, 다과는 프로그램 시작 전에 준비를 마치도록 한다.

- 소모품(물티슈, 휴지, 종이컵, 접시 등)은 부족하지 않게 준비한다.
- 참가자의 이동 동선을 파악하여 이동이 원활하도록 자리를 배치한다.

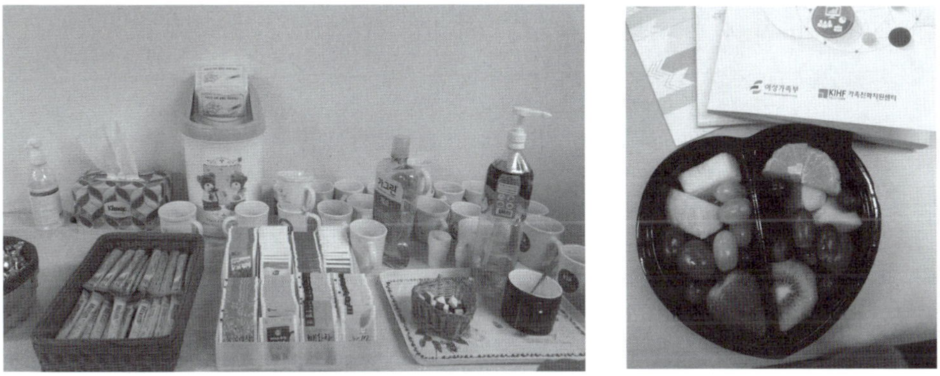

그림 9-3 강의장 다과 준비

(9) 교육 실시: 도입단계

- 참석자 명단을 준비하고 출석부에 서명을 받는다.
- 프로그램동의서, 신청서, 사전·사후 척도 검사지를 받는다.
- 센터 소개, 프로그램 회기별 소개 및 프로그램 이용규칙을 안내한다.
- 비상상황 발생 시 탈출구에 대한 안내를 한다.
- 오늘 강의를 담당한 강사를 소개한 후 강의를 시작한다.

(10) 교육 실시: 전개단계

- 안정된 환경에서 강의가 진행될 수 있도록 지원한다.
- 강사가 담당자의 도움을 요청할 경우 또는 강의 진행상 어려움이 있을 경우 지원한다.
- 교육 진행 중 사진을 촬영한다.

- 교육이 기획한 대로 잘 진행되고 있는지 기록한다.

(11) 교육 실시: 종결단계

- 필요한 경우 참가자, 강사와 함께 단체사진을 촬영한다.
- 교육을 마친 후 만족도 조사, 사후검사를 실시한다.
- 참가자에게 수료증을 수여한다.
- 교육 마무리, 과제 및 활용 가능한 방법을 제시한다.
- 강사를 배웅하고 교육을 마친 날 감사 메시지를 전송한다.
- 강의 시 사용한 기자재, 책상 등을 원 상태로 정리한다.
- 부착했던 현수막, 이정표 및 기타 부착물을 수거한다.
- 바닥 및 주변에 있는 쓰레기 등을 정리한다.

(12) 교육 종료

- 매회기 교육을 마친 후 운영일지를 작성한다.
- 다회기 프로그램을 마쳤을 경우에는 결과 보고서를 작성한다.

4. 건강가정사업 평가

건강가정사업을 계획하고 프로그램을 제공한 이후에는 실행한 사업에 대한 평가 및 피드백(feedback)이 반드시 필요하다. 이때 실시하게 되는 평가는 건강가정사업의 실천기능과 한계, 사업 종결 후의 반성, 사업 진행 중에 나타난 문제점과 특성 등에 대해 구체적으로 점검하는 것을 의미한다. 피드백은 프로그램의 효과와 측정, 즉 산출, 성과, 효율성, 비용효과성 등에 근거하여 프로그램의 제공이 얼마나 잘 수행되었는가를 점검하여 차후 프로그램의 질을 높이기 위한 것이다. 사업평가의 내용은 담당자 자체평가, 운영과정평가, 결과평가와 피드백으로 구분할 수 있으며 평가는 운영일지와 보고서, 체크리스트를 통한 담당 실무자, 센터 내 슈퍼비이저, 자원봉사자 등이 평가 주체가 되어 실시할 수 있다.

1) 사업평가

(1) 사업평가의 필요성

- 사업평가를 통해 프로그램의 목적 달성 여부를 확인할 수 있다.
- 프로그램에 참가한 참여자나 수혜자의 만족 여부를 확인할 수 있다.
- 프로그램의 개선점을 찾아 보완하여 다음 프로그램의 효과성을 높일 수 있다.
- 프로그램의 계속 진행 여부, 확대나 축소, 폐지 등을 결정하기 위한 기준이 된다.
- 평가를 통한 지식의 확장으로 더 나은 프로그램을 만들 수 있는 기반이 된다.

(2) 질적평가와 양적평가

① 질적평가

질적평가는 계량화가 어려운 자료들을 분석하여 프로그램을 평가하는 것이다.

② 양적평가

양적평가는 계량화된 평가자료를 통해 프로그램을 평가하는 것이다.

(3) 과정평가와 결과평가

① 과정평가

과정평가는 사업을 수행하는 절차를 사정하는 것으로 사업이 진행되는 동안의 변화 및 통찰과 프로그램 진행과정을 통해 향후 유사한 사업의 지표가 될 수 있도록 한다. 운영일지 및 체크리스트 등에 기록한다.

② 결과평가

결과평가는 사업의 영향과 효과를 결정하는 것으로, 처음에 기획했던 사업의 의도와 목적 및 목표에 도달했는지, 이 사업을 통해 무엇이 얼마나 성취되었는가를 평가한다.

(4) 실적평가와 성과평가

① 실적평가

실적평가는 프로그램에 참가한 참여자의 수, 프로그램 실시 회기 수, 실기시간 등 활동 실적에 대한 평가를 의미한다.

② 성과평가

성과평가는 참여자의 문제나 욕구가 해결되거나 감소된 상태 또는 프로그램을 통해 나타난 변화 등에 대한 평가를 의미한다.

(5) 환류(피드백)

사업을 수행한 이후 평가과정을 거치는 동안 나타난 문제를 정리하고 향후 유사한 사업을 수행하는 데 참고할 사항과 보완이 필요한 사항을 정리하고, 논의한 평가결과를 결과 보고서 및 다음 프로그램에 반영한다.

2) 센터 평가

(1) 기본 원칙

- 여성가족부는 3년마다 평가계획을 수립하여 가족센터(독립형 건강가정 및 다문화가족 지원센터) 운영 및 사업에 대하여 평가 실시

- 시 · 도 및 시 · 군 · 구 센터는 평가에 성실히 임하여야 함
- 시 · 도지사는 시 · 도의 자체 사업에 대하여 관할 시 · 군 · 구 평가를 실시할 수 있음
- 여성가족부 및 한국건강가정진흥원은 센터의 사업수행능력 강화를 위하여 지원 방문 및 이행실태점검 등을 수시로 실시할 수 있음

(2) 평가 추진체계

- 여성가족부
  - 가족센터 평가 총괄
- 시 · 도 지방자치단체
  - 시 · 도 공무원 평가위원 추천 및 평가 관련 협력
- 평가 수행기관
  - 평가 전반에 관한 평가실무총괄
  - 현장평가단, 포커스그룹, 평가지원단 등으로 구성된 평가위원회 운영

〈 평가 추진 체계 〉

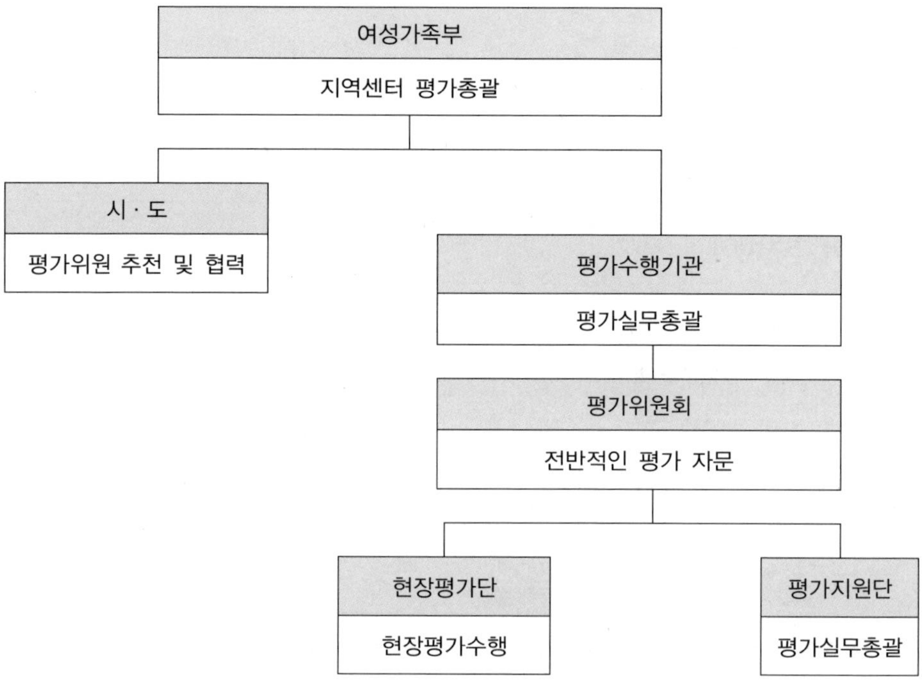

3) 평가과정

센터의 평가과정은 한국건강가정진흥원에서 평가계획을 수립한 후, 시 · 군 · 구 센터에서 자체평가를 실시하고 자체평가 보고서를 제출한다. 그 이후 평가위원이 시 · 군 · 구 센터를 현장방문하여 평가를 실시하고 평가결과를 보고하는 것으로 마무리된다. 평가과정은 〈그림 9-4〉와 같다.

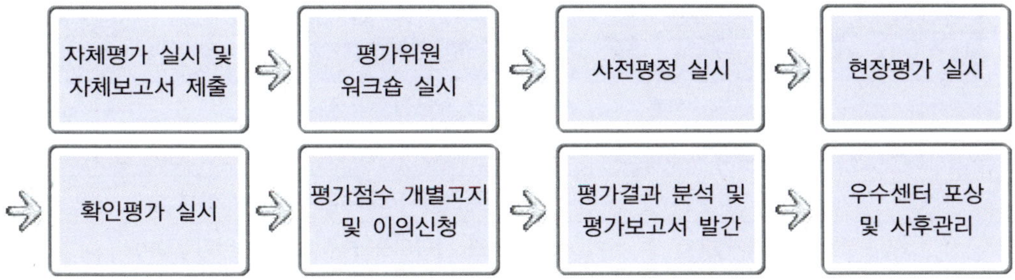

그림 9-4 건강가정사업 평가과정

4) 평가지표

건강가정사업 운영 및 사업 평가지표는 〈표 9-5〉와 같다.

표 9-5 2017 건강가정지원센터 운영 및 사업 평가지표

평가영역	평가항목	평가지표
A. 기관운영(40)	A1. 사업계획 수립 및 환류(4)	A1-1. 비전 및 중장기 경영계획 수립
		A1-2. 연간계획 및 보고
		A1-3. 자체평가 연 1회 이상 실시
		A1-4. 평가결과에 대한 환류
	A2. 센터장 리더십 및 조직문화(3)	A2-1. 센터장으로서의 리더십
		A2-2. 유연한 조직문화 형성을 위한 노력
	A3. 시설환경관리(4)	A3-1. 센터조직도 게시
		A3-2. 건물 외부센터 현판 설치
		A3-3. 전용 상담실 확보
		A3-4. 교육장 등 사업에 유용한 기타 공간 확보
	A4. 운영위원회 구성(4)	A4-1. 운영위원회 구성의 적정성
		A4-2. 운영위원회 개최 여부
		A4-3. 운영위원회 내용의 기록 및 관리
		A4-4. 운영위원회 활동 및 의결사항 사업 반영 여부

평가영역	평가항목	평가지표
A. 기관 운영 (40)	A5. 인사/행정 운영(3)	A5-1. 직원 채용절차의 적정성
		A5-2. 실적관리시스템 기관 운영 최신 정보 업데이트
		A5-3. 실적관리시스템 사업계획 및 실적 보고 기한 준수
	A6. 직원의 자격기준(4)	A6-1. 직원 자격기준 충족 여부(센터장 포함)
	A7. 직원 역량강화(3)	A7-1. 직원교육 연간 30시간 이상
		A7-2. 연간 2회 이상 자체 직원교육 실시
		A7-3. 1인당 교육비 15만 원 이상 지원 실시
	A8. 인적 자원관리(4)	A8-1. 복무규정 구비 및 준수 여부
		A8-2. 직원 근태관리
		A8-3. 시간 외 근무수당 지급 또는 대체휴무제 실시
		A8-4. 직급별 1호봉 하한선 준수 여부
	A9. 홍보 및 개인정보 보호(4)	A9-1. 홍보매체의 다양성 및 비치 여부
		A9-2. 홈페이지 운영 및 자료 업데이트
		A9-3. 개인정보 보호 및 관리
		A9-4. 홍보의 적정성 및 충실성
	A10. 지역사회 협력 및 연계(4)	A10-1. 교류·협력을 위한 체계 구축 여부
		A10-2. 지역사회 내 협력 및 연계사업 실적
		A10-3. 연계 서비스 관리 정도
	A11. 재정관리(3)	A11-1. 예산 관련 규정 보유
		A11-2. 사업계획서를 바탕으로 한 예산 집행
		A11-3. 회계관리의 전산화
합계		35문항
B. 사업 운영 (60)	B1. 가족돌봄(15)	B1-1. 프로그램 기획의 적합성
		B1-2. 사업수행의 점검과 관리
		B1-3. 돌봄영역 사업실적
		B1-4. 사업목표 달성도 및 성과
		B1-5. 전년도 사업평가 환류 정도

평가영역	평가항목	평가지표
	B2. 가족교육(15)	B2-1. 프로그램 기획의 적합성
		B2-2. 사업수행의 점검과 관리
		B2-3. 교육영역의 사업 실적
		B2-4. 사업목표 달성도 및 성과
		B2-5. 전년도 사업평가 환류 정도
	B3. 가족상담(15)	B3-1. 상담 전문인력 역량관리
		B3-2. 상담 슈퍼비전 및 사례회의 운영
		B3-3. 이혼 전후 상담 연계 및 운영
		B3-4. 상담 실적
	B4. 가족문화(10)	B4-1. 프로그램 기획의 적합성
		B4-2. 사업수행의 점검과 관리
		B4-3. 문화영역의 사업 실적
		B4-4. 사업목표 달성도 및 성과
		B4-5. 전년도 사업평가 환류 정도
	B5. 특성화(5)	B5-1. 지역사회 특성의 반영
		B5-2. 차별성 및 참신성
		B5-3. 모델링화 가능성
합계		22문항
총계		57문항

출처: 2017 건강가정지원센터 평가지표.

학습 TIP 평가를 잘 받는 방법

- 평가를 잘 받으려면 평소 사업을 마무리하는 습관이 필요하다.
- 바쁘다고 미루지 말고 그때그때 일을 정리하는 습관이 센터 종사자에게 꼭 필요하다.

5. 건강가정사업 이용자

건강가정사업 이용자란 센터의 서비스를 받는 모든 대상자를 뜻한다. 센터에서 제공하는 서비스를 이용하는 당사자이며 같은 의미로는 민원인, 내방객, 클라이언트, 회원 등의 용어가 혼용된다. 사회복지 서비스를 이용하기 위해서는 생활이 곤란하거나 어려운 형편에 있는 사람들 또는 가족이 해체되거나 약화되고 있는 이들이 대상이지만, 센터의 이용자는 특별한 제한을 두지 않고 있으며 센터에서 제공하는 서비스에 관심이 있고 참여하고자 하는 욕구가 있으면 누구나 이용자가 될 수 있다는 것이 특징이다.

1) 이용절차

(1) 센터 홈페이지 회원 가입

센터 홈페이지(http://familynet.or.kr)에 접속한 후 개인정보 제공 동의, 자신의 정보를 입력한 후 회원에 가입할 수 있다. 회원 가입이 완료되면 희망하는 센터의 프로그램을 선택한 후 신청하면 이용할 수 있다.

〈그림 9-5〉는 회원 가입 절차를 안내한 것이다.

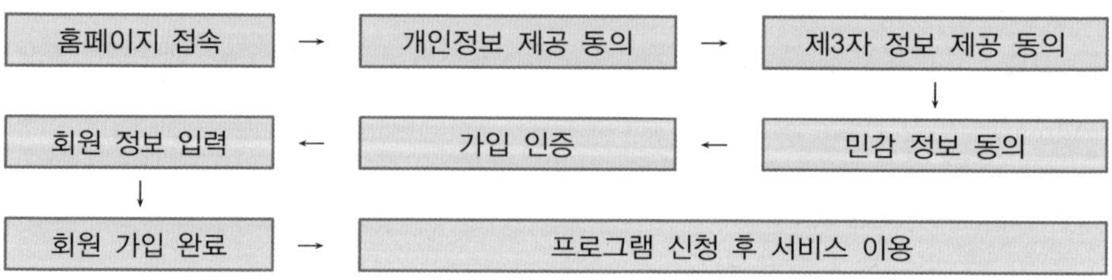

그림 9-5 건강가정지원센터 홈페이지 가입 절차

(2) 센터 방문하여 회원 가입

이용자가 인터넷 사용이 익숙하지 않거나 불가능할 경우에는 센터를 방문하여 회원 가입신청을 할 수 있다. 이때 신청서 개인정보제공동의서, 제3자 정보제공동의서, 민감정보동의서를 함께 작성하여 제출 후 회원 가입이 가능하며, 그 후 프로그램을 이용할 수 있다.

2) 이용할 수 있는 프로그램

건강가정지원센터, 다문화가족지원센터, 가족센터에서 제공하는 프로그램은 〈표 9-6〉, 〈표 9-7〉, 〈표 9-8〉과 같다.

(1) 건강가정지원센터 프로그램

표 9-6 **건강가정지원센터 프로그램**

사업	내용
가족상담사업	• 개인 및 가족상담, 공개상담 슈퍼비전, 사례회의, 상담원 역량강화교육 등
가족교육사업	• 생애주기별 교육, 부모교육, 아버지 교육 등
가족문화사업	• 가족사랑의 날, 가족문화 체험, 캠페인, 캠프 등
가족돌봄사업	• 가족봉사단, 가족품앗이, 아빠와 함께하는 토요일 등
기타 사업	• 센터별 별도 특화사업

(2) 다문화가족지원센터 프로그램

표 9-7 **다문화가족지원센터 프로그램**

사업	내용
가족	이중언어가족환경조성사업, 다문화가족 학령기 자녀 입학 및 입시정보제공, 가족의 시소통프로그램, 가족관계향상 프로그램, 결혼과 가족의 이해, 가족의 의미와 역할, 아버지교육, 부모-자녀관계 및 자긍심향상프로그램, 자녀교육프로그램 / 자녀성장 지원사업 등, 부모역할교육, 자녀건강지도, 자녀생활지도, 다문화가족자녀 사회포용안정망 구축 사업

사업	내용
성평등 · 인권	가족 내 성평등 교육, 다문화이해교육, 인권감수성 향상교육, 결혼이민자와 한국인 배우자 · 부모 대상 프로그램(多함께 프로그램) 등(2시간), 폭력피해 대처 및 예방교육, 결혼이민자 대상 인권교육 프로그램, 다문화가족 관련법과 제도, 이주민과 인권, 찾아가는 폭력예방교육
사회통합	취업기초소양교육, 구직자 발굴시 e새일시스템과 연계된 워크넷 등록 및 새일센터로 적극 연계, 새일센터의 결혼이민자 대상 직업교육훈련 개설 시 적극 협조, 다문화가족 나눔봉사단 소양교육(4시간 이상), 다문화가족 나눔봉사단 활동, 한국 사회 적응교육, 소비자 · 경제교육, 학업지원반 운영 및 연계, 다문화가족 자조모임, 다문화인식개선, 결혼이민자 멘토링프로그램, 결혼이민자 정착단계별 지원패키지프로그램*(결혼이민자 자립지원 패키지 프로그램) 등, 재난안전교육, 다문화가족 교류 · 소통 공간, 선거교육
상담	가족상담, 개인상담, 집단상담, 사례관리, 위기가족 긴급지원, 외부상담기관 연계
홍보 및 자원연계	지역사회 홍보, 지역사회네트워크, 찾아가는 결혼이민자 '다이음', 홈페이지운영 등

(3) 가족센터 프로그램

≫ 표 9-8 가족센터 프로그램

사업	내용
가족관계	부모역할 지원(임신출산(부모)지원, 영유아기 부모지원, 학부모지원, 혼례가치교육, 아버지 역할 지원), 부부역할지원(부부갈등예방 · 해결지원, 노년기 부부지원), 이혼 전 · 후가족지원, 다문화가족관계향상지원, 이중언어 가족환경조성, 다문화가족자녀성장지원, 가족상담, (손자녀돌봄)조부모 역할 지원, 노부모 부양가족 지원
가족돌봄	가족희망드림 지원
가족생활	맞벌이가정 일가정양립지원, 다문화가족 초기정착지원, 결혼이민자 취업지원, 1인가구 지원, 다문화가족자녀 사회포용안전망 사업
가족과 함께하는 지역공동체	가족봉사단(다문화가족나눔봉사단), 공동육아나눔터(자녀돌봄 품앗이), 다문화가족 교류 · 소통공간 운영, 가족사랑의 날, 결혼이민자 정착단계별 지원 패키지, 인식개선 및 공동체의식, 가족친화문화프로그램, 찾아가는 결혼이민자 다이음사업, 다함께 프로그램, 기타(사업 영역에 속하지 않는 사업)

※ ________ : 밑줄의 3개 사업은 다문화가족지원 프로그램 중 우선적으로 시행

※ 사업영역별 기본사업 외의 건가 또는 다가사업, 지역특성화 사업 등 운영 가능

핵심용어

- 건강가정, 건강가정센터 이용자, 사업운영, 사업계획, 사업평가

학습 실천과제

- 건강가정지원센터를 이용하려면 어떻게 해야 하는지 토론해 봅시다.
- 건강가정지원센터의 사업영역에는 어떤 것이 있는지 논의해 봅시다.
- 건강가정지원센터의 사업 평가방법에 대해 기술해 봅시다.

Chapter 10

건강가정사업을 위한 문서관리

학습목표

- 건강가정사업과 관련된 문서 작성 및 관리를 할 수 있다.
- 건강가정사업과 관련된 보고서 작성 및 관리를 할 수 있다.

가족을 대상으로 사업을 진행하기 위한 실무능력을 갖추는 것은 직접 서비스를 제공하는 것과 동일하게 중요하다. 간접 서비스인 문서 및 보고서의 작성과 관리가 잘 진행되어야 직접 서비스를 제공하기 수월하기 때문이다. 따라서 건강가정을 위해 기관에서 근무하고자 하는 전문가는 문서 및 보고서에 대한 작성과 관리를 원활하게 수행하기 위해 제10장에서 제시된 내용을 기본적으로 이해할 수 있도록 주의 깊게 살펴보도록 한다.

1. 문서 작성 및 관리

1) 문서관리의 목적

문서란 사람의 생각이나 사물의 상태, 관계 등을 문자나 기호로 표시하고 기록한 것이다. 문서관리란 기관의 여러 가지 정보를 가장 능률적으로 정확하게 수집 및 분류하여 정리하고, 분석하여 전달하고 활용해서 처리하는 과정이다. 이렇게 수집된 정보는 기관의 목표를 효과적으로 달성하는 데 사용된다. 가족센터(독립형 건강가정지원센터 · 다문화가족지원센터) 역시 조직의 목표 달성과 기능수행을 위해 여러 가지 정보가 필요하고, 수집된 정보를 분석 · 활용하는 등 문서의 체계적인 관리를 통해 업무능률을 높이는 것이 문서관리의 목적이다.

2) 문서의 유형

문서는 다음과 같이 다양한 기준으로 분류할 수 있다.

(1) 작성 주체에 의한 구분

① 공문서

공문서는 행정기관 또는 공무원이 그 직무상 작성 또는 시행되는 문서 및 행정기관이 접수한 모든 문서이다.

② 사문서

사문서는 개인이 사적(私的)인 목적을 위해 작성한 문서이다.

(2) 유통 대상 여부에 의한 구분

① 유통되지 않는 문서

- 내부결재문서: 내부결재문서는 내부적으로 결재를 받는 문서이므로 외부로 발신하지 않는다. 행정기관이 내부적으로 계획 수립, 처리방침 결정, 업무 보고, 소관사항 검토 등을 하기 위해 결재를 받는 문서이다.

② 유통되는 문서

- 대내문서: 행정기관 내부에서 보조기관 또는 보좌기관 상호 간 협조를 하거나 보고 또는 통지를 위해 수발하는 문서이다.
- 대외문서: 자체 기관 이외에 다른 행정기관(소속기관 포함) 또는 국민이나 단체 등에 수발하는 문서이다.
- 발신자와 수신자 명의가 같은 문서: 행정기관의 장 또는 행정기관이 자신의 명의로 발송하고 자신의 명의로 수신하는 문서이다.

(3) 문서의 형태에 의한 구분

① 장표

장표는 일정한 양식에 필요한 사항을 쉽게 기입할 수 있도록 인쇄된 사무문서이다.

② 일반문서

일반문서는 장표처럼 양식이 일정하지 않은 사무문서로, 일반적으로 비정형업무에 이용되기 때문에 편지형식으로 이루어진다. 사내·외 왕복문서, 전보, 광고문서 등이 있다

③ **특수문서**

기업의 정관, 규칙, 회의록 등을 특수문서로 분류한다.

(4) 기업문서의 기능에 의한 구분

기업문서를 기능에 의해 분류하면 다음과 같이 경영문서, 계약문서, 업무문서, 일반문서로 구분한다(유희숙, 2014).

① **경영문서**

기업 경영에 중요한 문서로 설립, 사업 등 〈표 10-1〉과 같이 구분할 수 있다.

표 10-1 **경영문서의 종류**

설립	특허	인사/평가	증명/확인
• 사업자등록증 • 법인설립등기 • 주주명부 • 이사등기 • 영업허가신고	• 발명 특허 • 실용신안 • 디자인 등록 • 상표 등록 • 서비스표 등록	• 근로계약서 • 연봉계약서 • 신원조회서 • 신용조회서 • 인사평가서	• 사원증 • 재직증명 • 사용인감계 • 은행계좌 • 취급출입증명서
사규	**회의**	**감사**	**사업**
• 복무 · 인사규정 • 급여 · 연봉규정 • 영업 · 출장규정 • 구매 · 감사규정 • 이사회 · 임원규정	• 주주총회 회의록 • 이사회 회의록	• 정기 · 특별감사 • 내부 · 외부감사 • 영업 · 제조감사 • 기술 · 시설감사	• 경영계획서 • 사업계획서 • 자금계획서 • 예산 · 편성계획서

② **계약문서**

- 생산: 제품생산계약서, 외주생산계약서
- 영업: 판매계약서, 공급계약서, 대리점 계약서, 수출입 및 선적계약서
- 관리: 총무, 인사, 자금, 구매 등으로 나눌 수 있다. 이 중 건강가정지원센터에서는 인사와 구매의 근로계약서와 구매계약서 등을 주로 사용한다.
  - 총무: 임차계약서, 공사계약서, 구매계약서

- 인사: 근로계약서, 연봉계약서
- 자금: 차입금계약서, 외환계약서
- 구매: 구매계약서, 조달계약서

③ 업무문서

- 생산문서: 생산계획서, 생산 근로자명부, 생산 제품 등 생산 관련 서류
- 영업문서: 영업계획서, 영업 근로자명부, 영업점 명부 등 영업 관련 서류
- 관리문서: 건강가정지원센터에서 자주 사용되는 문서로 다음과 같다.
  - 세무신고서, 4대보험신고서, 영업신고서
  - 회계장부, 임금대장, 근로자명부
  - 출퇴근기록부, 시간 외 근로대장, 근태관리대장
  - 세금계산서, 영수증, 법인카드 영수증
  - 지급명세서, 품의서, 결의서, 확인서, 신청서, 협조문

④ 일반문서

일반문서는 일반적으로 어느 부서에서나 공통으로 사용하는 문서로, 보고서 · 제안서 · 기획서 · 조사서 등이 있다.

(5) 문서의 처리단계에 의한 구분

문서의 처리단계에 따라 다음과 같이 분류할 수 있다.

- 접수문서 - 배포문서 - 기안문서 - 합의문서 - 완결문서 - 시행문서
- 이첩문서 - 공람문서 - 보관문서 - 보존문서 - 폐기문서
- 미처리문서 - 미완결문서

3) 문서의 작성

문서를 작성할 때는 다음의 구성요소를 고려해서 작성해야 한다.

(1) 육하원칙에 따른 구성요소

- 언제: 문서 작성일, 문서에 언급되는 사실에 관한 시간
- 어디서: 문서내용과 관련된 장소
- 무엇을: 문서의 핵심주제 내용
- 누가: 문서 작성자, 문서 수신자, 문서내용상의 행위자
- 어떻게: 실행방법, 실행비용, 실행기간 등
- 왜: 문서내용과 관련된 이유, 원인 등으로 결론에 대한 근거

(2) 사무문서의 구성요소

문서의 유형과 내용에 따라 조금씩 차이가 있지만 대부분 〈표 10-2〉와 같이 문서번호, 작성 연월일, 수신인, 발신인, 제목, 첫머리, 본문, 맺음말, 다음 및 붙임 등으로 구성된다.

표 10-2 사무문서의 구성 요소(강성범, 2010, 수정)

구분	구성요소	내용
두문	기관명	• 기관명을 기재한다(○○가족센터).
	수신	• 문서를 받는 기관명을 기재한다.
	(경유)	• 수신자와 함께 문서를 받아야 할 부서가 있는 경우에 작성한다.
본문	제목	• 문서의 성격과 내용을 알 수 있는 제목을 기재한다.
	첫머리	• 인사말을 기재한다.
	본문	• 문서의 용건에 해당하는 부분으로 간단명료하게 기재한다. 항목별로 번호체계를 이용하여 작성한다.
	붙임	• 문서 이외에 별도로 작성되는 문서가 있는 경우에 작성한다.

구분	구성요소	내용
	맺음말	• 끝 표시를 한다.
결문	발신 명의	• 문서를 보내는 기관장(○○가족센터)
	기안자 등	• 기안자(□ 검토자 □ 협조자 □ 결재권자)의 직위(직급) 표기
	생산등록번호와 시행일	• 문서 생산등록번호와 시행한 날짜를 기재한다.
	접수등록번호와 접수일	• 문서를 문서접수대장에 접수한 번호와 접수한 날짜를 기재한다.
	우편번호 등	• 기관의 우편번호 □ 도로명주소 □ 홈페이지 주소 □ 전화번호 □ 팩스 번호를 기재한다.
	전자우편주소 및 공개 구분	• 담당자의 전자우편주소를 기재하고 공개 여부를 작성한다.

(3) 문서의 작성 원칙

- 문서의 목적을 분명히 해야 한다.
- 읽는 사람을 중심으로 접근해서 작성해야 한다.
- 주요 메시지를 분명하게 진술해야 한다.
- 메시지는 단순하고 짧게 작성해야 한다.
- 문서 전달 전략을 세워야 한다.
- 상사에게 최종 검토를 받아야 한다.

(4) 문서 작성 시 유의 사항

문서의 내용을 표시하는 문장은 문서를 수신하는 수신자에게 가족센터의 의사를 전달하는 것이므로 문장을 정확하고 명확하게 작성하며, 쉽게 이해할 수 있도록 다음 사항을 유의하여 작성해야 한다.

① 문장의 정확성

- 내용 · 설명 · 기록 등을 빠짐없이 정확하게 작성해야 한다.

- 필요한 내용이 누락되지 않도록 주의한다.
- 문장부호를 정확하게 사용한다.
- 용어를 정확하게 사용한다.

② 문장의 명확성

- 육하원칙을 적용하여 내용을 구체적으로 작성한다.
- 추상적인 용어보다는 구체적이고 개별적인 용어를 사용한다. 이때 숫자를 활용하는 것이 좋다.
- 적극적인 표현을 사용하고, 한계가 분명하지 않은 표현은 사용하지 않는다.

③ 문장의 신속성

- 문장은 짧게 끊어서 간결하게 표현하고 개조식으로 작성한다.
- 결론을 먼저 쓰고 그다음에 이유나 설명을 작성한다.
- 한 문장은 한 가지 뜻으로 짧은 글로 표현한다.

④ 문장의 용이성

- 읽기 쉽고, 이해하기 쉽게 작성한다.
- 어구는 간략하게 표현한다.
- 어려운 전문용어의 사용은 피하고 필요한 경우 한자는 한글과 병기해 준다.

⑤ 문장의 성실성

- 문장을 과장하지 않고 진실하게 표현한다.
- 적절한 경어를 사용한다.
- 상대방을 무시하는 표현이나 과격한 용어는 사용하지 않는다.
- 상대방의 호감과 친근감을 살 수 있도록 성실하고 진실하게 문서를 작성한다.

4) 문서기안

가족센터 종사자는 원활한 문서기안을 위해서 다음 사항을 사전에 준비하는 것이 바람직하다.

(1) 문서기안 시 사전 준비사항

- 가족센터와 관계된 규정 및 지침, 그리고 과거의 선례를 숙지해야 하며 안건과 관련된 문제를 파악해야 한다.
- 안건의 목적과 필요성을 파악해야 하며, 이를 위해 자료를 수집하고 분석할 필요가 있다.
- 기안자는 센터와 수신자의 관계 및 입장을 고려해야 하며 해당 업무에 대해 책임 의식을 가지고 기안해야 한다.
- 기안의 내용과 방법을 결정할 때 센터의 미션과 비전에 부합하는지의 여부, 당해 사업의 목표를 잘 나타내고 있는지의 여부 등에 대해 검토하고, 사전에 상급자의 의중을 확인하여 초안을 작성해야 한다.
- 초안 작성 시 논리의 일관성을 해치는 내용이나 누락된 사항이 없는지 충분히 검토한 후에 작성하는 것이 바람직하다.

(2) 공문 기안문 및 시행문 작성

① 기안문 서식

기안문은 공문 기안문(시행문), 내부 결재기안, 품의서 등 3가지 양식으로 구분된다. 이 중 공문 기안문과 시행문은 동일한 양식을 사용하지만 공문 기안에는 결재란에 담당자와 결재권자의 이름과 자필 서명이, 시행문에는 담당자와 결재권자의 자필 서명 없이 이름만 기재된다. 센터의 기관명과 관인이 날인되어야 하는 점이 다르다. 기안문 서식의 종류에는 공문 기안문(〈표 10-3〉, 〈표 10-4〉), 내부 결재기안

(〈표 10-5〉)이 있다.

② 시행문 서식

시행문은 공문 기안을 결재받은 후 외부 기관에 발송하는 공문 양식으로, 특별한 경우를 제외하고는 대부분 공문 기안문과 동일한 양식으로 작성한다(〈표 10-3〉 참조).

학습 TIP 공문서 작성 요령

- 숫자는 아라비아 숫자로 쓴다.
- 날짜의 연·월·일 글자는 생략하고 온점을 찍어 표시한다(예 2016. 12. 15.).
- 시간은 24시각제에 따라 숫자로 표기하되 시·분의 글자는 생략하고 그 사이에 쌍점(:)을 찍어 구분한다. (예 오후 1시 20분 → 13:20)
- 금액은 아라비아 숫자로 쓰되 숫자 다음에 괄호를 하고 한글로 기재한다[예 금 13,750원(금 일만삼천칠백오십 원)].

표 10-3 시행문 사례

"모 든 가 족 을 응 원 합 니 다"

○○○가족센터

수 신 ○○시장

경 유 사회복지과장(여성가족팀장)

제 목 인사발령(퇴직, 신규)

---

1. 지역의 발전을 위해 애쓰시는 귀 기관의 노고에 감사드립니다.
2. 다음과 같이 인사발령(퇴직, 신규)하였기에 보고합니다.

\- 다 음 -

가. 퇴직

성 명	성별	생년월일	퇴직일	퇴직사유	비 고
박○○	여	1990.00.00	2017.2.28	개인 사유(이직)	

나. 신규채용

성 명	성별	생년월일	계약기간	최종학력	담당업무
최○○	여	1990.00.00	2017.03.01. ~2018.02.28	○○대학교 사회복지학과	가족상담

붙 임 : 1. 근로계약서 사본 1부.
2. 사직원 사본 1부. 끝.

(발신명의) ○○가족센터장 [00가족 센터장 인]

수신자

담당자 김00 **팀장** 조00 **센터장** 홍00

협조자

시 행 건강(하)-38 (2023.02.01.) **접 수** - (. .)

주 소 우12900 서울시 중구 건강로 4길 6 / http://gungang.familynet.or.kr

전 화 00-600-2000 **전송** 02-700-2000 **이메일** happy@familynet.or.kr /공개

표 10-4 공문 기안 사례

"모든 가족을 응원합니다"

○○○가족센터

수 신 ○○시장

경 유 사회복지과장(여성가족팀장)

제 목 인사발령(퇴직, 신규)

1. 지역의 발전을 위해 애쓰시는 귀 기관의 노고에 감사드립니다.
2. 다음과 같이 인사발령(퇴직, 신규)하였기에 보고합니다.

\- 다 음 -

가. 퇴직

성 명	성별	생년월일	퇴직일	퇴직사유	비 고
박○○	여	1990.00.00	2017.2.28	개인 사유(이직)	

나. 신규채용

성 명	성별	생년월일	계약기간	최종학력	담당업무
최○○	여	1990.00.00	2017.03.01. ~2018.02.28	○○대학교 사회복지학과	가족상담

붙 임 : 1. 근로계약서 사본 1부.
2. 사직원 사본 1부. 끝.

수신자

담당자 김00(자필서명) **팀장** 조00(자필서명) **센터장** 홍00(자필서명)

협조자

시 행 건강(하)-38 (2023.02.01.) **접 수** - (. .)

주 소 우12900 서울시 중구 건강로 4길 6 / http://gungang.familynet.or.kr

전 화 00-600-2000 **전송** 02-700-2000 **이메일** happy@familynet.or.kr /공개

표 10-5 예산집행품의 기안 사례

"모든 가족을 응원합니다"

○○○가족센터

수 신 내부결재

경 유

제 목 사무용품 구입

다음과 같이 사무용품을 구입하고자 하오니 결재하여 주시기 바랍니다.

- 다 음 -

1. 구입내용

품 명	수량	단위	단가	예상금액	비 고
A4용지	4	박스	25,000	100,000	사무용
30cm 자	5	개	1,000	5,000	사무용
계				105,000	

2. 예산과목 : 사무비 - 운영비 - 수용비 및 수수료. 끝.

담당자 김00(자필서명) **팀장** 조00(자필서명) **센터장** 홍00(자필서명)

협조자

시 행 건강(하)-38 (2023.02.01.) **접 수** - (. .)

주 소 우12900 서울시 중구 건강로 4길 6 / http://gungang.familynet.or.kr

전 화 00-600-2000 **전송** 02 700 2000 **이메일** happy@familynet.or.kr /공개

③ 내부 결재기안 서식

내부 결재기안은 일반적으로 공문 기안문과 동일한 서식으로 '수신자'란에 '내부결재'라고 기재한다. 그 외의 제목 및 본문 등의 작성 요령은 공문 기안문과 같다(〈표 10-5〉 참조).

④ 품의서 서식

품의서는 물품을 구매할 때 사용하는 서식으로, '내부결재' 서식을 활용할 수도 있고, '품의서' 서식을 활용할 수도 있다. 이때 구입하고자 하는 품명, 수량, 단가, 금액, 예산과목 등을 기재해야 한다.

학습 TIP **수신자 작성요령**

- 공문을 수신하는 수신자가 2개 기관 이상일 경우에는 '수신'란에는 '수신자 참조'라고 표기하고, 문서 하단의 기관장 명의 밑에 있는 '수신자'란에 기재한다.
- 수신자를 표기할 때는 항상 수신하는 기관의 장으로 표기한다(예 ○○시 건강가정지원센터장). ○○센터로 표기하는 것은 잘못된 표기이다.

5) 결재

결재란 당해 사안에 대해 행정기관의 의사를 결정할 권한이 있는 자가 그 의사를 결정하는 행위이다. 따라서 가족센터에서는 센터장 또는 결재권을 위임받은 자의 의사를 결정하는 행위를 말한다.

(1) 결재의 종류

결재의 종류에는 좁은 의미의 결재와 전결 · 대결이 있다. 내용은 다음과 같다.

① 결재(좁은 의미)

좁은 의미의 결재(決裁)란 법령의 규정에 따라 소관 사항에 대한 기관의 의사를 결정할 권한을 가진 자(주로 기관의 장, 건강가정지원센터에서는 센터장)가 직접 그 의사를 결정하는 행위이다.

② 전결

전결(專決)이란 기관의 장으로부터 사무의 내용에 따라 결재권을 위임받은 자가 행하는 결재이다. 그 위임전결사항은 당해 기관의 장이 훈령(위임전결규정) 또는 지방자치단체의 규칙(사무전결처리규칙)으로 정한다.

③ 대결

대결(代決)이란 결재권자가 휴가·출장, 기타의 사유로 결재할 수 없을 때 그 직무를 대리하는 자가 행하는 결재이다. 대결한 문서 중에서 내용이 중요하다고 판단되는 문서는 사후에 결재권자에게 보고해야 한다.

(2) 결재의 효과

문서는 당해 문서에 대한 결재권자의 서명(전자 문자서명, 전자 이미지서명 또는 행정 전자서명 포함)에 의한 결재가 있음으로써 성립된다. 따라서 결재는 문서가 성립하기 위한 최종적이며 절대적인 요건이다.

(3) 결재의 표시

- 기관의 장이 결재하는 경우에는 기관장의 직위를 직위란에 온전하게 쓰고 결재란에 서명한다.
- 기안자, 검토자, 결재권자의 용어는 생략하고 직위(직급)를 온전하게 쓰고 서명한다. 협조자란에는 협조라는 용어를 쓴 후 이어서 협조자의 직위(직급)를 쓰고

서명한다.

- 위임된 사항을 대결하는 경우에는 기관장의 결재란을 설치하지 않는다. 전결하는 자의 서명란에 '전결' 표시를 하고, 대결하는 자의 서명란에 '대결' 표시를 하고 서명한다.

(4) 결재문서의 간인

간인은 2장 이상으로 이루어지는 중요 문서의 앞장의 뒷면과 뒷장의 앞면에 걸쳐 찍는 도장 또는 그 행위이다. 결재문서에 간인을 할 때는 전후관계를 명백히 할 필요가 있는 문서, 사실 또는 법률관계의 증명에 관계되는 문서, 허가·인가·등록 등에 관계되는 문서 등이 있다.

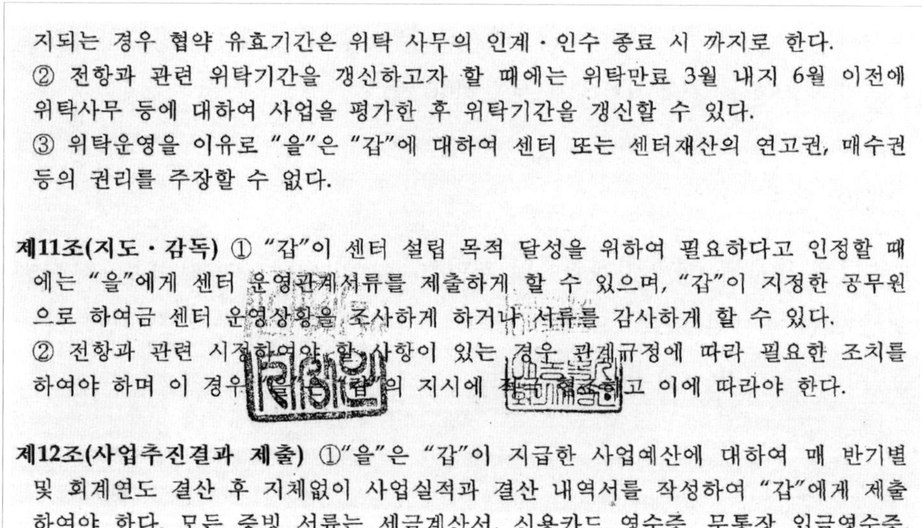

지되는 경우 협약 유효기간은 위탁 사무의 인계·인수 종료 시 까지로 한다.
② 전항과 관련 위탁기간을 갱신하고자 할 때에는 위탁만료 3월 내지 6월 이전에 위탁사무 등에 대하여 사업을 평가한 후 위탁기간을 갱신할 수 있다.
③ 위탁운영을 이유로 "을"은 "갑"에 대하여 센터 또는 센터재산의 연고권, 매수권 등의 권리를 주장할 수 없다.

제11조(지도·감독) ① "갑"이 센터 설립 목적 달성을 위하여 필요하다고 인정할 때에는 "을"에게 센터 운영관계서류를 제출하게 할 수 있으며, "갑"이 지정한 공무원으로 하여금 센터 운영상황을 조사하게 하거나 서류를 감사하게 할 수 있다.
② 전항과 관련 시정하여야 할 사항이 있는 경우 관계규정에 따라 필요한 조치를 하여야 하며 이 경우 "을"은 "갑"의 지시에 적극 협조하고 이에 따라야 한다.

제12조(사업추진결과 제출) ①"을"은 "갑"이 지급한 사업예산에 대하여 매 반기별 및 회계연도 결산 후 지체없이 사업실적과 결산 내역서를 작성하여 "갑"에게 제출하여야 한다. 모든 증빙 서류는 세금계산서, 신용카드 영수증, 무통장 입금영수증, 금전등록기 영수증을 원칙으로 한다.
② "갑"은 사업예산의 집행내역 증빙서류에 이상이 있는 경우 "을"에게 이를 보완, 개선 등을 요구할 수 있으며, "을"은 이에 따라야 한다.
③ "을"은 제1항의 규정에 의하여 정산을 완료한 결과 집행 잔액이 있는 경우에는

그림 10-1 간인 사용 사례

6) 문서의 발송

문서의 발송은 공문기안문에 대한 기관장의 결재가 완료된 후 작성된 시행문을 기안자의 발송 요청에 따라 문서 발송 담당자가 문서발송대장에 기록한 후 발송 문서번호를 부여받고, 시행문에 관인을 날인한 후 우편, 모사전송(FAX), 이메일 또는 직접 전달 등의 방법을 통해 발송하는 과정이다.

표 10-6 **문서발송대장 사례**

문서발송대장

연번	발송 일자	수신	문서번호	제목	첨부물		발송방법		원본	
					명칭	수량	우편	인편	주무관	수령인
38	23.1.31.	OO시장	건강(히) 30	인사발령(퇴직, 신규)						
39										
40										

7) 문서의 접수 및 처리

우편, 모사전송(FAX), 이메일 또는 직접 전달의 방법으로 센터에 접수되는 외부 문서는 문서 담당자가 접수한다. 접수는 문서접수란에 날인 또는 서명하고 문서접수대장에 기재한 후 접수한다. 문서접수란이 없는 문서는 '문서접수인'을 찍어 기재한 후 접수하고, 해당 업무처리 담당자에게 인계한다. 처리담당자는 결재 및 공람을 거져 업무처리를 한다. 업무처리가 끝난 공문은 '서류색인목록'에 기록한 후 '공무접수철'에 보관한다.

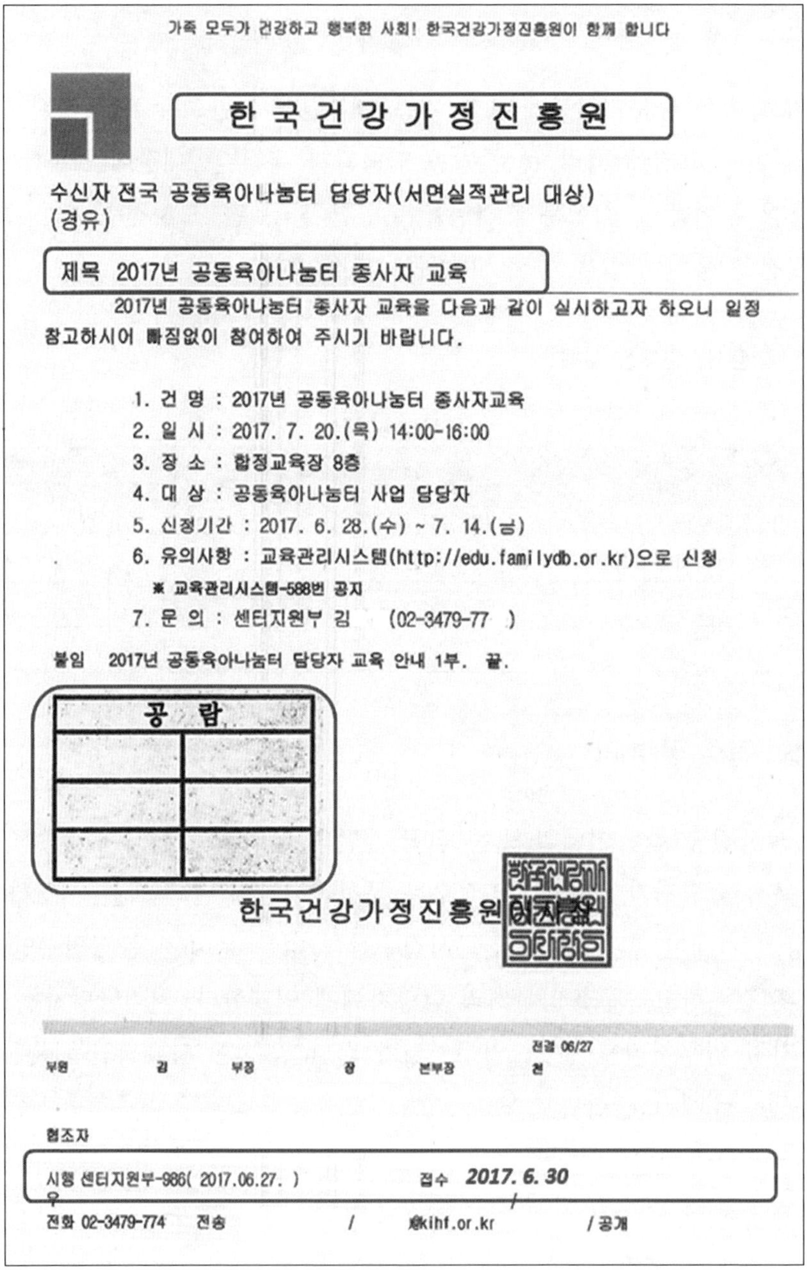

가족 모두가 건강하고 행복한 사회! 한국건강가정진흥원이 함께 합니다

한 국 건 강 가 정 진 흥 원

수신자 전국 공동육아나눔터 담당자(서면실적관리 대상)
(경유)

제목 2017년 공동육아나눔터 종사자 교육

2017년 공동육아나눔터 종사자 교육을 다음과 같이 실시하고자 하오니 일정 참고하시어 빠짐없이 참여하여 주시기 바랍니다.

1. 건 명 : 2017년 공동육아나눔터 종사자교육
2. 일 시 : 2017. 7. 20.(목) 14:00-16:00
3. 장 소 : 합정교육장 8층
4. 대 상 : 공동육아나눔터 사업 담당자
5. 신청기간 : 2017. 6. 28.(수) ~ 7. 14.(금)
6. 유의사항 : 교육관리시스템(http://edu.familydb.or.kr)으로 신청
   ※ 교육관리시스템-588번 공지
7. 문 의 : 센터지원부 김 (02-3479-77)

붙임 2017년 공동육아나눔터 담당자 교육 안내 1부. 끝.

공 람	

한국건강가정진흥원이사장

전결 06/27
부원 김 부장 장 본부장 권

협조자

시행 센터지원부-986(2017.06.27.) 접수 2017. 6. 30
우
전화 02-3479-774 전송 / kihf.or.kr / 공개

그림 10-2 문서접수 사례

표 10-7 **문서접수대장 작성 사례**

문서접수대장

<table>
<tr><th rowspan="2">접수
번호</th><th rowspan="2">접수
일자</th><th rowspan="2">발신</th><th rowspan="2">시행
일자</th><th rowspan="2">문서번호</th><th rowspan="2">제목</th><th colspan="2">첨부물</th><th rowspan="2">처리
담당자</th><th colspan="2">배부</th></tr>
<tr><th>명칭</th><th>수량</th><th>인계인</th><th>수령인</th></tr>
<tr><td>40</td><td>2017.6.30</td><td>한국건
강가정
진흥원</td><td>2017.6.27</td><td>센터지원부
-986</td><td>2017년
공동육아나눔터
종사자 교육</td><td></td><td></td><td>공동육아
담당자</td><td></td><td></td></tr>
<tr><td>41</td><td></td><td></td><td></td><td></td><td></td><td></td><td></td><td></td><td></td><td></td></tr>
</table>

8) 문서의 보관 및 폐기

(1) 문서의 편철

업무처리가 끝난 문서를 보존기간에 따라 일정한 분량으로 묶는 것을 문서의 편철이라고 한다. 업무처리가 끝난 문서는 완결 일자가 최근인 문서가 위에 오도록 문서철에 묶는다. 기관별, 시기별(월별, 분기별, 반기별 등)로 구분하여 묶으며 편철된 문서는 색인목록을 작성한다. 나중에 문서를 찾아보기 쉽게 하기 위해 문서철 표지의 찾아보기와 접는 부문에 관리번호, 보존기간 등의 기재 사항을 기입한다.

(2) 문서의 보관

문서의 보관은 업무처리가 완료된 문서를 보존하기 전까지 소관부서 단위로 관리하는 것이다. 문서는 파일 박스 또는 캐비닛에 보관하고 서류함 외부에는 문서철의 분류번호와 서류함 번호들을 기재하고 보관한다. 각각의 문서는 월별, 분기별, 반기별로 철하여 보관하며, 업무 관련에 따라 팀별로 합해 보관할 수도 있다.

(3) 문서의 보존 및 폐기

문서의 보존은 문서 내용에 따라 영구문서, 준영구문서, 5년, 3년, 1년 보존으로 나뉜다. 보존기간이 끝난 문서는 폐기에 따른 내부결재를 득한 후 보존문서 기록대장에 기록한 후 폐기해야 하며, 문서 폐기는 문서세단기를 활용하여 세단하거나 소각하여 완전히 폐기한다. 소장문서의 보존기한은 별도로 규칙을 두어 정해야 한다.

표 10-8 **보존문서기록대장**

보존문서기록대장 양식

연도 페이지	보존 기간	보관철		보관 장소 (서고)	폐기 연월일	비고
		분류번호	제목(수량)			

표 10-9 **문서색인목록**

페이지	월일	문서번호	제목	수신	발신

그림 10-3 **문서보관 보존철 양식**

2. 보고서의 작성 및 관리

1) 보고와 보고서

가족센터를 비롯하여 조직 내의 업무는 보고의 연속이다. 보고란 조직구성원 간 또는 기관 상호 간 그 직무에 관해 법령의 규정 또는 지시나 명령에 따라 구두, 메모, 전화－전신, 서면 또는 정보통신망을 통해 일정한 의사나 정보를 전달하는 것이다. 보고서란 '보고하는 글이나 문서'로, 일반적으로 일상적인 사항, 현안 사항, 긴급사항, 특정 사건에 관한 현황, 전문적인 연구, 검토 결과 등을 보고하거나 건의하고자 할 때 작성하는 문서이다. 또한, 계획을 수립하거나 대책을 마련하기 위해 수립된 계획과 대책을 시행하기 위해 보고하는 문서이다.

2) 보고서의 종류

보고서는 용도 · 형식 · 내용 · 시기 등 분류기준에 따라 종류가 다양하다. 일반적으로 용도에 따른 보고서는 정보 보고서와 관리 보고서로 구분된다. 내용에 따라서는 계획 보고서, 대책 보고서, 검토 보고서, 실시 보고서, 결과 보고서, 현황 보고서, 연구 보고서 및 조사 보고서 등이 있다.

3) 보고서의 기술형식

일반적으로 보고서의 종류와 내용에 따라서 보고서의 기술 형식이 달라지지만 보고서의 종류와 성격이 달라도 보고서는 일정한 형식을 요구한다. 그러므로 보고서에서 요구하는 사항이 무엇인가를 확실히 파악하여 그 사실을 기록하고, 문제의식을 가지고 향후 대책을 제시하는 등 보고서의 형태에 맞추어 간단명료하고 확실하게 기재해야 한다. 일반적으로 보고서는 〈표 10－10〉의 순서에 따라 내용을 구성한다.

표 10-10 **보고서 구성 순서**

구분	기술형식(내용 전개)
일반적인 보고서	• 제목, 차례, 보고 개요(내용 요약 또는 보고배경, 보고목적, 보고경과 등), 보고내용 본문(현황과 실태, 문제점 또는 쟁점, 국내외 사례 분석, 대안 비교 · 분석 등), 결론 부분[대책대안 또는 개선방안 제시, 기대효과, 건의사항, 향후 조치계획(예산조치사항, 관련 부처 협의사항, 법령 개정사항 등 포함), 향후 추진일정 등], * 참고자료 첨부 가능, * 작성일자, 작성자(작성부서) 표시(이하 동일)
계획 보고서	• 제목, 목적, 현상 분석, 계획내용, 추진체계, 추진방법, 추진일정, 예산 물자 등의 소요와 그 확보방법 등
대책 보고서	• 제목, 보고 개요(보고의 목적과 필요성, 추진 경위 또는 추진 경과 등), 보고 본문 내용[현황과 실태, 문제점 또는 쟁점, 현 상태와 문제점 또는 쟁점의 원인 분석, 지금까지의 대책 분석(필요시), 국내외 유사 사례 분석, 대안 검토 · 분석 등], 결론 부분(해결방안, 해소방안, 개선방안, 대안 또는 대책 제시, 기대효과, 추진계획, 추진일정, 건의사항, 조치사항과 제안 등), * 사안에 따라 항목 가감 가능
검토 보고서	• 제목, 검토 개요(검토배경 또는 검토목적 등), 검토내용(현황과 실태, 문제점 또는 쟁점, 대안 비교 · 분석), 검토결과(대안 또는 개선방안 제시), 건의 등
실시 보고서	• 제목, 계획내용 요지, 추진상황, 계획 대 실적의 비교평가
결과 보고서	• 제목, 목적, 사업(계획) 개요, 사업 추진내용, 계획 대 실적의 비교와 평가, 향후 계획
현황 보고서	• 제목, 사업계획 개요, 추진상황, 문제점, 전망과 추세, 대책
연구 보고서	• 제목, 목적, 연구내용(현황, 문제점 등), 대책, 기대효과, 참고자료(연구활동 경과와 부속자료 등)
조사 보고서	• 제목, 조사목적, 조사기간, 조사대상, 조사항목(사건내용), 조사결과 분석 · 평가, 향후 대책

4) 보고서 작성과정

① 준비단계

준비단계의 주요 내용은 크게 보고내용의 확인과 보고서 작성계획 수립이다.

② 작성단계

작성단계의 주요 내용은 자료 수집 분석, 형식 결정 그리고 보고서 작성이다.

③ 검토단계

검토단계는 보고내용 및 형식을 검토하는 단계이다. 당초 의도대로 보고내용이 작성되었는가, 형식은 적합한가 등을 검토한다. 그리고 문장구성, 통계의 숫자(계수 등)를 확인한다.

5) 보고서 작성의 원칙

보고서 작성 시에는 간결성, 목적성, 핵심 내용, 실용성, 명확성, 용이성(평이성), 포괄성, 객관성, 논리성, 일관성, 중복 삭제, 수정 및 정확성의 원칙과 핵심 단어 선택, 반복 점검 및 오류 찾기를 토대로 보고서를 작성하는 훈련과정을 반복하는 것이 필요하다. 그리고 보고서는 보고서의 형식을 준수하며 보고서를 읽는 사람이 어떻게 해 주기를 바라는지 서술하고, 작성자의 선입견을 배제하고 수용자가 정확하게 판단할 수 있도록 도움이 될 수 있도록 작성을 하며, 작성하는 사람과 읽는 사람의 시간을 절약할 수 있도록 효율적으로 작성해야 한다.

표 10-11 보고서 작성의 원칙

좋은 보고서	잘못된 보고서
• 간결하고 명확하다 • 목적이 분명하다. • 핵심 내용이 분명하게 표현되어 있다. • 현장성이 있고 활용 가치가 높다. • 보고하고자 하는 내용을 쉽게 이해할 수 있다. • 많은 정보와 자료 수집으로 보고서의 내용이 충실하고 풍부해야 한다(예 예산, 전문가 의견, 국내외 사례 등). • 현황과 실태 등 객관적 사실에 기초한다. • 글을 구성하는 모든 단락이 문맥상 앞뒤가 잘 연결되어 있다. • 내용과 형식이 정확하다. • 문장이 직접적이고 단호하며 수동적인 동사나 명사를 사용하지 않는다. • 핵심 내용이 한눈에 들어오며 문서 편집형식이 잘되어 있다.	• 제목과 본문 내용을 읽어 보아도 목적이 명확하지 않다. • 단어, 구, 절의 표현에 있어서 서로 문맥상 앞뒤가 연결이 되어 있지 않으며 일관성이 없다. • 논리상 오류가 많다. • 중요한 내용을 빠뜨리거나 통계 숫자를 잘못 기재한다. • 한글 맞춤법 등 어문 규정을 지키지 않는다. • 법 조항의 근거를 잘못 표시한다. • 내용이 부실해 의사결정권자가 판단할 수 없다. • 붙임 사항이나 참고사항을 본문에 넣어 중요도를 떨어뜨린다. • 충분한 검증과정과 논의과정이 없다. • 원인에 대한 체계적인 분석이 없다.

출처: 정지영 외(2012). 건강가정론.

6) 보고서의 요약

내용이 긴 보고서의 경우 보고서 요약은 매우 중요하다. 요약은 읽는 사람으로 하여금 읽기 쉽게 하여 우선 요점을 파악하도록 한 후 의사를 결정하도록 하는 것이다. 상대방으로 하여금 본문까지 읽도록 하기 위해서는 요약문을 A4용지 1매 정도로 정리해 두는 것이 매우 중요하다. 요약의 핵심은 다음과 같다.

- 대표성이 있는 제목을 선정한다.
- 보고의 목적을 분명히 한다.
- 내용 전개에 중요도와 우선순위를 고려한다.
- 보고서의 종류에 따라 문제점과 대책 등 필수항목이 누락되지 않도록 한다.
- 가장 중요한 사항을 뽑아 작성한다.
- 주제어(키워드)를 추출한다.
- 단락을 나누고 표제어를 붙인다.
- 원칙적으로 설명 부분은 생략한다.
- 본문을 읽지 않아도 될 만큼 요약문을 압축적으로 작성한다.
- 정책 결정을 신속하게 내릴 수 있도록 작성한다.
- 빠진 사항이 없도록 완벽하게 작성한다.
- 질문사항과 궁금증이 없도록 작성한다.
- 논리성, 일관성 및 객관성을 유지한다.
- 결재권자가 선호하는 용어를 사용한다.

7) 보고서 작성 사례

(1) 메모(쪽지) 보고서

메모(쪽지) 보고서는 제목 또는 결론 정도로만 간략한 보고가 필요한 경우, 보고를 받는 상사가 회의나 행사 참석 등으로 인해 직접 대면이나 전화, 구두 보고가 어려운 경우 또는 긴급한 상황 발생으로 신속성이 요구되는 경우에 주로 사용된다.

메모 작성 방법은 다음과 같다.

- 수신자: 보고받는 자가 누구인지 직 · 성명을 정확히 기재한다.
- 보고내용: 제목 정도로만 상황을 간략히 메모한다.
- 보고자: 직 · 성명, 연락처를 기재한다.

≫ 표 10-12 **메모(쪽지) 보고서 사례**

수 신 자: 센터장님께 보고내용: 전국 센터협의회 긴급회의 개최 (금일 14:00, 서울역 코레일룸 대회의실) 긴급 현안사항 협의 관련 보 고 자: 교육팀장 김샛별(790-7000)

(2) 주간(월간) 보고서

주간(월간) 보고서는 센터의 각 팀에서 주간 또는 월간 단위의 계획서를 작성하여 내주 또는 다음 달에 해야 할 일과 계획을 점검하고 확인할 때 필요하다. 보고서를 작성할 때는 각 팀의 주간 및 월간 단위 업무와 행사계획이 무엇인지 알 수 있도록 제목과 개요 정도로만 작성하고, 계획의 요점을 개조식으로 서술하여 작성한다.

표 10-13 **주간보고서 양식**

<table>
<tr><td colspan="4" rowspan="2">주간업무계획 / 보고</td><td rowspan="2">결
재</td><td>담당</td><td>팀장</td><td>센터장</td></tr>
<tr><td></td><td></td><td></td></tr>
<tr><td>소속</td><td></td><td>작성자</td><td colspan="2"></td><td>작성일</td><td colspan="2"></td></tr>
<tr><td>기간</td><td colspan="2"></td><td>기간</td><td colspan="4"></td></tr>
<tr><td>월 일</td><td colspan="2">주간업무 보고</td><td>월 일</td><td colspan="4">주간업무계획</td></tr>
<tr><td>(월)</td><td colspan="2"></td><td>(월)</td><td colspan="4"></td></tr>
<tr><td>(화)</td><td colspan="2"></td><td>(화)</td><td colspan="4"></td></tr>
<tr><td>(수)</td><td colspan="2"></td><td>(수)</td><td colspan="4"></td></tr>
<tr><td>(목)</td><td colspan="2"></td><td>(목)</td><td colspan="4"></td></tr>
<tr><td>(금)</td><td colspan="2"></td><td>(금)</td><td colspan="4"></td></tr>
<tr><td>(토)</td><td colspan="2"></td><td>(토)</td><td colspan="4"></td></tr>
<tr><td>비 고</td><td colspan="7"></td></tr>
</table>

(3) 사업계획 및 결과 보고서

센터에서 진행하는 프로그램에 대해 사업계획 및 결과 보고서를 작성해서 제출해야 한다. 사업계획서에는 센터의 사명과 비전을 바탕으로 사업의 필요성, 서비스 대상, 사업의 목적 및 목표, 사업내용 및 평가 방법, 추진인력 및 업무분장표, 홍보 방법, 예산 조달 및 사용계획, 기대효과 등에 대해 구체적으로 작성한다.

결과 보고서는 사업계획을 수립하고 집행하여 평가한 후에 추진한 계획에 대해 결과 보고를 하는 것으로, 사업계획에 따라 업무 추진과정에서 나타난 진행 상황의 점검이나 결과에 대해 정성·정량평가하고 향후 발전 방향에 대해 작성한다.

핵심용어

- 가족, 건강가정, 문서, 문서 작성, 문서관리, 보고서, 보고서 작성, 보고서 관리

학습 실천과제

- 가족센터 문서를 작성해 봅시다.
- 가족센터 보고서를 작성해 봅시다.

Chapter

11

건강가정사업을 위한 회계·홍보업무

학습목표

- 건강가정사업과 관련된 회계업무를 이해할 수 있다.
- 건강가정사업과 관련된 홍보업무를 설명할 수 있다.
- 건강가정사업과 관련된 지역사회 연계를 실행할 수 있다.

가족을 대상으로 사업을 진행하기 위해 실무능력을 갖추는 것은 직접 서비스를 제공하는 것과 동일하게 중요하다. 간접 서비스인 회계 그리고 홍보업무, 지역사회 연계 등이 잘 진행되어야 직접 서비스 제공이 수월하기 때문이다. 따라서 건강가정을 위한 기관에서 근무하고자 하는 전문가는 회계, 홍보업무와 지역사회 연계를 원활하게 수행하기 위해 제11장에서 제시된 내용을 기본적으로 이해할 수 있도록 주의 깊게 살펴보도록 한다

1. 회계관리

1) 회계의 개념

회계란 재정 활동의 일부로서 금전, 물품, 기타 재산 등의 출납과 보관·관리 등 유용한 재무 정보를 종합적으로 정리 및 기록하여 그 이용자가 합리적으로 의사결정을 할 수 있도록 전달해 주는 정보 시스템이다.

- 재정(finance): 경제 주체로서의 종합적인 경제활동
- 예산(budget): 회계연도 내 세입 및 세출의 재정적 계획
- 회계(accounting): 계수로서 연속적으로 종합 정리하는 활동

2) 사회복지법인 재무회계의 이해

여성가족부에서 매년 발행하는 가족센터 '사업안내'에는 예산과 관련된 조항이 있지만, 회계에 대한 명확한 설명은 없다. 따라서 대부분의 가족센터에서는 사회복지법인 재무회계규칙을 참고하여 사업을 하고 있어 사회복지사업법에 대한 이해가 필요하다.

(1) 사회복지법인 재무회계규칙의 근거

① 「사회복지사업법」 제23조

- 제1항: 법인은 사회복지사업의 운영에 필요한 재산을 소유하여야 한다.
- 제4항: 제1항에 따른 재산과 그 회계에 관하여 필요한 사항은 보건복지부령으로 정한다.

② 「사회복지사업법」 제45조

- 제1항: 사회복지법인의 대표이사와 시설의 장은 아무런 대가 없이 무상으로 받은 금품이나 그 밖의 자산(이하 '후원금')의 수입·지출내용을 공개하여야 하며 그 관리에 명확성이 확보되도록 하여야 한다. 〈개정 2012. 1. 26.〉
- 제2항: 후원금에 관한 영수증 발급, 수입 및 사용 결과 보고, 그 밖에 후원금 관리 및 공개 절차 등 구체적인 사항은 보건복지부령으로 정한다.

(2) 재무회계의 기본원칙

① 재무·회계운영의 기본원칙(규칙 제2조)

사회복지법인의 재무·회계는 그 설립목적에 따라 건전하게 운영되어야 한다.

② 예산총계주의 원칙(규칙 제8조)

한 회계연도의 모든 수입은 세입으로 하고 모든 지출은 세출로 하되 세입과 세출은 모두 예산에 계정되어야 한다.

③ 예산의 목적 외 사용금지 규칙(제15조)

법인회계 및 시설회계의 예산은 세출예산이 정한 목적 외에 이를 사용하지 못한다.

(3) 회계의 구분 및 관련 법규

① 회계의 구분(규칙 제6조)

예산은 회계별로 구분하여 편성하여야 한다. 법인회계는 당해 법인의 업무 전반에 관한 회계이고, 시설회계는 당해 법인이 설치·운영하는 사회복지시설에 관한 회계이다. 수익사업회계는 당해 법인이 수행하는 수익사업에 관한 회계로 수익사업의 목적은 법인이 운영하는 사회복지사업에 충당할 목적으로 이윤 동기에 의하여 운영되는 사업을 말한다.

② 재무회계 관련 법규

- 사회복지법인 재무회계규칙
- 「보조금의 예산 및 관리에 관한 법률」
- 「국가를 당사자로 하는 계약에 관한 법률」
- 「사회복지사업법」 및 해당 관계 법률(예 「아동복지법」, 「노인복지법」 등)
- 「예산회계법」
- 「지방재정법」
- 「근로기준법」
- 「근로자의 퇴직급여보장법」
- 「시 · 도 보조금 관리조례」
- 「시 · 도 재무회계 규칙」
- 「시 · 도 물품관리 조례」
- 「소득세법」, 「법인세법」, 「부가가치세법」

3) 예산 편성 및 집행

예산이란 가족센터 활동에 수반되는 수입과 지출의 예정 계획을 의미하며, 예산을 통한 재정 활동은 사업 전체에 많은 영향을 끼친다. 가족센터의 세입예산은 해마다 여성가족부의 사업안내지침에 따라 당해 연도 예산액이 결정되며, 예산의 재원은 국고보조금과 지방비 그리고 위탁운영기관의 자부담금으로 구성된다. 가족센터는 후원금을 포함하여 예산을 구성할 수 있다. 또한, 지방자치단체의 재정자립도에 따라 추가예산을 배정받아 운영할 수도 있다. 센터의 세출예산은 인건비, 경상운영비, 사업비로 구성되며 예산을 수립할 때는 여성가족부의 사업안내지침에서 제시하는 기준을 지켜 센터의 사업을 충실하게 수행할 수 있도록 균형 있게 편성해야 한다.

(1) 예산 개요

① 세입과 세출의 정의(규칙 제7조)

세입은 법인과 시설의 1회계연도의 모든 수입을 세입이라 한다. 세출은 법인과 시설의 1회계연도의 모든 지출을 세출이라 한다.

② 예산의 종류

예산은 예산의 성립내용을 중심으로 다음과 같이 구분한다.

- **본예산**(규칙 제10조)

당초 이사회의 심의와 의결을 거쳐 확정된 예산을 말한다.

- **추가경정예산**(규칙 제13조)

예산 성립 후에 새롭게 만들어진 예산 변화의 사유로 이미 성립된 예산에 변경을 가할 필요가 있을 때, 즉 필요한 경비의 부족이 생겨서 본예산에 추가 또는 변경을 가하는 예산이다.

※ 추가경정예산은 항목을 신설하거나 기존 항목의 금액을 추가·증액하는 경우에 편성하는 추가예산과 기존예산의 범위 내에서 각 항목 간의 예산·조정 등을 통해 부서·소관·과목 상호 간 예산금액을 변경하는 경정예산으로 나누어진다. 일반적으로 추가예산 작성의 필요성과 경정예산 작성의 필요성이 동시에 발생하는 경우가 많아 양자를 합해 편성하는 것이 대부분이다.

- **준예산**(규칙 제12조)

회계연도 개시 전까지 법인의 예산이 성립되지 아니한 때에는 센터장이 시장,

군수, 구청장에게 그 사유를 보고하고 예산이 성립될 때까지 다음의 경비를 전년도에 준해 집행할 수 있는 예산이다. 준예산은 임직원의 보수, 법인 및 시설 운영에 직접 사용되는 필수적인 경비 법령상 지급 의무가 있는 경비를 포함한다.

(2) 예산의 편성

- 센터장은 예산회계 업무를 수탁법인으로부터 독립적으로 수행해야 한다. 다만, 처리상 불가피한 사유가 있을 경우 시·도, 시·군·구와 협의해야 한다.
- 예산 변경 사유 발생 시 시·도 센터는 시·도지사에게, 시·군·구 센터는 시·군·구청장상 사전 승인(사유서 제출)을 거쳐 관간 전용 또는 동일 관내의 항간 전용이 가능하다. 다만, 동일 관내의 항간 전용 시 100만 원 이하의 예산 변경 시에는 센터장의 승인 후 조정이 가능하다.
- 예산 편성 시 고려사항에 관한 항목들은 다음과 같다. 우선 전년도 또는 수년간의 예·결산 분석을 고려하고, 차기 년도 물가 상승률 운영보조금의 변화, 세입 재원의 충당 가능성 보조금, 후원금, 법인 전입금, 사업수입, 기타 등도 살펴보아야 한다. 또한, 세출예산 편성 시 고려사항(사업비, 보수규정 등 인건비의 변화, 재산 조성 및 시설보수 기타 운영비 등)과 법인 예산 편성요령의 적합 여부도 고려되어야 한다.

표 11-1 가족센터 세출예산 사례

구분			연간 산출내역	(1/4분기) 사업비					
				계	국비	지방비		자부담	외부 지원금
						시·도	시·군·구		
센터운영비		총계		54,949		13,477	31,447	10,025	
센터운영비	인건비	소계		39,224		9,060	21,140	9,025	
센터운영비	인건비	급여	• 1인 2,490*6월+2,570*6 • 1인 1,700천 원*12월(자) • 1인 1,625*3월+1,785*9 • 1인 1,625*9월+1,685*3월 • 1인 1,625*9월+1,685*3월 • 처우개선비106(자)	27,567		6,732	15,709	5,126	
센터운영비	인건비	제수당	• 제수당	5,211		867	2,022	2,322	
센터운영비	인건비	퇴직금 및 퇴직적립금	• 퇴직연금	2,854		668	1,560	626	
센터운영비	인건비	사회보험 부담비용	• 건강보험, 요양보험, 국민연금 • 고용보험, 산재보험	3,384		793	1,849	742	
센터운영비	인건비	기타 후생경비	• 의료비	209				209	
센터운영비	업무추진비	소계		810		243	567		
센터운영비	업무추진비	기관운영비	• 기관 운영비	510		153	357		
센터운영비	업무추진비	회의비	• 회의비	300		90	210		
센터운영비	운영비	소계		4,864		1,459	3,405		
센터운영비	운영비	여비	• 시내외 출장비	900		270	630		
센터운영비	운영비	수용비 및 수수료	• 프린터 임대료, 대표전화 사용료 • 사무용품 구입비 등	1,612		484	1,128		
센터운영비	운영비	공공요금	• 전기, 가스요금 • 전화요금	1,500		450	1,050		
센터운영비	운영비	세세공과금	• 보험료	77		23	54		
센터운영비	운영비	기타 운영비	• 직원교육비, 원역량강화 워크숍 • 급량비 등	775		232	543		

<table>
<tr><th colspan="3" rowspan="3">구분</th><th rowspan="3">연간 산출내역</th><th colspan="6">(1/4분기) 사업비</th></tr>
<tr><th rowspan="2">계</th><th rowspan="2">국비</th><th colspan="2">지방비</th><th rowspan="2">자부담</th><th rowspan="2">외부 지원금</th></tr>
<tr><th>시·도</th><th>시·군·구</th></tr>
<tr><td rowspan="10">센터운영비</td><td rowspan="2">시설비</td><td>소계</td><td></td><td>250</td><td></td><td>75</td><td>175</td><td></td><td></td></tr>
<tr><td>자산취득비</td><td>• 책상, 전화기 등 구입 1,000천 원</td><td>250</td><td></td><td>75</td><td>175</td><td></td><td></td></tr>
<tr><td rowspan="8">사업비</td><td>소계</td><td></td><td>9,800</td><td></td><td>2,640</td><td>6,160</td><td>1,000</td><td></td></tr>
<tr><td>교육사업비</td><td>• 가족교육사업비 9,800천 원</td><td>2,450</td><td></td><td>735</td><td>1,715</td><td></td><td></td></tr>
<tr><td>가정복지사업비</td><td>• 가정복지사업비 4,000천 원(자)</td><td></td><td></td><td></td><td></td><td>1,000</td><td></td></tr>
<tr><td>상담사업비</td><td>• 상담교육사업비 8,600천 원</td><td>2,150</td><td></td><td>645</td><td>1,505</td><td></td><td></td></tr>
<tr><td>문화사업비</td><td>• 문화사업비 8,500천 원
• 돌봄나눔사업비 3,000천 원</td><td>2,875</td><td></td><td>862</td><td>2,013</td><td></td><td></td></tr>
<tr><td>후원사업비</td><td>• 회원관리비 1,600천 원</td><td>400</td><td></td><td>120</td><td>280</td><td></td><td></td></tr>
<tr><td>홍보비</td><td>• 홍보물품제작 1,700천 원
• 소식지 제작 2천 원x1,000부</td><td>925</td><td></td><td>278</td><td>647</td><td></td><td></td></tr>
</table>

(3) 예산의 집행 및 정산

- 센터장은 수입원과 지출원으로 임명하여 예산을 관리 · 집행해야 한다.
- 예산 집행 시 보조금 전용 카드와 계좌이체 사용을 원칙으로 한다.
- 모든 수입 및 지출행위 시 사회복지시설정보시스템(www.w4c.go.kr)을 활용한다. 일부 사업의 경우 e나라도움시스템(http://www.gosims.go.kr)을 추가로 사용한다.
- 지출결의서는 내부 결재를 득하여 집행하며 지출 내역은 육하원칙에 맞추어 기재한다. 지출 품의 시에는 회계의 일반원칙 준수 여부와 예산의 목적 외 사용 여부, 예산과목의 적정 여부, 예산의 합법성과 합목적성 충족 여부 그리고 지출금액의 적정 여부 등을 확인한다.
- 예산 집행 시에는 청구서, 세금계산서, 영수증, 지급 내역서 등 관련 서류를 반드시 첨부하여 집행한다.
- 물품 구매(50만 원 이상), 공사(100만 원 이상), 기타(30만 원 이상)의 경우 비교견적서(1개 이상) 등 관련 서류를 첨부하여 내부품의 후 지출한다.
- 센터장은 매 분기별로 사업계획서를 작성하여 시 · 군 · 구청장에게 신청 · 집행

해야 하고, 그 사업의 결과 보고서 사업정산 보고서를 제출해야 한다.

표 11-2 예산 집행 품의서 사례

○○○가족센터

수 신 내부결재
경 유
제 목 홍보용품 구입

다음과 같이 센터홍보를 위하여 홍보용품을 구입하고자 하오니 결재하여 주시기 바랍니다.

– 다 음 –

1. 구입내역

품명	수량	단위	단가	예상금액	비 고
홍보용 부채	1,000	개	500	500,000	
계				500,000	부가세포함

2. 구입금액: 일금 오십만 원정(₩500,000)
3. 구입처 및 대표자:
4. 사업자등록번호:
5. 대금지급방법: 카드
6. 예산과목: (관) – (항) – (목)
7. 납품기한 및 장소:
8. 구입방법:
9. 기 타

붙 임 1. 견적서 2부.
2. 홍보용품 배부계획 1부. 끝.

담당자 김00(자필서명) **팀장** 조00(자필서명) **센터장** 홍00(자필서명)
협조자
시 행 건강(하)-38 (2023.02.01) **접 수** – (. .)
주 소 우 00000 서울특별시 00구 000서로 9 4층 / 기관 홈페이지 주소
전 화 02-000-2000 **전송** 02-700-2000 **이메일** happy@familynet.or.kr /공개

4) 회계장부 기장과 관리

반드시 비치해야 할 필수장부는 다음과 같다. 현금출납부, 총계정원장, 총계정원장 보조부, 재산관리대장, 비품관리대장, 소모품대장, 카드관리대장을 비치해야 한다. 회계의 기장과 관리는 사회복지시설정보관리시스템을 활용하여 처리할 수 있다. 이때 그 출력물을 보관하는 것으로 각종 장부 등의 비치로 갈음할 수 있다. 이때 전산입력자료에 대해서는 훼손·손실 및 멸실되지 않도록 안전조치를 해야 한다.

장부 및 증빙서류의 보존기간은 5년이며 서울시 재무회계규칙 제159조에 의거한다. 모든 수입·지출의 증빙서류는 결의서를 작성한 후 센터장에게 결재를 받고 결의서 날짜 단위로 일련번호를 기재하여 월별로 편철하여 보관해야 한다.

2. 가족센터의 홍보

1) 홍보

국립국어원 표준국어대사전에서는 홍보를 '널리 알림' 또는 '그 소식이나 보도'라 정의하고, 영국의 웹스터사전(Webster's Dictionary)에서는 '그 단체나 개인이 사업활동과 방침 등을 사회적 공중에게 알리고 주체와의 관계에서 양호한 여론을 만들어 내도록 노력하는 기능을 홍보라 한다.'라고 정의하였다. 커뮤니케이션 학자 스캇 커틀립(Scott Cutlip)과 알렌 센터(Allen H. Center)는 '홍보는 상호 만족할 만한 쌍방적 커뮤니케이션을 기초로 사회적으로 책임지고, 받아들일 수 있는 행동을 통해 여론에 영향을 주기 위한 계획된 노력'이라고 정의하였다. 이와 같이 홍보는 사회의 여러 단체와 공공을 연결하는 전달 수단이다.

가족센터의 홍보는 넓은 의미로 행정홍보의 일부라고 할 수 있다. 행정홍보란

행정 당국이 주민의 의견이나 태도를 반영하여 정책이나 서비스를 스스로 개선하며, 대외적으로 다양한 매치를 통해 정책이나 서비스를 설명함으로써 주민의 이해를 증진시켜 신뢰 및 호의 그리고 협력을 얻으려는 활동을 의미한다. 따라서 가족센터의 홍보는 지역주민과 긍정적인 이해관계를 구축하는 수단이 되는 커뮤니케이션 도구이며, 주민과의 상호 커뮤니케이션을 바탕으로 가족센터의 정책이나 서비스를 전달하고, 센터가 어떤 기관인지, 어떤 사업들을 수행하고 있는지에 대해 인식시키고 지역주민의 참여를 유도할 수 있는 프로그램의 하나라고 할 수 있다.

공공기관은 다양한 사고를 가진 사람들 또는 주민들과 끊임없이 커뮤니케이션을 수행해야 하며, 주민들에게 기관의 각종 정책을 알리고 여론을 수렴해 활동을 펼쳐야 한다. 가족센터는 지역 내 가족복지 전문기관으로 급변하는 가족을 둘러싼 환경과 다양하게 변하고 있는 가족 문제의 어려움에 도움을 받을 수 있는 전문 서비스 제공기관이다. 이러한 가족 문제에 대해 도움을 받을 수 있는 기관이 가족센터라는 것을 지역주민들과 끊임없이 소통하여 알리고, 지역주민 누구나 편리하게 센터를 이용할 수 있도록 도와야 한다. 또한, 지역의 자원을 개발하고 연계하여 지역 내 가족들이 행복하고 건강한 가족관계를 영위할 수 있는 프로그램 개최 및 올바른 정보를 제공하기 위해서는 적극적인 홍보가 필요하다.

2) 가족센터 홍보의 목적

지역의 특성과 여건에 따라 다르지만 가족센터에서는 더 나은 서비스를 제공하기 위해 일반적으로 다음과 같은 목적으로 홍보를 진행한다.

- 가족센터의 운영철학 및 운영목적을 지역사회에 알린다.
- 가족센터의 활동과 사업에 대한 정보를 제공한다.
- 가족센터의 홍보를 통해 지역주민의 신뢰를 확보한다.
- 지역주민의 다양한 의견을 통합하여 가족센터 사업에 반영한다.

- 가족센터에 대한 지역주민의 비판적 의식이나 거부감을 완화시킨다.
- 가족센터가 하는 일이 지역주민에게 얼마나 유익한지 알린다.

3) 가족센터 홍보 방법

가족센터는 다양한 방법을 통해 홍보를 실시하고 있다. 오프라인 홍보 방법에는 지역방송, 신문보도, 전단지, 브로슈어, 책자, 현수막, 광고판, 라디오 방송, 홍보 물품 등이 있다. 온라인 홍보 방법에는 전화, 문자 전송, 인터넷 홍보, SNS 등 다양한 홍보 매체가 있다. 다음은 가족센터에서 제공하는 홍보 활동 수단이다.

- 방송사, 신문사, 시정홍보지 등에 보도자료 제공
- 소식지 및 잡지 발간
- 리플릿, 팸플릿, 홍보 비디오, 전단지, 포스터 제작
- 배너, 플래카드, 입간판 제작
- 홈페이지, 블로그, 카페, 밴드 이용
- 홍보용품 제작(수첩, 볼펜, 메모지 등)
- SNS 이용 및 지역사회 캠페인 전개

4) 가족센터 홍보의 실제

(1) 홍보 예산 편성하기

예산은 일정 기간 동안 가족센터의 사업 목표를 달성하기 위해 얼마만큼 지출하고, 이를 위해 재원을 어떻게 조달할 것인지를 금액으로 표기한 것이다. 가족센터의 경우 작은 규모의 인원으로 사업을 운영하기 때문에 홍보업무만 담당하는 팀이나 종사자를 지정하기는 어려운 실정이다. 이에 실무 종사자 중 1인이 센터 업무 전반에 관한 홍보를 맡고, 개별 사업별로 그 업무의 담당자가 사업별로 홍보하는 경우가 많다. 그러므로 연간 예산액 중 센터 업무 전반에 관한 홍보 목표를 달성하기 위

한 예산을 편성해야 하고, 이 예산은 주로 소식지, 리플릿, 홍보용 물품 제작 등에 사용된다. 개별 사업의 경우에도 사업을 기획할 때 일정 금액을 홍보를 위해 사용할 수 있도록 한다.

(2) 홍보 운영계획 수립

- 전년도에 운영했던 홍보활동 전반에 관한 평가를 실시한다.
- 거시적·미시적 환경 분석을 통해 센터의 홍보 방향을 도출한다.
- 당해 연도 또는 중·장기 홍보전략을 통해 홍보 목표 설정과 전략을 제시한다.
- 예산과 일정계획을 포함해 효과적인 홍보 프로그램을 구체적으로 제시한다.
- 홍보 활성화를 위해 종사자의 홍보 역량 강화방안을 마련한다.

(3) 홍보의 실제

쉼터

ㅇㅇ가족센터 가족교육팀에서는 영유아기 자녀를 양육 중인 부모를 대상으로 부모 역할에 관한 교육을 2017년 3월부터 4월까지 매주 월요일 오전 10시부터 12시까지 2시간씩 6회기 동안 센터교육장에서 진행하기로 하였다. 교육내용은 다음과 같다.

- 1회기: 자녀와의 긍정적인 소통방법
- 2회기: 올바른 식습관지도법
- 3회기: 부모로서의 나 이해하기
- 4회기: 자녀의 인터넷, 스마트폰 중독 예방방법
- 5회기: 아이의 발달특성과 훈육법
- 6회기: 우리 아이에게 알맞은 성교육방법

① 홍보용 전단지 작성

영유아기 부모교육 참가자 모집

❖ 일시 : 3월 6일 ~ 4월 10일(월/ 총 6회) 10:00-12:00
❖ 장소 : 센터 내 교육장
❖ 대상 : 영유아기 자녀를 둔 부모
❖ 일정 :

기간	내용
1회 (3/6)	자녀와의 긍정적인 소통방법
2회(3/13)	올바른 식습관 지도법
3회(3/20)	부모로서의 나 이해하기
4회(3/27)	자녀의 인터넷, 스카트폰 중독 예방방법
5회(4/3)	아이의 발달 특성과 훈육법
6회(4/10)	우리 아이에게 알맞은 성교육 방법

❖ 수강료 : 전액 무료
❖ 접　　수 : 가족교육팀 02-200-7000

가족센터 서울시 00 가족센터

그림 11-1 홍보용 전단지 사례

② 유관기관 홍보 요청 공문 발송

표 11-3 홍보 요청 공문 사례

"사 랑 을 행 동 으 로"

○○시 가족센터

수신자 수신자 참조

(경유)

제 목 2000년 영유아기 부모교육 홍보 요청

1. ○○시 발전을 위해 애쓰시는 귀교의 노고에 감사드립니다.
2. ○○시 가족센터에서 실시하는 가족교육 프로그램 홍보를 다음과 같이 요청하오니 협조하여 주시기 바랍니다.

- 다 음 -

프로그램명	일시	대상	내용
우리 아이 어떻게 잘 키울까?	3월 6일~4월 10일 10:00~12:00 (월/총 6회)	영유아기 자녀를 둔 부모 20명	영유아기 자녀의 발달단계에 대한 이해와 양육방법 TIP

붙 임 1. 영유아기부모교육 홍보지 1부. 끝.

○○시 가족센터장(직인)

수신자 드림스타트, 00시 소재 보육시설 및 유치원 원장

담당자 김샛별(가족교육) **센터장** 홍길동

협조자

시 행 건강(하)-77 (2017. 2. 11.) **접 수** - (. .)

주 소 우 00000 서울특별시 중구 00동 / 기관 홈페이지 주소

전 화 02-700-0000 **전 송** 02-700-0001 **이메일** fc000@hanmail.net /공개

3. 지역사회 연계

「건강가정기본법」 제10조에는 '국가 및 지방자치단체는 건강한 가정 구현에 기여할 수 있도록 지역사회 자원을 최대한 개발하고 활용하여야 한다.'라고 명시되어 있다. 가족센터는 지역사회 내의 가족복지전문기관으로서 핵심적인 역할을 수행하고 있으나 소규모 조직으로 구성되어 있어 한정된 예산과 인력으로 인해 독자적으로 지역주민의 욕구를 충족시키기에는 어려움이 많다. 또한, 타 복지기관과 중복된 서비스를 제공하여 예산 낭비가 우려된다. 이러한 문제를 해소하기 위해 가족센터에서는 지역주민의 욕구와 지역사회 문제에 대응하고 다양한 자원을 확보하기 위해 지역사회 내에 있는 행정기관, 사회복지기관, 교육기관 등 여러 기관과 지속적으로 소통하며 협력하고 연계하여 사업을 추진할 필요가 있다.

1) 지역사회 네트워크의 정의

지역주민들의 다양하고 복합적인 욕구나 지역사회의 문제를 해결하기 위해서 지역사회의 자원과 상호작용하고 교환관계를 형성하는 것이 지역사회 네트워크이다. 또한 자원, 기술, 사회관계, 지식, 신뢰 등을 상호 공유할 수 있는 사람들 또는 단체의 공식적·비공식적 관계의 망(net)으로 유대(tie) 또는 연계(linkage)라고도 한다(이준영, 2007). 건강가정지원센터의 네트워킹은 크게 2가지로 나눌 수 있다.

첫째, 유관기관과의 네트워킹이다. 이때 네트워킹은 유관기관 리스트와 사업 실적 및 유관기관과의 네트워킹 방향과 실천방안, 상호 간의 지원체계 구축을 위한 방안을 강구하여 실행하는 것이다.

둘째, 민간·공적 전달체계와의 협업체계 구성으로서 행정기관, 주민자치센터, 보건소, 사회복지기관, 민간단체, 대학교, 초·중·고등학교, 유치원 및 어린이집, 기업체 등과 네트워킹을 통해 연계사업을 수행하는 것이다. 가족센터의 네트워크는 하나의 체계로서 가족센터 그리고 다른 유관기관과 지역사회환경의 관계에서 상호의존적이면서, 상호 관련을 맺고 공동의 목표를 달성해 가는 과정이다.

지역사회 내 자원과 원활한 관계를 형성하고 유지하기 위해서는 평소에 지속적으로 관계를 유지해야 한다. 네트워크 구축은 단기간 내에 구축되는 것이 아니며, 시간이 오래되었다고 쉽게 구축되지 않는다는 어려움이 있다. 가족센터에서 지역사회의 유관기관들과 상호협력적인 관계 형성을 위해서는 그 업무를 맡고 있는 '종사자'의 역할이 소중하다. 그러므로 종사자들은 지속적으로 내가 알고 있는 '누구'에 관한 관리를 해야 하고, 긍정적인 사회적 관계를 유지할 필요가 있으며, 이 관계를 통해 협력적인 지역사회 네트워크가 구축되도록 해야 한다.

2) 가족센터와 지역사회보장협의체

정부는 2005년부터 지방분권 강화 차원에서 국고보조금 방식으로 운영되는 사회복지 관련 사업 중 일부 국고보조사업을 지방으로 이양하고 2014년까지 분권교부세를 통해 재정지원하고 있다. 이에 각 지방자치단체는 과거 중앙부처의 기획을 집행하던 차원에서 벗어나 지역사회 중심의 사회복지계획을 수립·운영하고 있다. 이에 필요한 지역 내 네트워크 구축과 자원 발굴 및 연계 기능이 중요한 지방자치단체의 과제로 부각되고 있다. 이러한 시대적 흐름에 따라 「사회복지사업법」에서 지역사회복지협의체 설치 및 운영과 함께 지역사회복지계획 수립을 의무화하여 지역복지 활성화의 기틀을 마련하고, 공공 분야와 민간 분야의 보건복지 네트워크 강화를 위해 시·군·구에 지역사회복지협의체를 설치하도록 하였다. 지역사회복지협의체는 2015년부터 지역사회보장협의체로 명칭이 변경되어 운영하고 있다.

지역사회보장협의체의 구성 및 운영원칙은 다음과 같다.

- 지역성: 관할지역 내 사회복지 현안에 집중하여 지역주민의 복지 욕구, 복지자원 총량 등을 고려하여 현장 밀착형 서비스 제공체계 마련

- **참여성**: 법적 제도나 규제에 앞서 복지 문제의 해결을 위한 지역주민의 자발성이 필요하며, 원활한 지역사회보장협의체의 기능수행을 위해 공공과 민간의 적극적인 참여가 선행되어야 한다.
- **협력성**: 네트워크를 바탕으로 민주적이고 합리적인 방법으로 운영되어야 하며, 지역사회보장계획의 수립 · 집행 · 평가를 위한 협의적 의사결정과 상생적 조직관계, 지역사회 공동체, 사회적 자본 등이 주요 개념이다.
- **통합성**: 지역사회 내 복지자원 발굴 및 유기적인 연계와 협력을 통해 수요자의 다양하고 복잡한 욕구에 부응하는 서비스를 통합적으로 제공해야 한다.
- **연대성**: 지역주민 간 연대를 형성하고, 인근 지역과의 연계 및 협력을 통해 복지자원을 공유하여 자체적으로 해결이 곤란한 복지 문제를 해결한다.
- **예방성**: 지역주민의 복합적인 복지 문제를 조기에 발견하여 예방할 수 있도록 노력한다.

가족센터는 지역사회보장협의체의 대표협의체 및 실무협의체의 여러분과 중 센터 업무와 관련 있는 여성가족분과, 청소년분과, 통합사례분과 등의 위원으로 참여하여 지역주민의 문제를 예방하고 자원을 발굴하며, 연계의 강화 및 활성화 등을 통해 지역사회의 문제를 해결하는 데 앞장서고 있다.

3) 지역사회 네트워크 참여기관과 교환이 가능한 자원

- 사회 봉사활동이나 프로그램 진행 장소를 제공할 수 있다.
- 통합서비스를 진행할 수 있는 여러 가지의 다양한 정보를 제공할 수 있다.
- 인적 자원이나 물적 자원을 제공하거나 교환하여 다양한 서비스를 제공하거나 진행할 수 있다.
- 활동 성과를 언론에 배포하면 네트워크에 참여한 기관의 인지도를 높일 수 있다.

- 네트워크 기관과의 사회안전망 구축을 통해 사회적 이익의 확대를 꾀할 수 있다.

4) 지역사회 네트워크 관리

가족센터의 경영활동은 사업계획(Plan)을 하고 실행(Do)한 후에 평가(See)하는 것으로 각 단계별로 진단과 평가를 통해 도출된 문제점을 개선하고 대응 방안을 마련할 수 있다. 가족센터에서는 네트워크의 체계적 관리가 'Plan–Do–See'의 각 단계별로 계획이 잘 수립되었는지, 네트워크가 원활하게 구성되었는지, 효과적으로 운영하고 있는지를 관리한다. 가족센터에 네트워크를 전담하는 담당자를 두면 좋지만, 아쉽게도 전담 담당자를 두기는 어렵기 때문에 대부분 다른 사업과 병행하여 네트워크 업무를 수행하게 된다. 그러므로 이 사업을 맡은 담당자의 역량에 따라 편차가 있으므로 네트워크 관리를 어떻게 정의하고, 어떤 관점에서 관리를 해야 하는지, 단계별 관리 요소가 무엇인지 명확하게 정의 내린 후 체계적으로 관리하는 것이 중요하다. 향후 네트워크는 센터의 성과를 결정짓는 중요한 요인 중 하나이다.

(1) 계획

- **사업계획**(planning): 전략 수립 및 자원 배분을 포함하는 사업을 계획한다.
- 책임 및 권한을 설계한다.

(2) 실행

- **실행 및 모니터링**(practice & monitoring): 네트워크 실행을 주기적으로 분석한다.
- 이슈별 대응을 통해 문제를 조기에 해결한다.

(3) 평가

- **평가 보상**(compensation) **시스템**: 성과 측정에 직접 연결시켜 인센티브를 바탕으로 기대하는 행동을 유도한다.

5) 네트워크 목적과 전략, 중 · 장기 목표 세우기

네트워크는 가족센터의 미션과 비전을 달성하기 위한 것이다. 제한된 자원으로 다양한 가족복지 서비스를 효과적으로 제공하기 위해 네트워크의 목적을 설정해야 한다. 네트워크의 목적에는 네트워크가 가족센터에 필요한 근본적인 이유와 방향이 제시되어야 한다. 누구를 위해 네트워크가 필요한지, 이 네트워크 관계를 맺기 위해 필요한 지역사회 자원은 무엇인지, 마지막으로 네트워크를 통해 무엇을 어떻게 할 것인가에 대한 질문을 던져 목적을 세우고, 다음의 내용을 고려하여 전략을 수립해야 한다. 우리 센터의 자원은 무엇이고, 네트워크를 통해 지역사회 자원을 확보할 수 있는지, 이를 효율적으로 활용할 수 있는지, 우리 센터만의 차별화시킬 수 있는 요소는 무엇인지, 센터 내의 종사자 간에 합리적인 합의를 도출하고 방향성을 공유하여 동일한 관점을 유지할 수 있는지 등에 대한 관점이 필요하다. 네트워크의 목적과 전략이 세워졌다면 구체적으로 실행할 수 있는 1년 이내의 단기 목표와 3년에서 5년 동안 실행할 중기 목표를 세워야 한다.

표 11-4 네트워크의 목표

구분	네크워크의 목표 내용 예시
중 · 장기 목표	• 이용자 및 지역사회 문제해결, 네트워크 안정화 • 다양한 영역으로 네트워크 범위 확장
단기 목표	• 10개의 기관과 네트워크 협약 체결 • 연 1회 연계사업 및 내부회의, 이용자 및 네트워크 기관 만족도 조사 실시 • 연 2회 네트워크 기관과 간담회 실시

핵심용어

- 회계, 홍보, 지역사회 네트워크

학습 실천과제

- 가족센터 회계관리에 대해 토론해 봅시다
- 가족센터 홍보에 대해 기술해 봅시다.
- 가족센터 지역사회 연계에 대해 기술해 봅시다.

Chapter 12

건강가정사업을 위한 실천기술

학습목표

- 지역사회 분석 및 건강가정사업 요구도 조사기술을 활용할 수 있다.
- 사례관리 및 가족치료에 대해 이해할 수 있다.

지역사회에 거주하고 있는 가정을 대상으로 건강가정을 양성하기 위해 지역사회 분석 및 건강가정사업에 대한 요구도 조사기술과 사례관리, 가족치료의 기본적인 것을 이해하는 것은 매우 중요하다.

1. 지역사회 분석 및 건강가정사업 요구도 조사기술

1) 지역사회의 분석 · 사정기술

건강가정지원센터가 위치한 지역사회의 특성에 대한 이해가 전제되어야 건강가정사는 지역 특성에 맞는 건강가정사업을 운영할 수 있다. 건강가정사업 운영을 위한 지역사회 자원 연계를 위해서도 매우 중요한 부분이다.

(1) 지역사회의 개념

지역사회는 학자들의 견해에 따라 각각 다르게 정의될 수 있지만, 크게 2가지 의미로 이해된다. 첫째는 구조적 관점으로, 지역사회의 공간적·지리적·정치적 성격을 고려한다. 이것은 지역사회를 도시·마을·이웃과 같은 구조로 보며 지리적 경계를 고려하는 것이다. 둘째는 사회심리학적 관점으로 구성원의 귀속력 정도를 강조하면서 지역사회를 사회적 유대의 연계망으로 간주하는 것이다. 이 관점은 장소나 기능보다는 사람들이 서로 관계 맺는 방식과 '우리'라는 개념으로 지역사회를 정의한다(고명수 외, 2013). 즉, 하나는 지리적 조건으로 형성된 지역사회를, 다른 하나는 공통된 이해와 관심으로 형성된 교회, 조합, 시민단체와 같은 이익집단을 의미한다(엄명용 외, 2009; 이경준 외, 2014).

(2) 지역사회의 분석기술과 사정기술

지역사회 분석기술이란 지역사회에 대한 정확한 이해를 위해 지역사회를 설명할 수 있는 요인을 질문형태로 만들고 이를 설문조사와 같은 다양한 방법으로 조사 및 분석하는 기술을 의미한다. 지역사회 사정기술이란 지역사회가 처한 상황을 객관적으로 파악하는 것이다. 즉, 지역사회를 구성하는 요소와 욕구, 문제를 유발하는 요인과 활용 가능한 자원을 중심으로 조사하는 기술이다(최옥채, 2005).

2) 건강가정사업 요구도 조사기술

건강한 가정에 대한 실태와 건강가정사업의 요구와 욕구에 대한 체계적인 조사와 분석, 문제해결을 위한 방안 마련을 위해 건강가정사의 조사활동은 매우 중요하지만, 현실적으로 건강가정사업의 업무 진행과 조사를 병행하는 것은 쉽지 않다. 따라서 건강가정사는 건강가정사업에 대한 요구도를 이해하기 위해 공인된 기관에서 이미 조사한 자료를 활용할 수 있는 능력과 기존 조사된 자료의 부족으로 필요한 자료를 얻기 위한 조사능력을 갖추어야 한다.

(1) 요구와 욕구의 개념

요구(demands)와 욕구(needs), 욕구(wants)는 비슷한 의미라고 생각되지만 차이가 있다. 욕구(needs)는 생리적·본능적 욕구로 본원적 욕구를 의미하며, 욕구(wants)는 개인의 성향이나 성장배경 등에 따라 다르게 나타나는 구체적인 욕구를 의미한다. 예를 들어, 생일이 되면 선물을 받고 싶은 욕구(needs)를 갖게 된다. 이때 사람마다 갖고 싶은 선물이 다를 수 있는데, 자신이 무엇인가 갖고 싶은 것을 욕구(wants)라고 한다. 그리고 친구가 자신이 갖고 싶은 선물을 줄 때 욕구(wants)가 충족되는데, 이처럼 욕구(wants)를 실제로 구현할 수 있는 능력을 수요 또는 요구(demands)라고 한다.

(2) 요구도 조사기술

요구도 조사기술이란 지역사회에 거주하고 있는 지역주민, 특히 가족 단위로 건강가정사업을 운영할 때 가족구성원이 건강한 가정을 만들기 위해 필요하다고 요구하는 것을 파악하기 위해 알아보는 기술이다.

학습 TIP **요구와 요구도 조사**

- 요구는 개인이 느끼고 있는 무엇인가의 결핍 상태를 충족시키기 위해 필요로 하거나 원하는 상태 또는 상황을 의미한다.
- 요구는 현상과 이상 사이에 존재하는 격차 내지 조건을 말하며, 이것을 파악해 내는 것이 요구도 조사이다(이연숙, 1998: 58; 조희금 외, 2016).

(3) 요구도 조사내용

요구도 조사내용에는 개인과 가족을 둘러싼 지역사회환경에 대한 자료, 기존의 가정 및 가족을 대상으로 진행한 기존 서비스의 평가 및 새로운 서비스 개발에 필요한 자료, 건강가정사업에 도움이 되는 지역사회 자원에 대한 자료 등이 있다. 각 분야별로 구체적인 조사내용과 용도를 정리하면 〈표 12-1〉과 같다.

표 12-1 **요구도 조사내용**

<table>
<tr><th>구분</th><th>조사항목</th><th>조사내용</th><th>조사목적</th></tr>
<tr><td>기초 자료</td><td>지역 사회의 일반적인 특징</td><td>• 연령 분포, 가족 수, 거주기간, 직업 구성, 소득 수준, 빈곤인구율, 주택 보급률, 범죄율, 공적 부조 수혜자 수 등</td><td>• 지역사회의 특징에 대한 대략적 정보 제공
• 자료 분석 시 통제변수로 활용
• 잠재적 클라이언트가 많은 지역의 특성에 대한 정보 제공</td></tr>
<tr><td rowspan="3">기존 서비스 평가, 새로운 서비스 개발에 필요한 자료</td><td>현재 생활에 관한 내용</td><td>• 경제: 소득 수준, 소비 형태, 신용 상태
• 고용: 직업유형, 경력, 직업교육의 필요성
• 가정: 부모-자녀관계, 아동의 적응성 문제, 부부문제, 이혼율
• 주거: 밀집도, 주택 상태, 인구 과밀 상태
• 교육: 성인의 교육 수준, 아동의 학교 적응
• 여가: 여가, 운동, 문화적 활동
• 생활 만족도: 삶의 만족도, 지역사회 응집력</td><td>• 여러 가지 생활영역에서 현재 상태 파악
• 욕구 측정(바람직한 상태 대 현재 상태)을 위한 기준으로 사용
• 새로운 서비스 개발 및 기존 서비스 보완을 위한 기초자료로 활용
• 사전·사후조사를 통해 개선된 상태에 관한 정보 파악자료로 활용</td></tr>
<tr><td>기존 서비스 평가</td><td>• 서비스 인지도와 서비스 활용도
• 서비스 인지 및 활용에 대한 장애요소
• 직원에 대한 부정적인 태도
• 서비스 이용에 대한 비용 부담
• 이용자격 조건</td><td>• 기존 서비스 문제점 파악
• 기존 서비스 보완에 필요한 정보 제공</td></tr>
<tr><td>새로운 서비스 개발 욕구</td><td>• 대상 지역의 심각한 문제
• 현재 필요한 서비스
• 인구집단별 서비스 욕구</td><td>• 욕구 파악 및 욕구들의 상대적 중요성 파악
• 새로운 서비스 개발을 위한 정보를 이용자의 입장에서 파악
• 하위 집단을 위한 서비스 개발에 필요한 정보 파악</td></tr>
<tr><td rowspan="2">지역 사회에 관한 자료</td><td>지역 사회 정보</td><td>• 공식적·비공식적 의사소통 매체
• 표적집단에 정보를 가장 잘 제공해 줄 수 있는 의사소통 매체 또는 조직</td><td>• 클라이언트에게 서비스의 존재 및 서비스 내용을 더 잘 파악하도록 효율적인 의사소통 채널 개발에 필요한 정보 확보</td></tr>
<tr><td>서비스 자원</td><td>• 동원할 수 있는 공적·사적 재원
• 직원들의 전문성을 제고시키는 데 필요한 인적·물적 자원
• 새로운 프로그램을 수행할 수 있는 인력 및 시설</td><td>• 프로그램의 실행에 필요한 가용자원 파악</td></tr>
</table>

구분	조사항목	조사내용	조사목적
	정치 사회적 자원	• 다양한 프로그램에 대한 주민의 견해 • 정치 및 사회지도층의 지지도 • 프로그램 도입에 대한 지역사회 준비성	• 프로그램 개발을 성공적으로 추진하기 위한 정보와 자원 파악

출처: 황성동(2006). 알기 쉬운 사회복지조사방법론.

(4) 요구도 조사방법의 유형

요구도 조사방법으로는 지역사회 설문조사방법, 지역사회 공청회 및 포럼에 의한 조사방법, 기존 자료에 대한 2차 자료 분석방법, 델파이 기법, 주요 정보 제공자에 의한 조사방법 등이 있다(조희금 외, 2002: 390－394; 서정민 외, 2021).

① 지역사회 설문조사방법

지역사회 설문조사(survey of community)는 지역사회 전체를 대표할 수 있는 표본을 선정하여 이들에 대해 지역사회 대상 집단의 특성, 문제점 및 욕구를 구조화된 설문지나 면접 등을 통해 직접적으로 조사하는 방법이다. 지역사회 전체를 대표하는 표본을 선정하기 위해서는 확률표집방법으로 적절한 크기의 표본을 선정해야 하며, 신뢰도와 타당도가 높은 측정도구를 이용해 자료를 수집해야 한다. 설문조사는 사회복지기관에서 욕구조사나 이용자 만족도 등 조사의 목적에 따라 구분할 수 있으며, 연구 참여자에 따라 설문 구성이나 질문문항에 차이가 생길 수 있다.

욕구조사에서 자주 사용되는 설문조사는 크게 진단적 설문조사와 의견 설문조사로 나누어진다. 진단적(diagnostic) 설문조사는 개인 응답자가 스스로 필요하다고 인식하는 욕구를 탐색하는 것으로 반구조화된 면접법(semi－structured interview)이다. 의견(opinion)이나 태도를 설문조사하는 것은 응답자 개인에 대한 질문보다는 개인이 지역사회에 대해 어떤 의견이나 태도를 갖고 있는지 조사하는 것이다. 그러므로 의견이나 태도조사에서는 주로 구조화된 설문지를 이용하는 경우가 많다. 설문조사는 자료를 수집하는 방법이 비교적 쉽고, 단기간에 연구결과를 보여 줄 수 있다는 장점이 있다. 무엇보다도 서비스의 실질적 또는 잠재적인 소비자가 인식하는 욕구를 측정한다는 장점이 있다. 그러나 시간과 비용이 많이 드는 단점이 있으며, 우편조사나 전화 인터뷰를 이용할 경우에는 응답률이 낮아서 표본의 대표성이 위협받을 수 있다(서정민 외, 2015).

② 지역사회 공청회 및 포럼에 의한 조사방법

지역사회 공청회(community public hearing)는 국회나 행정기관에서 일의 관련자에게 의견을 들어 보는 공개적인 모임, 국민적인 관심의 대상이 되거나 사회 일반에 영향력이 큰 안건을 심의하기 전에 국회나 행정기관이 학자·경험자 또는 이해관계자를 참석하게 하여 의견을 듣는 공개회의를 말한다(국립국어원 표준국어대사전, 2017).

지역사회 포럼(community forum)은 지역사회의 다양한 구성원으로부터 정보를 얻는 자료 수집방법으로 조사자가 포럼을 계획하고 비용을 부담한다. 지역사회 포럼의 참석은 지역사회 구성원 모두에게 공개적으로 할 수도 있으며, 특정 지역사회 구성원을 선정하는 경우도 있다. 지역사회 포럼은 대부분 출석자들이 자신의 의견을 피력할 수 있는 청문회 형식으로 진행되며, 때로는 집단토론회 형식으로 진행되기도 한다(Reid & Smith, 1981).

지역사회 포럼의 장점은 적은 비용으로 지역사회에 대한 정보를 수집할 수 있다는 점이다. 포럼을 준비하기 위해 주민들과 접촉하고 회의 준비 및 포럼내용을 분석하기 위해 비용은 들지만 다른 자료 수집방법에 비해 저렴하게 자료를 수집할 수 있다(김영종, 2009). 지역사회 포럼의 단점은 포럼의 토론과정이 적절하게 통제되지 못할 경우에 포럼을 통해 도출되는 자료가 지나치게 방만하거나 지엽적이 될 가능성이 높다. 또한, 관심 있는 사람들만 참석하여 표본의 편의(bias)현상이 나타나고(Reid & Smith, 1981), 참석자의 소수만이 의견을 발표하게 되며, 주변 압력으로 인해 개인이 자유롭게 의견을 개진하기 어려운 경우가 발생하기도 한다(서정민 외, 2015).

③ 기존 자료에 대한 2차 자료 분석방법

2차 자료 분석방법(secondary data analysis)은 지역주민을 대상으로 다양한 영역에 걸쳐 조사된 사회적 자료를 분석가의 욕구에 맞는 문항을 선택하여 재분석을 진행하는 분석방법이다. 즉, 2차 자료 분석법은 지역주민 및 전문가들로부터 직접 자료를 수집하는 방법이 아니라 알고 싶은 주제와 관련된 공식적 통계자료를 활용한 분석방법이다. 국가나 연구기관에서 발표한 자료를 재구성하거나 기존 연구에서 나타난 지표들을 욕구조사에 인용할 수 있다. 2차 자료 분석방법은 비용이 적게 들고 조사에 신축성을 기할 수 있는 장점을 가지고 있지만, 연구자가 원하는 변수들이 포함되어 있지 않을 수 있고 자료를 확보하고 접근하는 데 있어 어려움이 따를 수 있다(서정민 외, 2015).

④ 델파이 기법

델파이 기법(delphi techniques)은 어떤 문제에 대해 전문가들의 합의점을 찾는 방법으로 전문가들을 대상으로 사전에 작성한 질문지를 배포하고, 이 전문가들의 의견을 수집한다. 델파이 기법의 절차는 다음과 같다.

가. 20~30명의 전문가를 선정한다.
나. 연구목적에 맞는 설문지를 구성한다.
다. 조사 대상자에게 설문지를 보낸다.
라. 회수된 응답내용을 통계적으로 집계한다.
마. 응답된 내용은 1차적으로 분석하고, 추가적인 질문이나 합의되지 않은 부분은 응답자들에게 다시 제공하여 의견을 받는다.
바. 추가로 회수된 응답을 재분석한다. 일정한 정도의 합의점에 도달할 때까지 분석결과를 참고하여 다시 설문지를 보내는 절차를 반복한다.

델파이 기법의 장점은 대면조사를 하지 않아 익명성을 보장받을 수 있다는 것이다. 익명성 보장은 특정인에게 영향을 받거나 본인의 의견을 자유롭게 전달하기 어려운 상황에서 효과적이다. 그리고 본인이 원하는 시간에 응답하는 자유로움이 있다. 단점은 과정이 반복되고 설문지를 보내고 받는 과정을 거치므로 시간이 많이 걸린다(서정민 외, 2021).

⑤ 주요 정보 제공자에 의한 조사방법

주요 정보 제공자(key informant)에 의한 조사방법은 지역사회 전반의 문제에 대해 잘 알고 있는 몇몇 주요 인물을 대상으로 자료를 수집하는 방법이다. 즉, 인접 직종의 전문가, 지역 내 사회복지단체 대표자, 공무원 등 지역사회 전반의 문제에 대해 잘 알고 있다고 인정되는 사람들을 대상으로 조사하는 방법이다.

주요 정보 제공자에 의한 조사방법의 큰 장점은 빠르고 쉽게 그리고 저렴한 비용으로 표본을 얻어 자료를 수집할 수 있다는 것이다. 또한, 주요 정보 제공자와의 접촉을 통해 문제와 관련된 주요 지역사회 자원과 연계를 구축하고 프로그램에 관한 전반적인 시각을 얻을 수 있다. 반면에 이 방법은 의도적 표집(purposive sampling)으로 조사 대상자를 선정하기 때문에 지역사회 전체의 의견을 반영하지 못하고 표본의 편의가 개입될 가능성이 높다. 즉, 지역사회 전체의 욕구보다는 중요 정보 제공자들의 주관적 견해가 개입될 가능성이 높고, 선정된 주요 정보 제공자들이 지역사회에 대한 전문지식이 부족한 경우도 있다(이윤로, 2008; 서정민 외, 2021).

2. 사례관리 및 가족치료

1) 사례관리의 이해

건강가정사는 가족 대상의 서비스를 제공하면서 다양한 문제와 복잡한 욕구를 가진 사례를 발굴하거나 지역사회 연계기관으로부터 의뢰받을 수 있다. 이때 건강가정사는 직접 상담 및 서비스를 제공하거나 중개자와 중재자로서 사례관리를 진행한다. 사례관리(case management)는 다양한 문제와 복잡한 욕구로 인해 여러 종류의 도움을 동시에 필요로 하는 클라이언트에게 종합적인 서비스를 연계하여 제공하기 위한 실천방법이다. 또한, 복합적인 욕구를 가진 사람들의 사회적 기능수행과 복지 향상을 돕기 위해 공식적·비공식적 활동들 간의 연결망(network)을 조직·유지하여 계획된 목적을 성취하는 것이다(엄명용 외, 2000; 이경준 외, 2014; 오봉욱 외, 2013).

(1) 사례관리의 개념

사례관리란 대인 서비스 실천의 다양한 분야에서 복합적인 욕구를 가진 클라이언트와 그 가족의 사회적 기능회복을 돕는 통합적 실천방법이다. 이를 위해 클라이언트와 그 가족의 욕구를 사정한 후 욕구들을 충족시키기 위한 적절한 서비스나 기회 또는 급여를 확인하고 포괄적인 서비스 계획을 개발하여 각종 서비스에 대한 클라이언트의 접근을 용이하게 하는 것이다. 이때, 클라이언트와 그 가족의 강점관점의 체계적인 사정을 진행하고, 지지와 옹호를 통해 적절하고 효과적인 서비스의 전달을 점검하거나 평가하는 활동이다(이경준 외, 2014, 한국사례관리학회, 2016).

학습 TIP **강점 관점 사례관리**

- 클라이언트를 자기 삶의 전문가로 인정한다.
- 개인의 성장과 변화 가능성에 대해 신념을 가진다.
- 실천의 초점은 병리가 아닌 강점에 둔다.
- 실천의 가장 중요한 요소는 협력적 관계이다.
- 사정과 서비스제공 계획에 따른 지역사회 자원 개발과 연계가 사회복지사의 중요한 역할이다.

출처: 이경아, 하경희(2018). 강점기반실천과 사례관리, 공동체.

(2) 사례관리의 구성요소

사례관리체계의 구성요소로는 사례관리의 대상(클라이언트), 사례관리자, 현존하는 서비스 체계(사례관리기관 또는 조직, 사회자원 및 사회관계망)를 들 수 있다(오봉욱 외, 2013: 295–297 재인용; 이경준 외, 2014 재인용).

① 사례관리의 대상(클라이언트)

사례관리 대상인 클라이언트는 욕구의 중복으로 인해 한 가지 이상의 사회자원을 필요로 하지만 이를 스스로 확보할 수 없는 사람이다. 과거 사례관리 서비스의 대상인 클라이언트는 주로 고령자, 정신보건 및 장애 부문에서 진행되었지만 점차 장기적이고 만성적인 서비스를 필요로 하는 대상이 증가하고 지역사회를 기반으로 하는 포괄적인 서비스 요구가 커졌다. 즉, 아동 및 청소년복지 영역, 재가복지 영역, 노인복지 영역, 가족복지 영역 등으로 확대되는 추세이다(현외성 외, 2012).

② 사례관리자

사례관리자는 사례관리 전 과정에 직·간접적으로 개입하면서 클라이언트의 자활과 자립을 위한 활동을 하는 전문가이다. 즉, 대상의 욕구를 파악하고 각종 서비스를 조정·확보하는 역할을 한다. 이는 전문지식을 가지고 서비스를 제공하기 위해 각종 자원을 개발하고 클라이언트의 역량을 강화하며, 삶의 질 향상을 위한 전반적인 역할과 기능을 수행한다. 이를 위해 사례관리자는 사회복지의 가치와 윤리를 기반으로 지역사회 제반환경을 이해하며, 의사소통을 위한 관계 형성기술, 욕구 파악을 위한 정보 수집과 기록, 지역사회 자원 개발과 연계, 활용기술을 사용하여 클라이언트에게 서비스를 제공한다.

③ 현존하는 서비스 체계(사례관리기관(조직), 사회자원 및 사회관계망)

현존하는 서비스 체계는 사례관리 서비스를 제공하는 기관과 클라이언트를 둘러싸고 있는 환경 및 자원을 의미한다.

가. 사례관리기관 또는 조직(운영체계)

사례관리기관은 체계 및 조직의 수준에서 서비스 조정과 연계를 책임지는 역할을 담당하는 곳으로 서비스의 통합과 조정을 효과적으로 달성하기 위해 한 지역사회 내에 사례관리기관이 유기적으로 연계하는 것이 중요하다. 즉, 사례관리를 보다 효율적이고 효과적으로 수행하기 위한 시스템, 즉 운영체계가 조직되어야 한다. 이는 사례관리자 혼자 다 감당하는 것이 아니며, 기관 내외 조력자들과 함께 업무를 수행해야 한다. 사례관리 운영체계가 효율적으로 운영되면, 클라이언트의 발굴, 의뢰, 연계가 활발하게 이루어지며, 서비스 제공자 간 협력이 강화되어 지역사회 자원을 유용하게 이용할 수 있다.

나. 사회자원 및 사회관계망

사회자원은 클라이언트의 다양하고 복합적인 욕구를 충족시킬 수 있는 주체로서 시설·설비, 자금이나 물자 또는 개인이나 집단의 지식과 기능 등을 의미한다. 이에 사례관리 활성화를 위해, 다양하고 복합적이며 고도화되고 있는 클라이언트의 욕구 충족을 위해 사회자원의 종류를 확대하고 질적 향상을 도모하면서 서비스 공급 주체를 다원화할 필요가 있다. 클라이언트가 가진 복잡하고 다양한 욕구를 해결하기 위하여 지역사회의 다양한 자원 연계와 활용은 매우 중요하다. 사회자원을 서비스 공급 주체별로 분류하면 공식자원 체계, 비공식자원 체계, 사회자원 체계로 구분할 수 있으며, 사회자원을 자원의 본질, 원천 및 유용성에 따라 분류하면 다음과 같다(이종복 외, 2000).

- 개인이나 집단의 내적 자원과 외적 자원
- 지원방법: 공식적 자원(가족센터, 사회복지관 등)과 비공식적 자원(가족, 친구, 이웃 등)
- 형태: 유형의 자원(현금, 현물, 건축물 등)과 무형의 자원(지식, 재능, 관심, 신뢰 등)
- 구성 요소: 제도적 자원(법, 제도, 정책 등)과 조직적 자원(지자체, 기업 등), 인적 자원(의료, 보건, 정신건강, 법률 등), 재정적 자원(기여금, 후원금, 보조금 등), 정보 자원(지식 정보, 정책 정보, 지역사회 정보 등)

사회관계망은 사회제도 속에서 제도적·비제도적으로 맺어진 관계망을 의미하며, 사회자본을 구성하는 하나의 요소이다. 사회자본이란 사회관계 속에 내재된 자본형태로 물적·인적 자본과 같이 사회의 생산성을 담보하는 비실체적 존재이다. 이는 신뢰(trustworthiness), 상호호혜성(reciprocity)과 긴밀하게 서로 연결되는 개념으로, 신뢰는 상호작용을 통해 형성된 대인적 관계를 의미하며 구성원 간의 상호관계를 강화하는 역할과 동시에 존경과 우의 등 특별한 관계에 기반을 둔다. 상호호혜성은 개인 간 또는 집단 간에 공유된 표현, 해석, 의미체계 등이다(이종복 외, 2008: 71 재인용).

(3) 사례관리 실천과정

사례관리의 실천과정을 초기과정, 사정과정, 개입계획 및 실행, 평가와 종결 등의 순서로 나눠 살펴보면 다음과 같다(오봉욱 외, 2013: 300-312 재인용; 이경준 외, 2014 재인용).

① 사례관리 초기과정

사례관리의 초기과정은 사례 발견(발굴)과 아웃리치, 의뢰 및 스크리닝, 인테이크, 계약하는 과정을 모두 포함한다. 즉, 사례를 발견하여 스크리닝하고 이를 확인하기 위해 클라이언트를 만나고 자료를 수집하는 과정이다. 클라이언트가 사례관리 대상으로 적합한가를 스크리닝하는 것이 선행되어야 하고, 이때 기관과 적합하지 않을 경우 타 기관에 의뢰해야 한다. 사례관리에서는 잠재적 클라이언트를 적극적으로 발견하고 서비스를 제공하는 아웃리치가 강조된다(장인협, 우국희, 2001; 이종복 외, 2008; 현외성 외, 2012).

가. 사례 발견(발굴)

사례 발견은 사례관리 대상자가 서비스를 직접 신청하여 접수하거나 타인에 의해 의뢰 또는 기관의 적극적인 아웃리치 등을 통해 이루어진다.

- 자발적 방문

자발적 방문은 사례관리 서비스를 필요로 하는 잠재적 클라이언트가 직접적으로 서비스를 제공하는 기관에 방문 또는 전화로 서비스를 요청하여 사례관리가 시작되는 것이다. 이는 클라이언트가 매우 적극적으로 서비스를 요청하는 경우이므로 문제해결의 과정 및 결과가 매우 긍정적이다. 이를 위해 지역사회 내 사업 홍보와 안내, 지역사회 유관 기관과의 간담회와 설명회 등의 개최를 통해 기관의 주요 사업과 과정에 대해 알리는 것은 매우 중요하다.

- 아웃리치

아웃리치(outreach)는 자신의 욕구를 충족시킬 수 있는 서비스나 자원에 대한 정보가 부족해 이에 대한 접근이 어렵거나 그러한 것들을 자발적으로 구하려는 동기가 부족한 잠재적 클라이언트로 하여금 서비스에 대한 접근성을 향상시키기 위해 서비스 기관에서 활용하는 방법이다. 즉, 서비스가 필요한 클라이언트를 확인하고 서비스의 제공과 급여를 그들에게 권유하며 그들로 하여금 이용 가능한 서비스를 활용할 수 있도록 원조하는 방법이다(Toseland, 1981; 이종복 외, 2008: 88 재인용). 따라서 아웃리치는 사례관리 제공기관이 서비스를 필요로 하는 잠재적 클라이언트를 찾아 나서는 적극적인 사례 발굴방법이다. 사례관리 대상자가 찾아오기를 기다리는 것이 아니라 서비스를 알지 못해 이용하지 못하거나 정보의 사각지대에 있어 접근성이 떨어진 잠재적 클라이언트에게 서비스가 도달될 수 있도록 적극적으로 다가가는 노력이다.

- 의뢰

의뢰(referral)는 필요한 서비스를 제공할 수 있는 기관, 자원 또는 전분가에게 클라이언트를 직접 연결시켜 주는 방법으로(이종복 외, 2008), 공공기관에 의한 의뢰와 타 기관 및 타인에 의한 의뢰로 나누어 살펴보면 다음과 같다. 공공기관에 의한 의뢰는 시·군·구 또는 읍·면·동에서 지역 내 수급권자 및 차상

위계층 등 서비스가 필요한 잠재적 클라이언트를 발견하여 서비스가 제공될 수 있는 사회복지시설에 의뢰하는 것이다. 서비스 제공기관과 주민자치센터, 사회복지 전담 공무원과의 의뢰 시스템이 지역사회 내에 잘 구축되어 있어야 한다. 타 기관 및 타인에 의한 의뢰이다. 서비스 제공기관 간의 의뢰 및 클라이언트를 잘 알고 있는 이웃주민이나 친척, 가족 등에 의한 의뢰이다. 이 과정에서 클라이언트의 자기결정권과 서비스 이용에 대한 선택권을 클라이언트가 가질 수 있도록 하며, 비밀 보장과 함께 서비스 정보 제공에 대한 개방적 시스템이 지역사회에서 이루어질 수 있어야 한다.

나. 스크리닝

스크리닝(screening)은 잠재된 클라이언트가 사례관리 서비스를 받을 자격이 있는지, 기관에서 제공하는 서비스를 이용할 수 있는 특성을 가지고 있는지를 파악하는 과정이다. 또한, 클라이언트가 기관에서 제공하는 서비스에 적극적으로 참여할 의지가 있는지를 파악하는 것이다(장인협, 우국희, 2001; 현외성 외, 2012: 120 재인용). 이는 부적절한 의뢰와 서비스가 필요하지 않은 사람을 사정 이전에 판단함으로써 실질적으로 서비스가 필요한 클라이언트에게 신속한 서비스를 제공하기 위한 것이다. 기준이 되는 사항으로는 시설보호에 대한 욕구, 배우자나 중요한 타자의 상실로 인한 고통, 일상생활의 원조에서 비공식지원 체계의 불충분, 기관의 서비스 제공 빈도, 서비스를 제공할 수 있는 장소, 진료기록의 유무 등이 있다(이종복 외, 2008).

표 12-2 스크리닝 판정 및 사유(예시)

판정결과	( )잠재적 대상, (0)의뢰 대상, (0)정보 제공 대상, ( )서비스 거부, ( )종결
판정사유	클라이언트의 욕구 및 문제와 관련하여 본 기관보다는 타 기관에 의뢰하는 것이 좋을 것으로 판단되며, 그 기관이 인근 지역에 있으므로 기관에 대한 정보를 제공해 주면 될 것으로 판단됨.

출처: 서울복지재단(2010).

다. 인테이크

인테이크(intake)는 복합적이고 다양한 욕구를 가진 클라이언트를 발견하고, 접수과정을 통해서 클라이언트의 상황과 욕구를 파악하여 서비스 제공 등의 적격성 여부를 판정하는 과정이다. 이 과정에서 사례관리자의 과업은 원조를 필요로 하는 클라이언트의 장애나 욕구를 개략적으로 파악하는 것이다. 또한, 사례관리를 통해 제공해 줄 수 있는 원조의 내용을 클라이언트에게 상세히 설명하여 클라이언트가 그러한 원조를 수령할 것인지의 여부를 확인하고 계약하는 일이 중심이 된다(장인협, 우국희, 2001; 현외성 외, 2012).

인테이크에서 가장 중요한 것은 자료 수집과 수집된 자료를 정리하는 것이다. 자료 수집은 가정방문을 통해 주요문제를 파악하며 대화를 통해 확인하는 방법을 사용한다. 이때 면접상담을 원칙으로 하며 만약 면접상담이 어려운 경우 그 대리인 및 가족 등과 면접을 실시해야 한다. 자료 수집은 일반적으로 클라이언트의 신상에 대한 정보와 가족 및 구성원에 대한 정보, 경제 및 주거에 대한 정보를 수집하고, 건강 및 심리사회적 상황에 대한 정보와 클라이언트의 사회적 관계에 대한 정보, 문제와 욕구, 강점에 대한 정보도 수집해야 한다(양정남 외, 2009; 현외성 외, 2012).

라. 계약

계약은 클라이언트가 사례관리 서비스를 제공받기 원해 사례관리자와 함께 서비스 제공에 동의하는 서식에 서명하는 것이다. 계약에 포함되어야 할 사항으로는 클라이언트의 기대, 클라이언트에 대한 관심과 프로그램의 중요성, 프로그램의 기능과 수행방법, 클라이언트가 수용해야 할 조건과 책임, 클라이언트나 친족에 대한 선택과 통제권리의 보장, 클라이언트가 된다는 동의, 필요한 응급조치, 다음 단계에 대한 약속과 조정, 이전의 타 기관에 대한 통보 등이 있다(이존복 외, 2008).

② 사례관리의 사정과정

사례관리의 사정과정은 1단계인 접수과정에서 수집된 클라이언트의 욕구와 자원을 종합적으로 분석하여 클라이언트가 어떤 유형의 서비스를 필요로 하는가를 결정하는 것이다. 이러한 결정은 서비스의 계획과 개입에 연결되어야 한다(정순둘, 2005; 현외성 외, 2012). 사정(assessment)은 접수과정에서 사례관리 서비스 대상으로 결정된 클라이언트들의 복합적인 욕구와 현존하는 문제, 현재의 기능, 생활 상태, 그들의 장점과 잠재능력, 공식·비공식적 자원체계의 그들에 대한 지원능력 등에 관해 전반적인 자료를 수집하고 종합적으로 분석하는 집중적이고 체계적인 과정이다. 사정의 목적은 클라이언트가 필요로 하는 서비스의 형태가 무엇인지, 클라이언트의 능력 부족으로 충족되지 못한 욕구는 무엇인지를 검토하는 것이다(이종복 외, 2008: 90-91).

가. 클라이언트의 욕구 및 문제사정

클라이언트의 욕구와 문제를 사정하기 위한 영역을 목슬레이(Moxley)는 다음과 같이 제시하였다(장인협, 우국희, 2001; 현외성 외, 2012).

- 수입과 주거

  수입은 기본적인 생존에 적절한 수준으로 충분해야 한다. 클라이언트가 공적 지원, 실업급여 등의 대상이 되는지의 여부를 평가한다. 또한, 주거지역이나 환경, 주택 소유 여부, 주거 내부환경, 즉 주방시설이나 전기시설, 난방문제, 화장실 상태, 실내 이동 시의 안정성 문제 등을 평가한다.

- 고용

  클라이언트의 이전 직업, 기술, 실업이나 실직 상태, 구직의 어려움 등을 파악하고 직접 안내, 평가, 배치, 훈련 기회 등을 확인한다.

- 건강과 정신건강

  신체적·치의학적·영양학적·예방적 측면을 포함한다. 과거의 병력이나 가족력, 건강에 대한 클라이언트의 개인적 신념 등을 검토한다. 또한, 정신건강 측면에서 클라이언트의 행동이나 주관적 표현, 클라이언트가 일상생활에서 대처하는 방식 등을 통해 확인한다. 불안, 우울, 슬픔, 분노, 음주, 일시적인 정서장애 및 성격상의 문제 등이 평가 대상이다.

- 사회적 · 개인적 문제

사회적 또는 가족들로부터 고립되어 있는 객관적인 상태와 주관적인 고독감의 양면을 검토한다. 이는 친밀감, 사회적 통합, 자아존중감, 상호원조의 욕구를 충족시켜 주는 데 중요한 요소이다.

- 레크리에이션과 여가

삶의 질에 영향을 미치는 것으로 여가 기회의 이용 가능성이 포함된다. 클라이언트에게 이러한 기회가 있는지, 적절한지의 여부를 질문하여 확인해 본다.

- 일상에서의 활동

클라이언트가 독립적인 일상생활을 유지할 수 있는지의 여부로, 도구적 일상생활 능력과 세면, 목욕, 옷 입기 등의 일상생활 동작능력을 검토한다.

- 이동 및 법률적 원조

클라이언트가 혼자서 독립적으로 거동할 수 있는지, 원조가 필요한지를 평가하고 교통 편의 서비스 제공의 필요성을 평가한다. 또한, 법적인 보호나 상담이 필요한지 평가한다.

- 교육

교육에 대한 열의와 교육 수준 등을 평가한다. 교육은 직업, 의사소통, 사회성 그리고 지성과 문화적 성장에 필요한 부분이다.

나. 클라이언트의 능력사정

클라이언트의 능력사정은 클라이언트의 약점이나 결함보다는 강점과 발전 가능성, 문제해결능력 등과 같은 잠재능력에 초점을 두고 사정해야 한다. 목슬레이가 제시하는 클라이언트의 능력사정은 다음과 같다(장인협, 우국희, 2001; 현외성 외, 2012: 141).

- 신체적 기능 상태

  질병의 유무, 신체적인 에너지와 힘, 약물치료, 상처, 감각기관의 수용력, 심리학적 또는 건강 상태에 대한 특징 등을 평가한다.

- 인식기능 상태

  실제 적응능력, 지적인 수용력, 판단, 유연성, 인식의 결합, 가치와 그것들의 행동, 자아개념의 일관성을 검사한다.

- 감정기능 상태

  우울증의 유무, 근심, 정서 관련 감정의 범위와 그것을 조절하는 방식과의 관계, 감정이 상황에 적합한지를 검사한다.

- 행동적인 기능 상태

  타인에 대한 민감성, 협동성, 독단성, 개인의 위생 상태, 경청기술, 자기표현기술, 좌절에 대한 행동의 반응 등을 파악한다.

다. 클라이언트 지원체계의 능력사정

클라이언트의 욕구를 충족시키기 위한 공식적·비공식적 지원체계의 능력을 클라이언트와 함께 사정한다. 클라이언트의 공식적 지원체계에는 사회복지시설, 지역사회의 공공기관, 단체, 정부기관 등이 해당되며, 비공식적 지원체계에는 가족, 친척, 이웃, 종교집단 등이 해당된다. 비공식적 지원체계에 대한 사정은 자원의 수, 그들의 이름과 관계, 관계의 질, 제공하고 있는 서비스의 종류, 그들의 능력,

부담감 등에 관한 정보를 통합한다. 공식적 지원체계에 대한 사정은 서비스의 이용 가능성, 서비스 양의 적정성, 욕구에 대한 서비스의 적절성, 클라이언트에 대한 서비스의 수용 가능성, 서비스에 대한 접근 가능성 등을 고려하여 실시한다(이종복 외, 2008).

라. 지원체계 활용의 장애사정

공식적 · 비공식적 지원체계 활용에 장애가 되는 요인이 무엇인지 파악하는 것으로 이는 앞서 사정한 공식적 · 비공식적 지원체계를 사정하고 이들의 활용에 부정적인 영향을 미치고 있는 요인이 무엇인지 확인해야 한다. 장애요인으로는 이동의 부자유나 교통 편의 부족 등으로 인한 접근성의 문제, 지원체계에 대한 부정적 이미지로 자원 이용에 대한 거부, 낙인감, 무기력, 동기 부족 등 심리사회적 문제, 신체적 · 인지적 · 정신적 능력의 부족 등으로 인한 자원 이용의 불가능성, 자원의 부족, 정보의 부족, 서비스의 단편성과 불연속성, 비공식지원 체계의 무관심과 책임성 결여 등이 있다(이종복 외, 2008).

③ 사례관리 개입계획과 실행

사례관리 개입계획은 전 단계에서 작성된 사정을 바탕으로 확인된 욕구 충족을 위해 제공될 자원들을 연결시켜 나가는 과정에 대한 서비스 제공자와 서비스 이용자의 합의과정이다. 또한, 개입계획은 개입목표 설정과 개입의 세부적인 계획이 수립되는 것이다. 즉, 개입계획은 대상자의 특성에 적합한 실천과정을 구체적으로 문서화시킨 것이다(현외성 외, 2012).

가. 개입계획

사정이 해결되어야 할 문제와 서비스의 목적을 확인하는 데 초점을 둔다면, 계획은 이들의 욕구를 충족시킬 수 있는 적절한 수단의 실제적 선택에 초점을 둔다(Challis & Davies, 1986; 이종복 외, 2008: 94 재인용).

- 목표 설정

사례관리자의 판단에 따라 개입계획이 세워지면 클라이언트의 문제해결을 위한 목표를 설정한다. 목표는 클라이언트가 요구하는 욕구를 바탕으로, 대부분 생활환경의 개선, 능력 향상, 지원체계, 개발과 강화에 있다. 이러한 목표는 장·단기로 구분하며 장기 목표는 복합적인 문제들에 대한 최종 욕구해결이며, 단기 목표는 클라이언트가 현재 가지고 있는 문제해결에 대한 직접적인 목표가 된다. 사례관리자는 클라이언트가 스스로 목표를 직접 결정하게 하며, 명료하고 구체적으로 정해질 수 있도록, 현실적으로 실현 가능한 목표가 정립되도록 도와야 한다.

- 서비스 계획의 수립

목표가 결정되면 목표에 따른 서비스를 결정한다. 이는 클라이언트에게 어떤 서비스가 언제, 어떤 방식으로, 얼마나, 어느 정도 제공되어야 하는지를 문서화하는 것이다. 서비스 계획의 수립은 다학제 간의 협력을 통해 이루어지며, 클라이언트의 적극적인 참여와 협조가 중요하다.

나. 실행(서비스 제공)

서비스 실행의 단계는 사례관리자와 클라이언트가 상호합의하여 결정한 문제해결을 위한 계획을 구체적인 행동으로 실천하는 단계로 이를 통해 의도하는 변화를 유발한다(김융일 외, 1995; 현외성 외, 2012). 즉, 클라이언트에게 필요한 서비스를 연결하거나 실시하고 그 과정에서 클라이언트가 적절하게 서비스를 받을 수 있도록 장애요인을 제거하고 클라이언트의 적극적인 참여와 의지를 향상시키기 위한 격려, 욕구해결에 필요한 자원을 개발하거나 발굴, 연계하는 등의 노력을 실천한다. 이때, 직접 실천과 간접 실천의 형태로 제공되며, 실행 과정에서의 원칙으로는 사례관리 목표에 초점을 맞추고, 클라이언트의 자기결정권 존중, 클라이언트의 잠재성과 변화 가능성에 대한 신뢰, 클라이언트의 역량강화, 사회적 지원체계 구축 등을 고려해야 한다.

● 장애 극복과 옹호

서비스를 적합한 시기에 적절히 제공하고 효율적으로 활용하기 위해서는 보호계획 수행 시 발생하는 장애를 극복할 필요가 있다. 그 장애에는 선천적 무능력, 내부장애, 외부장애가 있다. 선천적 무능력은 장애나 약물중독과 같은 것으로, 전문가에 의한 진단적 사정과 서비스 계획의 자문을 구하고 유지 가능한 지원체계를 개발할 필요가 있다. 내부장애는 클라이언트의 동기 부족, 낙인감, 불신 등 심리사회적 문제로, 그 본질을 확인하여 자원을 연결하고 동원하는 방법이 필요하다. 외부장애는 자원의 결여, 자원의 부족, 자원에 대한 정보의 부족과 접근성의 결여 등으로 이를 해결하기 위해 권리적 옹호, 새로운 관계 개선 등 적극적인 사회행동이 필요하다(이종복 외, 2008).

● 서비스 계획의 수행

클라이언트에 대한 장애가 점차 극복되면, 사례관리자는 클라이언트의 환경에 맞게 보호계획을 수행하게 된다. 이때 사례관리자는 클라이언트와 비공식적 지원체계(이웃, 친척 등), 서비스 제공자 및 사례관리기관과 함께 수행한다(Steinberg & Carter, 1983; 이종복 외, 2008: 96 재인용). 이는 서비스 개입계획에 따라 사례관리자가 서비스 제공기관 및 자원체계와의 연계를 통해 안정적이고 지속적으로 사례관리 대상자의 욕구해결을 위한 실천에 개입하게 된다는 것이다.

● 서비스의 조정

서비스 계획의 수행이 클라이언트에게 필요한 서비스를 연결하고 계획된 서비스가 제공되도록 하는 것이라면, 서비스의 조정은 클라이언트에게 제공되는 서비스를 적절히 배열·정리해 서비스의 효과성과 연속성을 보장할 수 있도록 하는 것이다(이종복 외, 2008). 이는 서비스 진행과정에서 발생하는 상황에 따라 당초의 목표나 수행방법을 일부 수정 및 조율하는 노력을 통해 좀 더 효과적인 서비스 개입의 긍정성을 가져오는 실천방법이다.

- 자원 동원

클라이언트의 욕구를 해결하기 위해서는 많은 자원이 필요하다. 서비스의 제공과 조정 등이 이루어지는 동시에 적절한 서비스 제공을 가능하게 하는 다양한 자원체계를 함께 발굴하고 연계하는 노력이 필요하다. 이는 후원자·자원봉사자·임상심리상담사 등의 인적 자원과 현금·물품·서비스 등의 물적 자원, 사회복지 서비스의 정보에 대한 정보적 자원 등을 파악하고 연결함으로써 좀 더 적극적이고 안정적이며, 목표 달성에 긍정적인 효과를 가져온다.

다. 모니터링

모니터링(monitoring)은 사례계획이 적절하게 실행되고 있는지, 서비스 이용자가 기대하는 서비스를 제공받고 있는지, 서비스 이용자에게 제공되는 서비스가 필요하고 적절한지, 서비스 이용자의 지원체계가 서비스 제공과 지지역할을 제대로 수행하고 있는지, 실제로 서비스가 전달되는 동안 기존의 사례계획이 서비스 이용자에게 만족스러운지 또는 사례계획의 수정이 필요한지를 지속적으로 점검하는 과정이다. 이는 적극적이고 유동적인 활동이며 서비스 진행과정을 조정하는 기능을 한다(임병우, 2003; 현외성 외, 2012: 176 재인용).

- 서비스에 대한 모니터링

클라이언트에게 제공되는 서비스에 대한 모니터링은 서비스 질에 대한 수준과 클라이언트의 수준, 서비스 제공자의 수준에서 이루어진다(이종복 외, 2012: 98 재인용). 따라서 사례관리 대상자의 특성과 개입과정의 변화에 대해 면밀하고 민감하게 관찰해야 하며, 이를 통해 즉각적이고 계획적인 개입들에 대한 조정들을 관계기관 간에 적절히 시행해야 한다. 모니터링은 사례관리의 과정 중 가장 어려운 부분으로 서비스를 제공하는 기관의 직원들은 서비스를 점검하는 사례관리자를 간섭하는 사람으로 생각할 가능성이 있기 때문에 효과적인 모니터링을 위해서는 그들과의 신뢰로운 관계 속에서 서로 영향력을 행사할 수 있어야 한다. 따라서 기관 간 협정, 계약, 사례회의 등을 활용할 필요가 있다. 서비스 전달을 점검하는 방법으로는 대면 접촉, 관찰, 가정방문, 직접 면접, 전화, 서신, 사회적 지원망 구성원들의 모임, 사례회의, 질문지 발송, 기관 간 회의 등이 있다(이근홍, 1998; 이종복 외, 2008: 99).

- **재사정**

재사정은 서비스 계획 수행 중에 주기적인 사정을 통해 클라이언트에게 제공되는 서비스의 적합성, 보호계획 변화의 필요성과 변화방식을 결정하는 과정이다. 재사정은 서비스 계획의 적합성을 판단하는 것으로 이를 통해 서비스를 조정하거나 목표를 수정할 수 있다(이종복 외, 2008). 재사정은 정기적인 주기에 따라 이루어지는 것이 중요하며, 클라이언트의 욕구에 따라 이용자의 견해와 선호 등을 파악하고 이를 기반으로 서비스의 효과성을 판단하게 된다. 재사정 과정에는 초기 사정단계에 참여했던 사람들이 모두 관여하는 것이 중요하다. 재사정은 초기에 계획된 서비스의 철회, 클라이언트나 그 가족에 예기치 않은 위기나 손상이 발생할 때, 클라이언트의 상황이 호전되었을 때, 클라이언트와의 종결이 필요한 상황 등에서 이루어진다.

④ 사례관리의 평가와 종결

사례관리의 평가와 종결은 클라이언트의 욕구 충족을 위한 문제해결에 대해 어느 정도 목표를 성취했는가를 확인하는 과정이다.

가. 평가

사례관리의 과정에서 평가는 사례관리자와 클라이언트가 초기에 결정한 욕구와 문제해결을 위해 수립된 목표가 어느 정도 달성됐는가를 확인하고 종결 여부를 결정짓는 과정이다. 다른 한편으로는 사례관리자와 클라이언트가 좀 더 진보된 다음

단계로 진입하기 위한 점검의 의미를 가진다. 따라서 평가는 사례관리의 질을 강화하는 과정이다(권진숙, 박지영, 2010; 현외성 외, 2012: 185 재인용). 사례관리 서비스의 평가는 클라이언트와 서비스 체계 2가지 측면에서 실시된다(이종복 외, 2008).

- 클라이언트 측면에서의 평가기준

  클라이언트 측면에서의 평가기준은 제공된 서비스의 형태와 서비스의 수준의 클라이언트 수용 가능성, 제공된 서비스의 적당성, 제공된 서비스 실천기준의 적합성, 의도한 결과 초래 여부, 클라이언트의 만족도, 한정된 서비스와 위기, 클라이언트 전달 정보 등이다.

- 서비스 체계 측면에서의 평가기준

  서비스 체계 측면에서의 평가기준은 클라이언트의 장·단기 목표 달성에 있어 서비스 계획의 적절성, 서비스 계획에 기술된 활동과 서비스 실행방법의 적절성, 클라이언트 욕구 충족에 있어 서비스 계획의 적합성, 서비스 제공기관의 정책과 프로그램의 클라이언트 욕구 충족의 기여 정도 등이다.

나. 종결 및 사후관리

종결은 사례관리과정을 통해 목표가 달성되었거나 서비스가 이미 클라이언트의 삶의 질 향상을 위해 필요하지 않거나 클라이언트의 중대한 변화로 인해 사례관리 과정을 계속 수행할 수 없을 경우에 서비스 제공을 종료하는 과정이다(Steinberg & Carter, 1983; 이근홍, 2008; 현외성 외, 2012: 194 재인용). 사례관리의 클라이언트는 문제가 쉽게 해결되는 단기 서비스보다는 대부분 만성적이고 상태가 점점 악화될 가능성이 있어 장기 서비스를 필요로 하기 때문에 종결에 어려움이 있다. 그러나 다음과 같은 경우에는 종결이 이루어진다(Steinberg & Carter, 1983; 이종복 외, 2008: 102).

- 클라이언트가 스스로 사례를 종결시킬 경우
- 주요한 서비스 제공자가 종결을 권고할 경우
- 사례목표가 달성된 경우

- 서비스 제공자 한 사람이 서비스의 책임을 포괄적으로 맡을 경우
- 대규모 보호시설에 입소하거나 사망한 경우
- 타 지역으로 이주한 경우
- 클라이언트가 사례관리자가 연결한 서비스를 비생산적이라고 하거나 서비스 계획을 거부하거나 자원을 다른 방법으로 소비하거나 또는 기관의 신뢰성과 책임성을 위협할 정도로 비협조적일 경우
- 클라이언트의 욕구가 충족되고 문제가 완화되며, 사례관리자가 클라이언트 또는 가족 스스로 서비스 확보와 조정 등을 수행할 수 있다고 판단할 경우
- 클라이언트 간에 정해진 서비스 우선순위에 따라 다른 위급한 클라이언트를 위해 서비스를 제공받는 사람의 서비스를 철회할 필요가 있는 경우 등

사후관리는 사례대상자의 자조적인 생활을 조력하는 사례관리자의 지원을 의미한다. 사례대상자가 사례관리자를 만나 새로운 시도(도전)를 하고, 다양한 자원과 교류해 왔던 본 경험은 스스로 문제를 해결하겠다는 결심이며, 노력의 과정이었다. 이러한 결심을 지속하고 유지하기 위한 조치가 사후관리의 목적이다. 사례관리자는 공식적인 관계가 종료된 이후의 클라이언트가 생활하고 있는 삶에 관심을 가져야 한다. 어려움을 경험하고 있는지, 문제가 재발하였는지, 더 심각한 상황에 처해 있는지, 자조적인 생활을 유지하고 있는지 등이다. 즉, 사후관리를 통해 근황을 확인하고, 돌봄 지지체계가 작동하고 있는지, 새로운 욕구가 발생했는지 등을 점검한다.

사후관리를 위한 점검사항은 다음과 같다(이재용, 2016).

- 사례대상자 스스로 생활하기 위한 역량이 있는가? 또한 생활을 유지하고 있는가?
- 이선 생활을 벗어나 변화된 생활을 영위하기 위해 노력하고 있는가?
- 지금까지의 경험을 긍정적으로 받아들이고 새로운 시작으로 인식하는가?
- 보호자와 가족은 사례대상자의 변화를 받아들이는가?

- 생활의 문제를 극복하고 있는가? 등이다.

사후관리를 위한 원조 계획은 지역사회에서의 안정된 생활 유지에 있다(이재용, 2016).

- 원조 계획은 구체적인 계획에 따라 시행되어야 한다. 월 1회 방문 또는 유선으로 또는 대면 상담을 통해 생활 정도, 직업 활동, 사회생활, 소득, 지역사회 관계, 가족관계 등을 파악한다.
- 원조 계획은 사례대상자의 자립에 초점을 둔 계획적인 활동이다. 1개월에서 3개월 정도 시행한 후 이후부터는 개입을 줄여 간다.
- 원조 계획은 사례대상자의 강점 중심의 맥락에서 진행한다. 사례대상자의 잠재된 능력이 생활로 이어지고 유지되도록 계획한다.

2) 가족치료의 이해

가족 대상의 서비스 실천을 위해 다양한 이론모델이 활용되고 있다. 그중 미시적 가족복지실천 차원에서 가족치료적 접근을 중심으로 몇 가지 가족치료와 그 주요특성, 주요개념과 가족치료별 대표적 기법을 소개하고자 한다(이경준 외, 2014). 상담과 치료기법에 대한 이해는 이론학습과 더불어 상담 및 치료관련 학회를 통해 전문교육과 실습, 슈퍼비전 등을 통해 숙련과정에 의한 전문역량을 갖춘 뒤 활동해야 한다.

(1) 구조적 가족치료

미누친(Minuchin)의 구조적 가족치료는 체계이론에 기초하여 다음 3가지 원리를 강조한다(최규련, 2008 재인용).

- 사회적 상황은 개인의 정신생활에 영향을 미치고 개인은 사회적 상황에 영향을 미치는 상호작용이 반복된다.

- 건강가정사의 역할에 부합되는 전문적인 태도를 지킨다. 상호작용 방식은 인간관계 규칙이 포함되는 구조와 관련되므로 가족구성원 개인의 문제행동은 가족관계의 구조문제를 반영한다. 따라서 가족구조를 바꾸면 가족구성원의 정신 내적 과정과 행동 변화가 가능하다.
- 치료자가 내담자 가족과 일할 때 그의 행동은 사회적 상황의 일부가 된다.

구조적 가족치료는 과거보다는 현재의 잘못된 가족구조를 고치는 것을 중시하고 가족구성원 간의 상호작용 방법과 관계규칙을 도식화하여 복잡한 가족문제를 진단하고 치료하는 실제적이고 명확한 지침을 제시하였다(김혜숙 외, 2012).

구조적 가족치료의 특징은 치료목적을 구조적 변화에 두는 것이며, 실천가는 가족이 재구조화해 가는 과정에 적극적인 자세로 개입한다. 구조적 가족치료는 기능적이고 역기능적인 가족구조를 가족체계, 위계질서, 규칙, 역할, 협상과 조정으로 명확하게 규정함으로써 가족구조의 맥락 안에서 변화를 시도하려는 접근방법이다(남연희 외, 2012).

이 치료모델의 주요개념은 가족구조, 가족위계, 가족경계, 하위체계, 제휴, 세력, 가족적응 등이다. 대표적인 기법은 실연, 경계선 만들기, 합류하기, 긴장 고조시키기, 과제 부여, 증상 활용, 균형 깨뜨리기 등이다(이현경, 2010; 남연희 외, 2012 참조).

(2) 경험적 가족치료

경험주의적 가족치료는 1960년대 인본주의 심리학의 영향을 많이 받았으며, 개인과 가족의 정서적 경험과 지금-여기(here and now)의 경험을 강조하고 있다(송정아, 최규련, 1997). 또한, 가족 내 의사소통의 명확화를 강조한다. 사티어(Satir)는 문제가 있는 가정의 의사소통은 모호하며 간접적이라고 지적하면서, 이러한 의사소통은 가족구성원의 낮은 자아존중감에서 기인된다고 하였다. 즉, 자신의 자아존중감을 확장하고 결핍된 욕구를 채워 줄 것이라는 기대를 가지고 배우자를 만나지만 결혼을 통해 그 환상이 깨지면서 불화가 발생한다는 것이다. 나름대로 그 차이를 직접적으로 직면하지 않고 상대방을 자신이 원하는 방식으로 조정하기 위해 의사소통은 점점 모호해지고 간접적이 되며, 때로는 제삼자인 자녀를 사이에 두고 대화하는 방식을 취하기도 한다(Zastrow, 1989; 이종복 외, 2010 재인용).

사티어의 경험적 가족치료는 심리 내적 개인역동, 상호작용의 에너지, 원가족규칙, 영성 그리고 예술치료 등 모두를 통합적으로 다루는 치료로서, 병리적인 것(psycho pathology)에 초점을 두는 것이 아닌 인격적 성장(growth)을 중심으로 하는 인본주의 접근이다. 또한, 여기에서 강조되는 특징은 개인과 가족의 정서적 경험이다. 경험이란 가족구성원 개인의 자아존중감과 연관되며 감정표현이 강조된다. 사티어 모델은 개인의 경험이 전체 가족에 얽힌 에너지와 관련된 가족체계이론이며, 인간의 내적 문제는 가족의 상호작용 문제와 관련 있다고 보았다(이현경, 2010).

이 치료모델의 주요개념은 원가족 삼인군과 가족규칙, 자아존중감, 빙산모델, 의사소통과 유형(일치형, 비난형, 회유형, 초이성형, 혼란형) 등이다. 대표적인 기법으로는 가족조각, 역할극/역할연습, 역할반전, 가족그림, 비유, 원가족 삼인군치료, 무용치료와 예술치료, 공동치료, 빙산모델을 활용한 치료 등이 있다(이현경, 2010).

(3) 다세대 가족치료

보엔(Bowen)의 가족치료는 여러 가족치료 접근 중에서 인간의 행동과 인간문제에 대해 가장 포괄적인 관점이 있다. 이 모델은 정신분석에서 출발하여 가족생활로 구체화되었으며, 하나의 독립된 가족치료모델로 발전하였다(Nichols & Schwartz, 1995; 전재일 외, 2004 재인용). 그리고 이 모델의 주요 전제는 개인이 성숙하고 건강한 성격으로 분화하기 위해서는 먼저 개인의 가족에 대한 미해결된 정서적 애착이 긍정적으로 해결되어야 한다는 것이다.

이 모델의 이론적 기반은 정신역동적 접근법과 체계적 관점을 연결시킨 것이다. 치료의 초점은 개인이나 부부단위이지만 주로 다세대의 가족체계에 두고 있다. 보엔의 이론에서 가족 내 문제의 핵심은 가족구성원의 불안과 정서적 융합에 있다. 그러므로 치료목표는 가족구성원의 불안을 감소시키고 자아분화 수준을 높이는 것이다. 가족체계가 변화하려면 폐쇄된 가족유대를 개발하고 삼각관계에서 벗어나야 한다. 문제는 사람이 아니라 체계 안에 원래부터 있는 것으로 보고 개인의 변화는 다른 사람과의 관계성 변화를 통해 이루어진다고 본다. 보엔의 다세대 가족치료모델은 체계역동 방향으로 증상을 이해하고 클라이언트로 하여금 자기발전을 향해 평생 노력하도록 격려하며, 실제로 가족과 접촉을 하면서 그들의 사고기능을 변화시켜 줌으로써 그들의 자아분화를 높이는 데 목적이 있다(이종복 외, 2010).

이 치료모델의 주요개념은 자아분화와 융합, 핵가족 정서체계, 삼각관계, 가족의 투사과정, 다세대 전달과정, 출생 순위, 정서적 단절, 사회의 정서적 과정 등이며, 대표적 기법으로는 탈삼각화와 치료적 삼각관계, 관계성 실험, 코칭, 질문, 나-전달법, 불안완화기법 등이 있다(김혜숙 외, 2012; 이현경, 2010).

(4) 전략적 가족치료

헤일리(Haley)의 전략적 가족치료에서는 클라이언트 통찰을 통한 성찰이나 이해의 변화보다는 행동의 변화를 일으키는 데 관심이 더 많다. 실천가들은 이론보다는 치료기법에 대해 주로 기술한다. 그들은 특정한 행동의 연쇄과정을 관찰하고 변화시키는 것에 관심을 가진다. 모든 전략적 치료모델에서 치료의 목표는 현재에 제시된 문제를 해결하는 것이다. 대부분 전략적 가족치료는 주 1회 간격으로 총 10~15회 치료를 실시한다(이종복 외, 2010).

전략적 가족치료의 접근은 가족구성원이 변화되는 1차 변화(first order change)가 아닌 가족규칙과 가족구조가 바뀌는 2차 변화(second order change)로 구별된다. 전략적 가족상담사는 병리적 가족의 가족 안전을 위한 '항상성을 제시하는 과정'을 '가족의 변화'보다 더 중요시하는 특징을 가지고 있으므로 '위계와 권력'에 관심을 가지며 위계와 통제관계를 파악한다. 전략적 가족상담은 원인을 파악하고 규명하는 데 대한 관심보다 전략을 고안하는 데 주안점을 둔다. 이는 가족체계적 입장에서는 가족문제가 가족 전체의 역기능적 상호작용과정 때문에 발생한다고 보지만 구조적 측면에서는 가족문제가 가족의 위계와 관계 속에서 발생한다고 보아 문제 발생은 가족체계 유지에 기여한다고 가정한다(이현경, 2010).

이 치료모델의 주요개념은 가족항상성과 증상, 의사소통과 관계규정, 관계통제와 위계 등이다. 대표적인 기법으로는 위계의 재구조화(재명명, 재정의), 역설적 개입기법, 고된 체험기법(시련기법), 의식처방기법, 불변의 처방기법, 순환적 질문기법, 긍정적 의미부여 등이 있다(이현경, 2010; 김혜숙 외, 2012).

(5) 해결중심 단기가족치료

해결중심 단기가족치료는 전략적 가족치료이론에 근거하고 있으며, 클라이언트의 긍정적인 사고를 지지하고 촉진시킴으로써 문제의 규모를 줄여나가도록 하는 것이다. 이 모델의 기본 전제는 내담자의 잠재적인 변화 요구를 중요시하고 문제해결능력을 인정한다는 것이다. 즉, 내담자는 진심으로 지금의 모습과는 다른 모습으로 살아가기를 원하기 때문에 미래에 대한 기대와 더 나은 삶을 살 수 있는 자원이 있다고 보는 것이다. 그러므로 이 모델에서 치료자와 내담자는 상호협력적 관계로서, 치료자는 내담자에게 지시적으로 가르치기보다는 내담자가 자신의 목표를 알도록 상황을 제시해 준다. 그리고 성공할 수 있다는 자신감을 심어 주는 역할을 한다. 내담자의 문제는 내담자 자신이 치료자보다 더 많이 알고 있다고 생각하는 것이다. 따라서 내담자 스스로 해결방안과 제일 나은 방법을 찾을 수 있도록 함께 노력해 가야 한다(김혜숙 외, 2012).

해결중심 단기가족치료는 다른 치료모델과 달리 치료기간이 짧으면서 치료자들이 일련의 질문기법과 과제부여기법들을 활용하여 클라이언트를 강화하는 데 효과가 크고, 전체 가족이 참여하지 않아도 적용할 수 있는 장점이 있다(전재일 외, 2004).

이 치료모델의 주요개념은 정신건강에 대한 강조, 내담자의 강점과 자원 활용, 탈이론적·비규범적 내담자의 견해 중시, 간략화, 변화의 불가피성, 현재와 미래지향성 등이다. 대표적인 기법은 첫 면담 이전의 변화에 대한 질문들, 예외질문, 기적질문, 척도질문, 대처(극복)질문, 관계성질문, 메시지 전달과 과제부여하기 등이다(송성자, 1995; 김혜숙 외, 2012).

핵심용어

• 지역사회 분석, 건강가정사업 요구도 조사, 사례관리, 가족치료

학습 실천과제

• 특정지역을 정하고 지역사회의 특성과 지역주민의 욕구에 맞는 건강가정사업이 무엇인지 토론해 봅시다.
• 건강한 가정이 되기 위한 가족구성원의 요구도에는 무엇이 있는지 조사해 보고 논의해 봅시다.
• 가족을 대상으로 진행되는 가족치료방법에는 무엇이 있는지 기술해 봅시다.

05 Part

건강가정을 위한 전망과 과제

Chapter 13

건강가정사업의 전망과 과제

학습목표

- 건강가정의 발전방안을 모색할 수 있다.
- 건강가정이 해결해야 할 과업들을 논의할 수 있다.

건강가정에 대한 응원과 격려, 지지 등은 건강가정을 유지하는 데 중요하면서 이를 위한 국가와 사회의 제도적 지원이 매우 중요하다. 따라서 건강가정을 위한 발전방안과 해결해야 할 과업을 이행하여 건강가정에 대한 긍정적인 영향을 미칠 수 있도록 해야 한다.

1. 건강가정사업에 대한 전망

건강가정사업은 2004년 「건강가정지원법」의 제정과 함께 국내에 가족담론에 대한 뜨거운 논쟁을 불러일으키면서, 건강가정사업의 전달체계와 가족 관련 전문가 양성을 위한 사업들을 확대시켜 나가고 있다. 2004년 시범사업과 함께 2017년에는 건강가정지원센터가 151개소가 운영되고 있고, 다문화가족지원센터도 217개소에 달하고 있다. 이와 함께 건강가정·다문화가족지원센터도 2014년과 2015년 시범사업을 시작으로 2016년 통합서비스가 시작되었고, 통합서비스를 제공하는 기관도 2017년 101개소, 2018년 152개소, 2019년도 183개소로 늘어났다.

건강가정지원센터와 다문화가족지원센터가 모두 건강가정사업의 일환으로 접근했다면, 점차 두 센터의 기능과 역할이 통합서비스 운영기관으로 재구성될 것으로 예상된다. 다만 통합서비스 운영기관은 기존 센터의 물리적 통합이 아니라 새로운 전달체계로서의 역할을 수립해 나가야 할 것이다. 이와 함께 한국건강가정진흥원, 시·도, 시·군·구, 지역 내 센터 등은 건강가정사업을 주도하고 있는 추진기관으로서 상호협력체계를 구축하면서 지역사회 내에서 건강가정사업이 의미 있는 성과를 도출해 내도록 함께 노력해야 할 것이다. 이러한 논의를 고려하면서 건강가정사업의 성과와 전망을 제시하면 다음과 같다.

첫째, 2005년의 호주제 폐지, 「가족관계 등록 등에 관한 법률」 등은 우리 사회 내에서 가부장적 가족관계를 개선하고 양성평등한 가족문화 형성에 기여했다는 점이다. 물론 몇 개의 법률이 새롭게 제정되었다고 한국 사회에 오랫동안 자리 잡은 가부장제가 변화되었다고 보기는 어렵다. 가족과 사회인식의 변화가 이러한 법률을 제정하는 데 영향을 미쳤다는 것이 적절하다고 보며, 양성평등에 기반을 둔 가족문화의 형성은 지속적으로 나타날 것으로 보인다. 또한 가족 내 성역할에 대한 인식이나 사회의 다양한 조직 내에서 남녀평등을 지향하는 방향으로 변화하고 있으나 여전히 가정 내 가사노동이나 돌봄영역에서 남녀 간의 갈등, 사회 내 젠더갈등 문제는 지속될 것으로 예견된다. 이는 단순히 가족정책이나 가족지원서비스로 해결되기 어려운 사회문제로 인식하고 젠더갈등 문제를 해결할 수 있는 접근이 요청되고 있다.

둘째, 한국 가족 규모의 축소, 가구세대 구성의 단순화, 맞벌이·한부모가족 증가 등 가족유형의 다양화는 가족 내 돌봄, 교육, 정서적 지지 등 가족기능의 약화로 이어질 것으로 예상된다(여성가족부, 2016). 이에 건강가정사업은 부모와 이웃주민이 함께 키우는 품앗이돌봄과 장난감·도서 이용이 가능한 공동육아나눔터가 2010

년 14개소에서 2015년 109개소, 2017년 160개소, 2019년 218개소, 2020년 268개소로 확대하고 인력도 개소당 전담 1명에서 2020년에는 개소당 전담 1명, 시간제 1명으로 증원하는 등 지역사회 내 돌봄노동을 지원할 수 있는 여건을 조성하는 데 기여하였다. 또한, 국가적으로는 보육시설 확충과 2013년부터 실시된 무상보육 전면 실시는 자녀 양육 부담을 경감하는 데 크게 기여했고, 점진적으로 무상보육의 지원과 대상이 확대될 것으로 예상할 수 있다.

셋째, 가족해체에 따른 사회적 비용이 증가할 것으로 예상되며(여성가족부, 2016), 이에 대한 대처로 다양한 가족유형에 대한 사회적 지원은 점차 확대될 것이다. 저소득층에 제한되기는 하지만 한부모가족 아동양육비도 2007년 월 5만 원에서 2015년에는 월 10만 원, 2019년에는 월 20만 원으로 인상되었으며, 2014년 「양육비 이행확보 및 지원에 관한 법률」 제정과 2015년 양육비이행관리원 설립은 한부모가족의 양육 부담 경감에 기여할 것으로 예상된다.

넷째, 일·가정 양립지원을 통한 가족친화 사회환경 조성이 증가할 것으로 예상된다. 특히, 2007년에 제정된 「남녀고용평등과 일·가정 양립 지원에 관한 법률」은 남녀 모두에게 일·가정 양립지원에 기여할 것으로 기대된다. 또한, 2008년 배우자 출산휴가제 도입, 육아기 근로시간단축제, 2010년 유연근무제 도입, 2014년 남성의 육아휴직 활성화를 위한 인센티브 도입 등으로 가족친화적 사회환경 조성에 기여한 면이 있다. 이는 육아휴직자 수가 2007년 21,185명에서 2014년 76,833명, 2019년 10만 5,165명으로 늘어난 것으로 확인할 수 있다. 또한, 가족친화인증 기업과 기관이 2008년의 14개에서 2015년도에는 1,363개, 2019년에는 3,833개로 늘어나 가족친화 사회환경 조성에 대한 기업의 관심도 증가하고 있음을 보여준다.

다섯째, 결혼이주여성과 북한이탈주민의 증가에 대한 가족지원서비스의 필요성이 예상된다. 결혼이주여성의 경우 최근 증가세가 감소되었지만 현재 외국인 주민 수가 총인구의 3.4%인 170만여 명에 이르고 있으며, 북한이탈주민 수도 3만 명이 넘고 있다. 외국인과 북한이탈주민들이 우리 사회에 정착하는 과정에서 경험할 수 있는 어려움도 늘고 있다. 또한, 이들을 지원하기 위해서는 이주여성을 수혜자가 아닌 생산적 기여자로 보는 패러다임의 전환이 요청된다(장명선, 김성욱, 2016).

여섯째, 새롭게 등장하고 있는 1인가구에 대한 관심과 사회적 고립세대에 대한 지원방안을 강화해 나가야 할 것이다. 사회적 고립세대의 경우는 단지 1인가구만 해당되는 것은 아니며, 국내 복지 사각지대에 있는 다양한 가족들이 포함될 수 있다. 또한, 고독사로 대표되는 어르신의 사회적 고립은 점차 연령대가 낮아지는 경향이 있음에 유의할 필요가 있을 것이다.

한국 사회의 가족과 관련된 변화들은 가족지원의 필요성을 인식하게 하고, 한국가족의 변화에 우리 사회가 적절하게 대응하기 위해서는 가족구성원뿐만 아니라 정부나 지방자치단체, 기업, 지역사회 등이 함께 대안을 모색해야 하는 과제를 안고 있다.

2. 건강가정을 위한 과제

1) 새로운 가족담론 구축

가족개념은 다양한 의미로 정의 내릴 수 있으며, 사회적으로 구성되는 개념이다. 가족개념에는 동시대를 살고 있는 다양한 사회구성원들의 인식들이 반영되어 있으며, 세대나 사회적 상황이 변화함에 따라 재구성되기도 한다. 전통적으로 가부장제를 중요한 가치로 삼았던 우리나라는 개인의 일상생활 속에서 가족중심성이 강하게 나타나며, 가족 내에서뿐만 아니라 사회생활에서도 성별 분업이 고착화되어 왔다. 특히, 가부장제와 가족중심주의의 결합은 가족 내에서 발생하는 문제들을 사적 영역으로 간주하고, 사회적 개입이 필요한 가족문제들도 개별가족이 해결해야 하는 것으로 인식하게 하였다. 또한, 가족생활과 사회생활 속에 뿌리 깊은 성별 분업의 암묵적 승인은 양성평등과 탈가족화에 기반을 둔 가족정책 발전을 지연시키는 데 일조하였다. 그럼에도 불구하고 여성의 교육 수준 향상과 노동시장 진출 확대, 보편주의에 기초한 무상보육의 확대, 출산휴가와 육아휴직의 점진적 확대 추세 등은 가족개념에 대한 사회구성원들의 인식이 변화하고 있음을 보여 준다. 또한, 노인인구 증가와 저출산 문제해결은 국가와 사회구성원이 함께 해결해야 할 사회문제라는 점에서는 계층 간 차이에도 불구하고 사회적 합의에 이르고 있다. 다문화가족의 증가, 이혼율 증가로 인한 한부모가족의 증가, 1인가구의 급격한 증가 등은 전통적 가족개념으로는 담아낼 수 없는 다양한 가족이 출현하고 있음을 보여 준다.

따라서 변화하는 가족개념을 어떻게 설정할 것인가는 건강가정사업에 있어서 중요한 의미를 차지한다. 이는 가족개념이 건강가정을 규정하는 기준을 제공하기 때문이다. 가족개념과 건강가정 개념은 국가의 가족정책 수립과 가족지원의 목적과 목표를 설정하는 데에도 중요한 근거를 제공한다. 또한, 건강가정이라는 개념을 구성하는 요소 안에는 우리 사회가 이상적으로 생각하는 가족상이 있으며, 가족개념이 변화하는 속성을 지녔다면 건강한 가족에 대한 이미지도 달라질 수밖에 없다.

이러한 의미에서 「건강가정기본법」의 가족담론과 가족에 대한 정의는 수정될 필요가 있다. 「건강가정기본법」은 가족을 '혼인, 혈연, 입양으로 이루어진 사회의 기본단위'로 규정하고 있으며, 이러한 가족담론은 새롭게 등장하고 있는 다양한 형태의 가족을 반영하지 못한다. 또한, 건강가정이 전제하고 있는 가족의 이분법적 접근방법은 건강가정이 무엇인가에 대한 논쟁거리를 여전히 남겨 두고 있다. 이는 「건강가정기본법」의 내용에서 '모든 국민은 혼인과 출산의 사회적 중요성을 인식하여야 한다.', '가족구성원 모두는 가족해체를 예방하기 위하여 노력하여야 한다.', '개인과 가정은 건전한 가정의례를 확립하도록 노력하여야 한다.', '국가 및 지방자치단체는 이혼하고자 하는 부부가 이혼 전 상담을 받을 수 있게 하는 등 이혼조정을 내실화할 수 있도록 필요한 조치를 강구하여야 한다.' 등 사회구성원의 혼인·출산·이혼·육아 등을 선택해야 하는 주체들의 입장이 반영되어 있지 않고, 건강가정담론이 지향하고 있는 가족의 보수성을 명확히 보여 주고 있기 때문이다(윤홍식, 2003; 김인숙, 2007; 윤홍식, 송다영, 김인숙, 2010).

어떤 사회이든 가족개념은 그 사회의 지배적 가족담론이 만들어지는 과정에서 탄생한다. 그러나 지배적인 가족담론이 변화하는 가족개념을 반영하지 못하면 가족의 변화에 대한 국가와 사회의 대안들이 실패할 수 있다. 따라서 국내에서도 기존 가족담론과 다양한 대안담론을 충분히 논의하는 과정이 필요하며, 이러한 과정을 거치면서 새로운 가족담론과 가족정책의 틀을 만들어 가야 하는 과제를 안고 있다.

2) 건강가정사업 전달체계 재확립

후기 근대시대를 맞이하여 가족은 다양성을 특성으로 진화하고 있다. 가족문제 또한 가족구성원뿐만 아니라 가족을 둘러싼 다양한 환경의 영향력이 복합적으로 작용한 결과물로 등장하고 있다. 가족지원을 위한 가족정책들도 급변하는 사회와 새롭게 등장하는 가족유형의 특성을 감안하여 체계적으로 대응할 필요가 있다.

2004년 「건강가정기본법」이 제정되고 가족지원을 위한 다양한 정책과 프로그램들이 다양하게 만들어지고 있다. 건강가정지원센터도 시범사업 이후 지방자치단체를 중심으로 가족을 지원하기 위한 전달체계로 자리 잡으면서 2019년 현재 183개소에 이른다. 그럼에도 불구하고, 건강가정지원센터는 거시적인 안목에서 변화하는 사회에 걸맞은 가족정책을 비전으로 제시하기보다는 사회 서비스 중심의 미시적인 접근에 그치는 경향이 있다. 이는 건강가정지원센터가 한국 사회의 가족정책에 어느 정도 영향력을 미치고 있으며, 한국의 가족 변화에 적절히 대응하고 있는가에 대해 성찰을 요하는 부분이기도 하다.

또한, 건강가정지원센터나 다문화가정지원센터도 주 이용자 집단이 아동을 둔 가족에 집중되어 있어 초고령화 시대에 맞도록 기관 중심이 아닌 이용자 중심의 서비스 전달체계를 구축할 수 있도록 노력해야 한다. 이를 위해 다양한 가족유형의 등장을 예측하면서 가족생애주기에 맞는 특성화된 가족지원서비스를 제공해야 한다.

이에 따라 건강가정사업을 추진하고 있는 전달체계의 변화도 뒤따라야 할 것이다. 특히, 가족유형에 따라 이원화되어 운영되고 있는 건강가정지원센터와 다문화가족지원센터가 가족센터로 전환되면서 통합서비스를 제공하고 있다. 그러나 이러한 통합 운영은 기존의 서로 다른 업무를 수행해 왔던 센터들의 물리적 통합 차원에서 이루어지는 것에 가깝다. 따라서 두 센터의 통합 운영이 이용자들의 입장이나 기관 차원에서 어떤 변화를 가져왔으며, 어떻게 새로운 변화를 만들어 가고 있는지 평가하는 작업과 사업계획 수립에 이러한 변화들이 적극적으로 반영되어야 한다.

따라서 건강가정지원센터와 다문화가족지원센터의 사업 매뉴얼을 개발하고, 실적관리, 평가사업을 지원하는 한국건강가정진흥원 역할의 중요성이 강화되었다. 2004년 「건강가정기본법」이 개정될 당시에는 중앙 건강가정정책위원회와 시·도 건강가정위원회를 두었고, 건강가정기본계획의 수립 및 시행에 관한 사항, 건강가정을 위한 중·장기 발전방안, 건강가정제도의 개선, 건강가정정책의 평가, 건강가정 전담인력관리 등은 중앙 건강가정정책위원회에서 심의하도록 되어 있었다. 그러나 2011년 「건강가정기본법」이 개정되면서 이 조항은 삭제되었으며, 건강가정기본계획의 수립은 여성가족부장관이 관계 중앙행정기관의 장과 협의하여 5년마다 수립하고, 연도별 시행계획을 수립하고 시행하는 것으로 개정되었다. 또한, 2014년 건강가정사업의 전담수행을 위해 한국건강가정진흥원의 설립 등을 규정하였다. 한국건강가정진흥원의 설립은 가족정책을 효율적이고 체계적으로 지원한다는 목표를 위해 설립되었으며, 건강가정사업을 수행하는 전달체계 구축에도 중요한 역할을 담당한다. 기존의 건강가정지원센터와 다문화가족지원센터가 통합되면 시 제공하는 서비스의 내용과 질적인 부분이 어떻게 차이가 나는지 평가하고 분석하는 작업을 수행하면서 건강가정지원사업의 전달체계를 큰 틀에서 구상하는 데 주도적인 역할을 수행해야 한다. 왜냐하면 한국건강가정진흥원은 국가의 가족정책 수립과 건강가정사업을 중재하는 기관으로서 역할을 할 수 있기 때문이다.

또한, 시·도 및 시·군·구는 직접적인 사업을 수행하는 기관들을 지원하고 지도·감독하는 역할을 수행하도록 되어 있다. 어떤 의미에서 건강가정지원사업의 성공 여부가 지방자치단체들의 적극적인 지원 여부에 달렸다고 해도 과언이 아니다. 건강가정사업을 진행하고 있는 개별 센터들은 지방자치단체들의 지원과 협력 없이는 지역 특성에 맞는 특성화사업을 수행하기 어려울 것이며, 지역사회 자원의 활용 정도에서도 큰 차이를 보일 수밖에 없다.

3) 건강가정사업 전문가 양성

가족정책을 실천하는 과정에서 건강가정사업 전문가들은 건강가정사업의 질을 결정하는 핵심적인 요인이다. 「건강가정기본법」 제35조에는 '국가 및 지방자치단체가 건강가정지원센터를 설치·운영하고, 센터에서 건강가정사업을 수행하기 위하여 관련 분야에 대한 학식과 경험을 가진 전문가를 두어야 한다.'라고 명시되어 있으며, 여기에서 전문가란 건강가정사를 의미한다. 또한, '건강가정사는 대학 또는 이와 동등 이상의 학교에서 사회복지학·가정학·여성학 등 여성가족부령이 정하는 관련 교과목을 이수하고 졸업한 자이어야 한다.'라고 규정하고 있다.

건강가정사가 되기 위해서는 여성가족부령이 정하는 관련 교과 교과목을 이수해야 한다. 이들 과목은 건강가정론, (건강)가정(족)정책론, 가족상담(및 치료), 가정(족)생활교육, 가족복지론, 가족과 젠더, 가족(정)과 문화, 건강가정현장실습, 여성과 (현대)사회, 비영리기관 운영관리 중 5과목 이상이며, 기초이론 4과목, 상담·교육 등 실제 3과목 등 관련 과목 7과목을 이수하면 별도의 자격시험이 없이 건강가정사가 될 수 있다. 그러나 이러한 절차들이 건강가정사로서 건강가정 관련 분야의 지식과 현장에 대한 이해가 충분히 습득될 수 있는가에 대해서는 의문의 여지가 있다.

특히, 「건강가정기본법 시행령」에 따른 건강가정사의 직무는 '가정문제의 예방·상담 및 개선, 건강가정의 유지를 위한 프로그램 개발, 건강가정 실현을 위한 교육(민주적이고, 양성평등적인 가족관계 교육을 포함한다), 가정생활문화운동 전개, 가정 관련 정보 및 자료 제공, 가정에 대한 방문 및 실태 파악, 아동보호전문기관 등 지역사회 자원과의 연계' 등이다. 이러한 직무내용들은 매우 추상적이고 포괄적이면서 구체적인 사업 내용은 전문성을 필요로 한다. 따라서 대학교육과정에서 필수과목이나 선택과목의 이수로 건강가정사 자격을 획득하는 데 그칠 것이 아니라 강화된 현장실습과정을 도입하거나 건강가정사로서의 자질을 담보할 수 있는 교과과정의 개선 등이 이루어져야 한다.

4) 건강가정사업과 정책 패러다임 선택

가족정책은 사회정책의 일환이지만 국가나 지방자치단체가 지향하는 가치를 실현하기 위한 수단으로도 활용될 수 있다. 특정 가족정책은 사회적 가치가 반영되어 있으며, 목표 달성을 위한 가족정책은 결과적으로 가족들에게 영향력을 미친다. 따라서 가족정책이 담아내고자 하는 지향이 무엇인가는 가족정책 패러다임이 무엇인가에 따라 결정된다. 가족지원의 필요성에 대한 사회적 공감들은 어떤 방법과 내용으로 가족정책들을 펼쳐 나갈 것인지와 관련하여 가족정책 패러다임에 대해 충분한 논의와 검토가 필요하다.

가족정책의 핵심은 국가가 기존의 여성이 가족 내에서 수행해 왔던 자녀 양육, 돌봄노동 등을 돌봄의 사회화를 통해 국가와 가족이 역할을 어떻게 분담할 것인가, 서비스 제공의 공공성과 시장화 정도, 부모의 권리 보장 정도 등에 따라 다양한 양상으로 구분될 수 있다. 그러나 무엇보다 한국의 가족정책은 탈가족화와 가족화정책을 병행하는 패러다임을 지향하는 방향으로 나아가야 할 것이다. 한국의 가족정책은 「건강가정기본법」이 제정되기 이전에는 이렇다 할 명시적 정책이 없었던 점을 감안하면 구체적인 가족정책 패러다임이 무엇인지 결정하기 힘든 상황이었다. 따라서 탈가족화정책이나 가족화정책 중 어느 하나의 가족정책 패러다임을 선택하기보다는 탈가족화·가족화정책을 병행해 가면서 2가지 측면의 가족정책을 모두 발전시킬 수 있는 기회를 늘려 가는 것이 현실적으로 한국 상황에 적합한 가족정책 패러다임이라고 생각한다(윤홍식, 송다영, 김인숙, 2010).

한국의 가족정책 패러다임은 우리 사회가 양성평등에 기반을 둔 일·가정 양립 지원을 적극적으로 지원할 수 있어야 한다. 그러나 한국의 영아보육시설 이용률을 살펴보면, 2012년 OECD 국가 평균인 66.8%(2013년)보다 낮은 51.17%로 나타나고 있다. 이러한 결과는 영아보육시설 이용에 대한 보육료지원이 모의 고용 여부와 무관하게 보편적으로 확대되었음을 시사하고 있어 일·가정 양립지원을 위한 가족정책의 성과들을 명확하게 점검할 필요가 있다(신윤정, 2016). 이와 동시에 가족정책에서 성인지적 관점이 반영되어야 한다는 입장도 추가할 수 있다. 성인지적 관점은 여성의 재생산기능을 보호하는 정책들은 가족 내 여성의 성별 분업을 강화하고, 남녀 간의 불평등을 더욱 조장한다는 입장에 있다. 성인지적 관점은 사회정책뿐만 아니라 가족정책의 수립과정에 중요한 영향을 미칠 수 있다.

가족정책 패러다임은 한국 사회의 가족 변화를 어떤 관점에서 바라보는가에 대한 입장에 따라서도 달라질 수 있다. 한국 사회의 가족 변화에 대한 보수론자의 입장은 이를 가족해체로 인한 가족위기관점으로 본다. 이와 달리 가족진보론자는 현대사회의 다양한 가족의 출현을 위기로 보는 것이 아니라 다양성이 확대되는 현상으로 설명한다. 가족의 변화를 어떤 입장에서 바라보든 가족에 대한 국가의 적극적인 개입이 필요하다는 것에는 모두 동의한다. 그러나 가족위기론자와 가족진보론자의 대립은 가족정책의 내용과 방법을 어떻게 할 것인가에 대해서는 차이점이 크다. 따라서 건강가정사업은 우리 시대의 가족 개입의 목적과 방향을 어떻게 설정할 것인가에 대해 다양한 사회구성원과 논의하면서 돌봄노동의 사회화, 양성평등에 기초한 일·가정 양립정책 등을 실현할 수 있는 가족정책 패러다임을 선택해 나갈 수 있어야 한다.

5) 가족정책과 국가의 역할 정립

가족정책을 실천하는 과정에서 국가의 역할은 매우 중요하다. 물론 가족정책은 어떠한 형태이든 국가의 역할을 전제로 한다. 그러나 가족에 대한 지원과 가족정책들이 가족들에게 미치는 영향력을 감안할 때 국가의 역할을 어느 정도 설정할 것인가에 따라 가족정책의 내용은 달라진다. 국가의 역할은 크게 2가지 입장으로 구분할 수 있다.

첫째, 자유주의적 복지국가와 보수주의 시각에서 정부의 가족정책은 가족들을 더욱 빈곤하게 만든다는 주장이다. 이는 국가의 지원이 가족들로 하여금 국가나 사회에 대한 의존심을 강화시킨다는 입장이다. 이러한 입장에서 가족지원의 방향은 전통적인 가족유형을 유시하고 지지하기 위한 목적으로 수립되며, 주로 저소득층의 가족을 지원하는 경향이 있으며 가족에 대한 국가의 개입을 최소화한다.

둘째, 가족에 대한 국가의 지원을 적극적으로 수행해야 한다는 입장이다. 이는 탈가족화정책과 맥락을 같이한다. 가족정책 발달의 직접적인 요인 중 하나가 인구사회학적 변화에 기인한다는 점을 감안한다면 출산율 저하, 여성 취업률 증가, 자녀 양육에 대한 사회화, 요보호노인인구의 증가 등은 국가가 가족정책을 통해 가족에 개입하는 것을 피할 수 없다. 따라서 건강가정사업도 국가의 가족정책에 영향을 받고, 건강가정사업을 통해 국가의 가족정책에 영향을 미칠 수 있다는 점을 고려할 때 가족정책을 통한 국가의 역할의 입장을 명확하게 설정해 나가야 한다.

핵심용어

- 건강가정사업의 과제, 건강가정담론, 탈가족화와 가족화, 가족중심의 서비스 전달체계, 가족정책 패러다임

학습 실천과제

- 건강가정담론이 지향하는 가족가치는 무엇인지 토론해 보고, 이에 대한 대안을 모색해 봅시다.
- 가족정책에서 국가의 역할은 어디까지가 적절한지 논의해 봅시다.
- 건강가정사업의 전달체계와 전문가 양성방안에 대해 논의해 봅시다.

참고문헌

강기정, 김연화, 박미금, 송말희, 이미선(2014). 긴강기정론(2판). 양서원.

강민경(2019). 유아의 자기조절력에 영향을 미치는 어머니의 양육변인: 가족건강성의 매개효과를 중심으로. 배제대학교 대학원 박사학위 논문.

강유진, 차승은(2013). 건강가정론. 공동체.

강창훈, 정재훈(2005). 건강가정지원센터 운형 모형. 여성가족부 건강가정지원센터 발전방안 마련을 위한 토론회 자료집, 5-104.

고명수, 김수환, 김영호, 박지영(2013). 사회복지실천론. 공동체.

고영선, 윤희숙, 이주호(2004). 공공부문의 성과관리. 한국개발연구원.

고정자, 김갑숙(1999). 부부의 심리적 복지와 삶의 질에 대한 연구. 대한가정학회, 37(6), 59-76.

구혜영(2009). 인긴행동과 사회환경. 신정.

권미경, 박원순, 엄지원(2016). 가정 내 양육 내실화 방안 연구. 육아정책연구소.

권진숙, 박지영(2010). 사례관리의 이론과 실제(2판). 학지사.

김경은, 최은희(2010). 가족건강성이 청소년의 학교적응에 미치는 영향: 자아탄력성의 매개효과. 한국생활과학지, 19(4), 641-653.

김명소, 김혜원, 차경호, 임지영, 한영석(2003). 한국 성인의 행복한 삶의 구성요인 탐색 및 척도개발. 한국심리학회지: 건강, 8(2), 415-442.

김명자(1991). 중년기 부부의 가족스트레스에 대한 대처양식과 위기감. 대한가정학회지, 29(1), 203-216.

김명자, 계선자, 박미석, 장진경, 김연화, 류진아, 한은주(2005). 건강가정지원센터 사업운영에 대한 전반적 평가: 용산구·숙명여자대학교 시범사업을 중심으로. 대한가정학회지, 43(8), 123-139

김미숙(2006). 한국 가족 어디까지 왔나? –가족위기 대 재구조화 논쟁–. 보건복지포럼, 5-19.

김성숙(2019). 가족건강성이 유아의 행복감과 사회적 유능감에 미치는 영향. 열린부모교육연구, 11(4), 69-86

김성아, 박민신, 김정이(2022). 서울시 1인가구 외로움·사회적 고립 실태와 대응전략. 서울시.

김성희(2007). 건강한 가정 만들기를 위한 자가진단척도의 개발의 기초연구 –감마모델을 중심으로–. 한국가족자원경영학회지, 14(2), 55-71.

김순옥(1990). 10대 자녀의 부모에 대한 의사소통 개방성과 그 귀인 연구. 동국대학교 박사학위논문.

김승권(2004). 「건강가정기본법」 주요내용과 기대효과. 보건복지 포럼, 88, 80-93.

김영종(2009). 사회조사방법론. 학지사.

김영종, 홍현미라, 이현주, 이혜원, 이민영(2008). 사회복지 네트워킹의 이해와 적용. 학지사.

김영주(2016). 외로움 통제소재 성향이 1인가구 리얼리티 프로그램 시청동기와 시청만족도에 미치는 영향. 성균관대학교 석사학위논문.

김유경(2010). 다문화가족의 복지욕구와 정책과제. 한국보건사회연구원.

김유경(2010). 다문화가족의 복지욕구와 정책과제 - 교육·지원서비스 및 사회참여욕구를 중심으로-. 보건복지포럼, 제165호, 58-73.

김은수(2008). 사회복지실천기술론. 홍익재.

김익균, 김재원, 김태식, 고선옥, 김현희, 이덕희(2015). 건강가정론. 정민사.

김인숙(2007). 「건강가정기본법」 제정과정에 나타난 가족 및 가족정책 담론. 한국 사회복지학, 59(3), 253-280.

김진숙, 연미희, 이인수 역(Smalin, N. & Jablow, M. 지음)(1990). 바람직한 자녀와의 대화방법. 학문사.

김혜경(2003). 가족정책의 방향과 추진체계. 젠더리뷰, 1, 33-40.

김혜미, 백성영(2021). 청년 1인가구의 특성이 가족관계와 삶의 만족도에 미치는 영향. 인문사회21, 12(6), 845-856.

김혜숙, 박선환, 박숙희, 이주희, 정미경(2015). 인간관계론. 양서원.

김혜연, 서종선(2007). 건강가정 및 건강가정실천방안에 대한 인식연구. 한국가족자원경영학회지, 11(3), 81-105.

김효순(2005). 재혼가족의 역할 긴장이 적응에 미치는 영향에 관한 연구. 성균관대학교 박사학위논문.

김희성, 나용선, 김충식, 박경아, 박미은(2009). 건강가정론. 양서원.

김희성, 나용선, 김충식, 박경아, 박미은(2014). 건강가정론. 양서원.

김희정, 이순형(2016). 북한이탈가정 아동의 분리경험과 애착양상. 한국아동학회, 37(1), 17-36.

김희주, 조성희, 김지혜(2017). 미혼모 차별 경험 척도 개발 연구. 한국가족복지학회, 56, 169-196.

나무위키(2020). 2020 전세계 출산율.

남연희, 박영국, 도기봉(2012). 사회복지실천론. 공동체.

노경혜 외(2018). 경기도 1인가구 삶의 질 연구. (재)경기도가족여성연구원.

노컷뉴스(2023.01.26.). 아기 울음소리 '뚝' 국내 인구 연간 자연감소 10만 명 넘어.

https://www.nocutnews.co.kr/news/5884782

뉴스렙(2019.09.19). 최근 5년간 다문화 가정폭력 검거, 4천 3백여 건. http://www.newsrep.co.kr/news/articleView.html?idxno=89474

다음 백과사전. 2017년 5월 검색.

대한가정학회(2003). 건강가정육성기본법 제정을 위한 Workshop 자료집.

두산백과사전(2008). 동아출판.

뢰연(2022). 유아의 친사회적 행동, 가족건강성, 어머니의 심리적 안녕감 및 양육효능감 간의 구조관계분석. 우석대학교 대학원 박사학위논문.

만정, 김현수, 이성희(2022). 중국아버지의 자기분화, 가족기능, 유아문제행동의 구조모형분석. 한국가족관계학회지, 27(2), 181-203.

문소정(2003). 1990년대 이후 한국 가족연구의 동향. 여성학연구, 13(1), 39-63.

박미숙, 김복영(2018). 가족 건강성이 유아 리더십에 미치는 효과: 자기 조절력과 배려적 행동의 매개효과. 홀리스틱융합교육연구, 22(4), 19-37.

박선희(2023). 모의 정서 표현과 가족건강성을 매개로 양육효능감이 유아의 자기조절력에 미치는 영향. 서울한영대학교 대학원 박사학위논문.

박정윤(2008). 건강가정지원센터의 건강가정문화사업평가에 관한 연구. 한국가정관리학회지, 26(3), 25-36.

박주영(2014). 지역사회복지관의 이미지에 영향을 미치는 홍보요인에 관한 연구. 동국대학교 사회과학대학원 석사학위논문.

박지연(2017). 가족건강성이 유아의 친사회성 행동 간의 관계: 어머니의 양육효능감의 매개효과. 경희대학교 대학원 석사학위논문.

박태영(2003). 가족생활주기와 가족치료. 학지사.

박향실, 김경신(2015). 대학생이 지각한 가족건강성이 삶의 만족도에 미치는 영향: 자기결정성의 매개효과를 중심으로. 한국생활과학학회지, 24(4), 499-511.

박형원(2015). 기혼 성인의 가족건강성에 대한 영향 요인: 원가족 경험요인을 중심으로. 한국콘텐츠학회논문지, 15(9), 184-194.

변수정, 김유경, 최인선, 심시현, 최수정, 신희주(2019). 미혼모가족의 출산 및 양육특성과 정책과제. 한국보건사회연구원.

보건복지부(2016). 2015 노인학대 현황 보고서.

보건복지부(2021). 2021 아동학대 연차보고서.

보건복지부(2021). 2021년 노인맞춤돌봄서비스 생활지원사 직무교육. 독거노인종합지원센터.

보건복지부(2021). 학대피해아동보호현황.

보건복지부(2022). 노인학대 발생률(2017~2021년).

보건복지부, 중앙아동보호전문기관(2015). 전국아동학대현황보고서.

새우리말큰사전(2000). 한글학회.

서명희(2018). 1인가구의 삶의 만족도 예측요인. 충북대학교 대학원 박사학위논문.

서울대학교 사회복지실천연구회 역(1998). 사회복지실천기법과 지침. 나남.

서울복지재단(2006). 복지관 경영매뉴얼. 서울복지재단.

서울시(2022). 서울시 1인가구 실태조사 결과.

서울특별시, 서울복지재단(2010). 사회복지관 프로그램 매뉴얼 지역사회보호사업: 사례관리 실천 매뉴얼. 서울복지재단.

서정민, 전동일, 오봉욱, 서연숙, 김병년, 김대건, 박연진(2015). 사회복지조사론. 동문사.

서정민, 전동일, 오봉욱, 서연숙, 김병년, 김대건, 박연진(2021). 사회복지조사론(제2판). 동문사.

성금단(2011). 건강가정복지서비스의 통합적 성과평가에 관한 연구 –건강가정지원센터의 형태를 중심으로–. 상명대학교 박사학위논문.

손병덕, 황혜원, 전미애(2016). 가족복지론. 학지사.

손정연, 한경혜(2012). 결혼 상태의 지속 및 변화가 노인의 건강에 미치는 영향: 경제 자원 및 사회적 관계망의 매개효과 검증. 한국가족복지학, 35, 5-40.

송다영, 정선영(2013). 통합적 가족정책으로의 패러다임 전환을 위한 과제. 비판사회정책, 39, 145-189.

송성자(1995). 가족과 가족치료. 법문사.

송인숙, 홍달아기, 박현성(2013). 대학생이 지각하는 가족건강성이 행복감에 미치는 영향. 한국가족복지학, 18(4), 579-598.

송정아, 최규련(1997). 가족치료의 이론과 기법. 하우.

송혜림, 라휘문(2009). 광역건강가정지원센터의 기능 및 건강가정지원센터 평가기능에 대한 연구. 한국가족자원경영학회, 13(3), 1-16.

송혜림, 성미애, 진미정, 이승미(2005). 건강가정 개념에 대한 논의. 한국가정관리학회지, 23(6), 179-190.

송혜림, 정영금(2008). 건강가정지원센터의 교육사업에 대한 평가와 발전방안. 한국 가족자원경영학회, 12(1), 1-20.

신난희(2014). 탈북여성 디아스포라 경험연구. 한국학대학원 박사학위논문.

신윤정(2016). 저출산 시대, 아시아 국가의 보육 정책 현황과 시사점. KERI Insight, 16(35), 1-24.

신필식(2017). 1970년대 신문기사를 통해 본 한국 미혼모 보호사업과 미혼모의 사회적 재현 변화 연구. 한국여성학, 33(3), 323-357.

신현자(2014). 미혼모자 복지서비스전달체계 성과평가. 한양대학교 석사학위논문.

심지영(2022). 가족건강성이 아버지의 놀이 참여도를 매개로 유아의 사회적 유능성에 미치는 영향. 연세대학교 교육대학원 석사학위논문.

아시아경제(2019.07.23.). [홀로사회]'사회적 고립' 1인가구가 위험하다. https://view.asiae.co.kr/article/2019072310062451912

안선희, 김선영(2004). 가족의 건강성과 양육효능감 및 유아의 사회적 행동과의 관계. 대한가정학회지, 42(12), 219-230.

양금희(2022). 학생의 가족건강성과 정서적 안정성과의 관계에서 부와 모의 회복탄력성 매개효과 분석. 목포대학교 대학원 박사학위논문.

양옥경, 김연수(2003). 가족 탄력성 증진을 위한 부모역할 프로그램 개발 연구. 사회과학연구논총, 11, 115-147.

양정남, 이유리, 박순희(2012). 사회복지실천기술론. 양서원.

어은주, 유영주(1995). 가족의 건강도 측정을 위한 척도개발에 관한 연구. 한국가정관리학회지, 13(1), 145-155.

어은주, 유영주(1997). 한국 도시가족의 건강성 및 관련변인 연구 -자녀교육기 가족의 주부를 대상으로-. 한국가정관리학회지, 15(4), 269-285.

엄명용, 김성천, 오혜경, 윤혜미(2000). 사회복지실천의 이해. 학지사.

엄명용, 김성천, 오혜경, 윤혜미(2006). 사회복지실천의 이해. 학지사.

엄명용, 김성천, 오혜경, 윤혜미(2009). 사회복지실천의 이해. 학지사.

엄명용, 김성천, 오혜경, 윤혜미(2011). 사회복지실천의 이해. 학지사.

엄명용, 노충래, 김용석(2008). 사회복지실천기술의 이해. 학지사.

엄명용, 노충래, 김용석(2009). 사회복지실천기술의 이해. 학지사.

여성가족부 가족정책과(2016). 제3차 건강가정기본계획(2016~2020).

여성가족부 다문화가족정책과(2017). 제2차 다문화가족정책 기본계획(2013~2017).

여성가족부 다문화가족정책과(2018). 제3차 다문화가족정책 기본계획(안)(2018~2022).

여성가족부(2005). 「건강가정기본법」 개정안 마련을 위한 연구.

여성가족부(2012). 2012년도 건강가정지원센터 사업안내.

여성가족부(2013). 2013년도 건강가정지원센터 사업안내.

여성가족부(2016). 2016년 가정폭력실태조사 연구.

여성가족부(2016). 전국 다문화가족 실태조사 분석.

여성가족부(2016). 제3차 건강가정기본계획.

여성가족부(2017). 2017년도 건강가정·다문화가족지원센터 통합 서비스 사업안내(Ⅰ).

여성가족부(2017). 2017년도 건강가정지원센터 사업안내.

여성가족부(2017). 건강가정, 다문화가족지원센터통합 서비스 사업안내 매뉴얼(2017).

여성가족부(2017). 건강가정지원센터 사업안내 매뉴얼(2008~2017).

여성가족부(2017). 건강가정지원센터 사업안내(2017).

여성가족부(2019). 2018년 한부모가족 실태조사.

여성가족부(2019). 2019년 가족폭력실태조사연구.

여성가족부(2020). 1인가구 정책포럼자료집.

여성가족부(2020). 2020년 가족사업안내(Ⅰ).

여성가족부(2020). 제4차 가족실태조사.

여성가족부(2022). 2021 전국 다문화가족 실태조사.

여성가족부(2023). 2023년 가족사업안내(Ⅰ).

여성가족부(2023). 건강가정·다문화가족지원센터통합서비스 사업안내 매뉴얼(2023).

여성가족부, 통계청(2019). 2019 통계로 보는 여성의 삶.

여성가족부(2023). 건강가정지원센터 사업안내 매뉴얼(2008~2023).

오금경(2022). 유아의 자아탄력성, 조부모의 양육참여, 어머니의 양육스트레스 및 가족건강성 간의 구조관계분석. 우석대학교 대학원 박사학위논문.

우수희, 조규판(2016). 유아기 자녀를 둔 어머니의 심리적 안녕감, 가족건강성, 사회적지지 및 양육효능감 간의 구조관계분석. 학습자중심교과교육연구, 16(8), 379-402

유계숙(2004). 건강가족의 요소에 관한 연구: 가족체계와 건강성을 중심으로. 한국가족관계학회지, 9(2), 25-42.

유계숙, 최연실, 성미애(2003). 가족학이론: 관점과 쟁점. 도서출판 하우.

유영주(1984). 신가족관계학. 교문사.

유영주(1995). 건강한 가정, 건강한 사회. 공보처.

유영주(1999). 건전가정과 건강가족의 개념설성에 대한 논의. 한국가정관리학회지, 17(3), 93-102.

유영주, 김순옥, 김경신(2008). 가족관계학 2판. 교문사.

유영주, 김순옥, 김경신(2015). 가족관계학. 교문사.

유영주, 이인수, 김순기, 최희진(2013). 한국형 가족건강성 척도II(KFSS－II) 개발 연구. 한국가정관리학회지, 3(4), 113-129.

유정균(2022). 1인가구 지원을 위한 가족센터 역할강화 방안. 여성가족부 정책포럼 토론문.

유희(2022). 어머니의 양육스트레스, 가족건강성, 양육효능감 및 유아의 친사회적 행동의 구조적 관계 : 가족품앗이 참여 조절효과를 중심으로. 안양대학교 대학원 박사학위논문.

유희숙(2014). 사무관리론. 대영문화사.

윤인진(2005). 국내 탈북자의 건강 및 의료. 보건과 사회과학, 17, 149-189.

윤지연(2013). 사회복지시설 홍보활동과 활성화 방안에 관한 연구. 청주대학교 대학원 석사학위논문.

윤홍식(2003). 건강가정육성기본법(안)의 법제화를 반대하며. 가족해체 방지 및 건강가정 육성지원을 위한 공청회 자료집, 99-103.

윤홍식, 송다영, 김인숙(2010). 가족정책: 복지국가의 새로운 전망. 공동체.

이경아, 하경희(2018). 강점기반실천과 사례관리. 공동체.

이경준, 오봉욱, 박선아, 하태선(2014). 사회복지실천론. 동문사.

이광자(2014). 유아의 자아 탄력성, 가족건강성, 또래 상호작용과 유아리더십의 관계. 한국방송통신대학교 대학원 석사학위논문.

이근홍(1998). 케이스 매니지먼트. 대학출판사.

이금순, 최의철, 임순희, 김수암, 이석, 안혜영, 윤여상(2004). 북한 이탈주민 분야별 지원체계 개선방안. 통일연구원. 협동연구총서 04-07.

이미정 외(2018). 임신기 및 출산 후 미혼모 지원방안. 한국여성정책연구원 연구보고서 14.

이상림(2012). 저출산, 고령화에 따른 노동력 부족 전망과 정책적 함의. 한국인구학, 35(2), 1-28.

이선형, 임춘희(2010). 건강가정론. 학지사.

이성희, 김현수(2017). 영유아기 발달기에 있어서의 원가족 지원. 2017년도 한국가족복지학회 추계

학술대회발표, 20171117.

이성희, 전길량, 한은주, 조경욱(2012). 가족복지론. 도서출판 파란마음.

이성희, 한은주, 이무영, 정은미(2021). 가족상담 및 치료. 창지사.

이성희, 한희선(2011). 결혼과 가족. 도서출판 파란마음.

이성희, 한희선(2020). 성평등관점에서 본 결혼과 가족. 공동체.

이세은(2016). 어머니가 지각한 가족건강성 및 양육스트레스와 유아의 사회정서 발달과의 관계. 경희대학교 대학원 석사학위논문.

이연숙(1998). 성인을 위한 가족생활교육론. 신정.

이영실, 김재경, 김봉순, 박용권, 조명희, 홍성희(2013). 가족복지론. 양서원.

이원석(2013). 우리는 왜 프로그램을 평가하는가. 교육평가연구, 26(1), 1-13. 한국교육평가학회.

이원숙(2016). 가족복지론. 학지사.

이원숙, 신나연, 박영혜(2014). 건강가정론. 학지사.

이윤로(2008). 사회복지사 1급 방송교재 사회복지조사론. 와이드프로.

이윤정, 정은희(2008). 건강가정지원센터의 건강가정사 직무분석을 위한 기초연구 －표준직무 도출을 중심으로－. 한국가정관리학회지, 26(5), 177-197.

이재용(2016). (사례대상자와 지역사회를 연계하는) 현장 중심의 통합사례관리. 창지사.

이재춘(2012). 사회복지기관의 홍보방안 연구 －SNS를 중심으로－. 서울기독대학교 대학원 박사학위논문.

이정숙(2007). 기혼 남녀의 가정건강성과 건강가정기본법 인식에 관한 연구. 한국지역사회생활과학회지, 18(4), 579-597.

이종복, 이권일, 김화순, 오은경(2008). 사례관리의 이론과 실천. 창지사.

이종복, 전남련, 김덕일(2006). 사회복지실천론. 학현사.

이종복, 전남련, 김덕일(2010). 사회복지실천론. 학현사.

이종복, 전남련, 김덕일(2011). 사회복지실천론. 학현사.

이준상, 김향아(2017). 노인의 가족관계가 삶의 만족도에 미치는 영향, 웰니스 학회지, 12(2), 27-36.

이지민(2013). 20~30대 기혼여성의 원가족 분화경험, 부부 의사소통 및 부부 친밀감이 가족건강성에 미치는 영향. 한국가정관리학회지, 31(6), 23-38.

이현경(2010). 임상장면에서의 가족상담과 치료: 이론과 실제. 양서원.

임병우(2003). 영국과 미국의 노인을 위한 지역사회보호에서 케어 매니지먼트 비교. 한국노년학회, 23(4).

장명선, 김선욱(2016). 이주여성의 취업지원정책 개선방안 연구 –결혼이민여성과 북한 이탈주민여성을 중심으로–. 공공사회연구, 7(1), 164-204.

장성하, 최성열, 이주연(2021). 어머니의 정서표현성이 유아의 사회적 유능감에 미치는 영향: 가족건강성의 매개효과. 아동교육, 30(4), 235-250.

장인협, 우국희(2001). 케어·케이스 매니지먼트. 서울대학교 출판부.

장진경, 오제은, 한은주, 류진아, 원소연(2006). 건강가정지원센터의 운영과 사업에 관한 연구. 한국가정관리학회지, 24(6).

전재일, 이종복, 조운희, 이준상, 이애재, 이성희(2004). 사회복지실천론. 형설출판사.

전재일, 이종복, 조운희, 이준상, 이애재, 이성희(2007). 사회복지실천론. 형설출판사.

정기선, 김혜영(2013). 가족관계 만족도를 통해서 본 한국 가족의 변화:1991–2008년도를 중심으로. 한국인구학, 36(1), 175-202.

정순둘(2005). 사례관리실천의 이해. 학지사.

정지영, 송정애, 임혜경, 조성은, 황희숙(2012). 건강가정론. 양서원.

정현숙, 유계숙(2001). 가족관계. 학지사.

조성은(2022). 1인가구 지원을 위한 가족센터 역할강화 방안. 여성가족부 정책포럼 토론문.

조성철(2013). 행복한 사회복지사가 행복한 사회를 만든다. 공동체.

조흥식, 김인숙, 김혜란, 김혜련, 신은주(2010). 가족복지학. 학지사.

조흥식, 김인숙, 김혜란, 김혜련, 신은주(2017). 가족복지학. 학지사.

조희금, 김경신, 정민자, 송혜림, 이승미, 성미애, 이현아(2013). 건강가정론(3판). 신정.

조희금, 김경신, 정민자, 송혜림, 이승미, 성미애, 이현아(2015). 건강가정론(3판). 신정.

좌동훈, 이민영(2016). 한국청소년정책연구원 연구보고서, 12, 1-363.

지영숙, 이영호(1998). 한국가정의 건전도 측정을 위한 척도의 개발. 한국가정관리학회지, 16(4), 232-249.

차성란, 정영금, 정지영, 윤소영, 조성은(2015). 가족정책론. 양서원.

최경석, 김양희, 김성천, 김진희, 박정윤, 윤정향(2003). 한국가족복지의 이해. 인간과 복지.

최규련(2008). 가족상담 및 치료. 학지사.

최옥자, 박현식(2013). 건강가정지원센터의 네트워크 특성이 사업성과에 미치는 영향 연구. 한국 가족자원경영학회지, 17(4).
최옥채(2005). 사회복지사를 위한 조직화 기술. 학현사.
최일섭, 최성재(1998). 사회문제와 사회복지. 나남.
최정숙 외(2020). 가족복지론. 학지사.
통계청(2011). 2011년 맞벌이가구 및 경력단절여성 통계집계결과 보도자료집.
통계청(2012). 장래가구추계: 2010~2035년 보도자료.
통계청(2015). 인구주택총조사.
통계청(2016). 인구주택총조사.
통계청(2017). 2016년 출산·사망통계(잠정) 보도자료.
통계청(2017). 2016년 혼인·이혼통계 보도자료.
통계청(2017). 인구주택총조사.
통계청(2018). 2014-2018 각 년도. 한부모가구 비율.
통계청(2018). 연령별에 따른 미혼모, 미혼부 비율.
통계청(2019). 인구주택 총조사.
통계청(2020). 2019년 출생·사망통계.
통계청(2021). 2020년 혼인·이혼통계
통계청(2021). 맞벌이가구 수와 유배우자가구 비중.
통계청(2021). 사회통계국 인구추계 2020-2060.
통계청(2021). 인구동태 통계연보. 출산·사망 편.
통계청(2021). 인구주택 총조사.
통계청(2021). 인구통태 통계연보 혼인·이혼 편.
통계청(2021). 장래 인구추계 고령인구, 부양비 및 고령화 지수.
통계청(2022). 2011년~2021년 10년간 합계 출산율과 출생아 수 추이.
통계청(2022). 2021 혼인·이혼 통계.
통계청(2022). 2021년 혼인 이혼 보도자료.
통계청(2022). 2022 통계로 보는 1인가구.
통계청(2022). 2022년 10월 인구 동향 보도자료.
통계청. 인구동태통계연보(총괄·출생·사망편). 각 년도.
통계청. 인구통태통계연보(혼인·이혼편). 각 년도.

통계청. 사회조사. 각 년도.

하남시 건강가정지원센터(2017). 하남시 건강가정센터 내부자료.

한국건강가정진흥원(2013). 2013년 건강가정지원센터 운영가이드북.

한국건강가정진흥원(2017). 2017 지역센터 자체평가보고 안내.

한국건강가정진흥원(2017). 통합가족교육사업 교육자료.

한국보건사회연구원(2015). 2015년 전국 출산력 및 가족보건 복지실태조사.

한국보건사회연구원(2017). 동아시아 국제사회조사 참여 및 가족태도 국제 비교연구.

한국여성의전화(2019). 2019년 분노의 게이지. 언론 보도를 통해 본 친밀한 관계의 남성에 의한 여성 살해 분석.

한주빈, 오봉욱, 전동일, 엄미선(2013). 사회복지현장실습 길라잡이. 동문사.

한형수(2004). 한국 사회 도시노인의 삶의 질에 관한 연구. 사회복지정책, 19, 113-142.

행정안전부(2008). 사무관리 실무편람.

행정자치부(2016). 행정업무운영 편람.

현외성, 정재욱, 마은경, 이은정, 문정란, 김용환, 강환세, 박선애, 정민화(2012). 사회복지 사례관리론. 공동체.

홍달아기, 송인숙, 박현성(2013). 대학생이 지각하는 가족건강성이 행복감에 미치는 영향. 한국가족복지학회지, 18(4), 579-598.

홍정선(2014). 행정PR 매뉴얼. 커뮤니케이션북스(주).

홍혜진, 김경숙(2020). 유아의 가족건강성이 사회적 유능감에 미치는 영향: 자기조절력의 매개효과를 중심으로. 한국영유아보육학, 124, 1-22.

황성동(2006). 알기 쉬운 사회복지조사방법론. 학지사.

Blood, R. O., & Wolfe, D. M. (1960). *Husbands and wives: The dynamics of married living* New York: Free Press.

Carter, B., & McGoldrick, M. (1988). *The family life cycle: A framework for family therapy*(2nd ed.). Boston: Allyn & Bacon.

Challis, D., & Davies, B. (1986). *Case management in community care*. Gower Publishing Company.

Duvall, E. M. (1977). *Marriage and family development*(5th ed.). PA: Lippincott.

Esping-Anderson, G. (1990). *The three worlds of welfare capitalism.* Cambridge: Princeton University Press.

Froma Walsh (1998). *Strengthening family resilience.* The Guildford: New York.

Froma Walsh (2002). 'A family resilience framework: Innovative practice applications'. *Family Relations, 51*, 130-137.

Goffman, E. (1978). The presentation of self to others. In J. G. Manis & B. N. Meltzer(Eds.), *Symbolic interaction: A reader in social psychology*(3rd ed., pp. 171-178). Boston, MA: Allyn and Bacon(Original work published 1959).

Gordon, T. (1975). *PET: Parent effectivess training.* New York: New American Library Inc.

Gore, S. & Mangione, T. (1983). Social roles and psychological distress: Additive and interactive models of sex differences. *Journal of Health and Social Behavior, 24,* 216-234.

Heiss, J. (1981). Social roles. In M Rosenberg & R. H. Turner(Eds.), *Socal psychology: Sociological perspectives*(pp. 94-132). New York: Basic Books.

Hochschild, A. R. (1979). Emotion work, feeling rules, and social structure. *American Journal of Sociology, 85*, 551-575.

Kamerman, S. B., & Kahn, A. J. (1978). *Family policy, government and families in fourteen countries.* New York: Columbia University Press.

Nichols & Schwartz. (1995). *Family therapy: Concepts and methods*(3rd ed.). Boston: Allyn and Bacon.

OECD(2015). 한눈에 보는 연금.

OECD(2016). 2016 한눈에 보는 사회.

Reid, William J., & A. D. Smith. (1981). *Research in social work.* New York: Columbia University Press.

Rosenberg, M. (1981). The self-concept: Social product and social force. In M. Rosenberg & R. H. Turner(Eds.) *Social psychology: Sociological perspectives*(pp. 593-624). New York: Basic Books.

Sainsbury, D. (1999). *Gender and welfare state regimes.* Oxford, UK: Oxford University Press.

Scanzonia, J. (1979a). Social exchange and behavioral interdependence. In R. Burgess & T. Huston(Eds.), *Social exchange in developing relationships*(pp. 61-98). New York: Academic Press.

Social Work Toseland, R. W., & Rivas, R. (1995). *An introduction to group work practice.* Boston: Allyn and Bacon.

Steinberg, Raymond, M., & Carter, Genevieve, W. (1983). *Case management and the elderly.* Lexington, MA: Lexington Books.

Stinnett, N., Walters, J., & Kaye, E. (1984). *Relationships in marriage and the family.* New York: MacMillan Publishing Co.

Stokes, R, & Hewitt, J. P. (1976). Aligning actions. *American Sociological Review, 41*, 838-849.

Terman, L. M. (1938). *Psychological factors in marital happiness.* New York: McGraw-Hill Book Company.

Toseland, R. (1981). Increasing Access: Outreach Methods in Social Work Practice. *Social CaseWork, 62,* Milwaukee, WI: Family Service America. Trevithick, P.(2000).

UN(2015). World Population Prospects: *The 2015 Revision.*

UN(2022). World Population Prospects.

Zastrow, C. (1987). *Social work with groups.* Chicago: Nelson-Hall.

Zimmerman, S. L. (1995). *Understanding family policy: Theory and application.* Thousand Oaks, CA: Sage.

<인터넷 사이트>

건강가정지원센터 http://www.familynet.or.kr

수원시 건강가정지원센터 http://suwon.familynet.or.kr

아이돌봄서비스 http://www.idolbom.go.kr/home.go

여성가족부 http://www.mogef.go.kr

의정부시 건강가정 · 다문화가족지원센터 http://ujbfc.familynet.or.kr

한국건강가정진흥원 http://www.kihf.or.kr

<법령>

「건강가정기본법」

「다문화가족기본법」

「다문화가족지원법」

「재한외국인처우기본법」

「한부모가족지원법」

저자소개

유영준

현, 대구가톨릭대학교 사회복지학과 교수
　한국 사회복지질적연구학회 연구윤리분과 위원장
전, 한양사이버대학교 사회복지학과 교수
　서대문 장애인종합복지관 사회복지사
　강남구 가출청소년쉼터 사회복지사

가톨릭대학교 대학원 사회복지학 석사 및 박사

이성희

현, 우석대학교 아동사회복지학부 교수
　우석대학교 대학원 가족복지전공 주임교수
　우석대학교 아동복지연구소 소장
　전북가족복지교육연구원 원장
　한국사회복지상담학회 전북지회장
전, 한국아동가족복지학회 회장
　완주군 건강가정지원센터 센터장
　완주군 다문화가족센터 센터장

성신여자대학교 가족학(가정학) 석사 및 박사

김민경

현, 남서울대학교 아동복지학과 교수
　남서울대학교 부설 아동가족상담센터 소장
　남서울대학교 아동상담 심리치료대학원 주임교수
　한국가족관계학회 이사
　한국아동가족복지학회 편집위원 및 이사
전, 남서울대학교 학생생활상담소 소장역임

이화여자대학교 대학원 사회복지학 석사
가톨릭대학교 대학원 사회복지학 박사
전남대학교 가정학 석사 및 박사

조금랑

현, 연천군 가족센터 센터장
　　신한대학교 교양학부 겸임교수
전, 의정부시 건강가정지원센터 센터장
　　신한대학교 사회복지학과 겸임교수
　　신흥대학 지역사회복지연구소 연구원

고려대학교 대학원 가정교육학 석사
협성대학교 대학원 사회복지학 박사
동국대학교 대학원 가정학 전공 박사과정 수료

홍우정

현, 서울시 가족센터 센터장
전, 홀트아동복지회 나눔사업본부장
　　하남시 건강가정지원센터 센터장
　　마포구 건강가정지원센터 센터장
　　마포구 다문화가족지원센터 센터장

동국대학교 행정대학원 사회복지학 석사
한양대학교 대학원 다문화교육전공 박사

오봉욱

현, 국제사이버대학교 노인복지학과 객원교수
　　케이(K)디지털선배시민복지관 관장
전, 서원대학교 미래대학 사회복지학과 조교수
　　정수서원노인복지관 관장
　　경기과학기술대학교 사회복지과 조교수
　　국제사이버대학교 사회복지학과 실습전담교수
　　김포대학교 사회복지과 조교수
가톨릭대학교 대학원 사회복지학 석사 및 박사

제3판 건강가정론

제3판 1쇄 발행 / 2023년 3월 2일
제3판 2쇄 발행 / 2025년 3월 5일
제3판 3쇄 발행 / 2025년 8월 5일

●

공저자 / 유영준 · 이성희 · 김민경
조금랑 · 홍우정 · 오봉욱
발행인 / 이 중 수
발행처 / **동 문 사**

●

서울특별시 서대문구 홍제원 1길 12
(홍제동 137-8)
Tel: 02)736-3718(대), 736-3710, 3720
Fax: 02)736-3719
등록번호: 1974.04.27. 제9-17호
가격: 24,000원

●

ISBN: 979-11-6328-508-3 (93330)
E-mail: dong736@naver.com
www.dongmunsa.com